JN410888

스마트 테크놀로지의 미래

스마트 테크놀로지의 미래

카이스트 기술경영전문대학원 지음

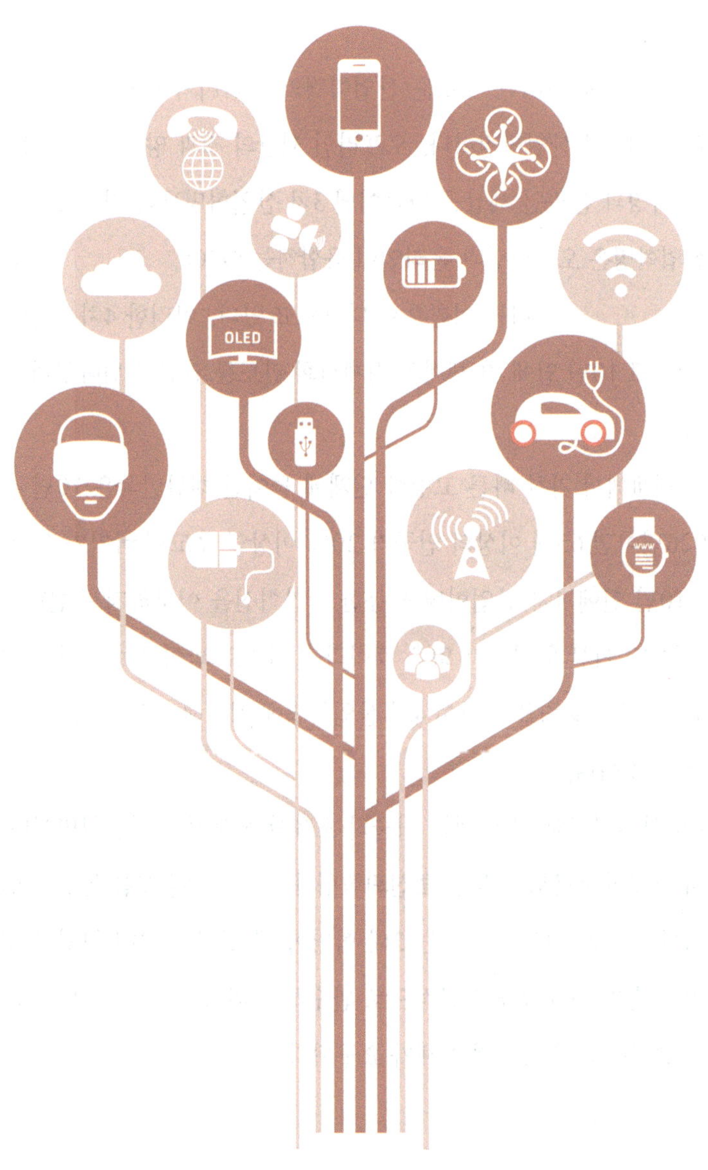

율곡출판사

추천의 글

세상을 바꿀 거대한 새로운 산업혁명의 쓰나미가 몰려오고 있다. 이름하여 제4차 산업혁명이다. 오프라인 세상의 질과 양을 확장한 1,2차 산업혁명과 온라인 세상을 만들어낸 3차 산업혁명보다 더욱 강력한 4차 산업혁명은 오프라인과 온라인이 융합하는 O2O Online 2 Offline 혹은 CPS Cyber Physical System 라는 이름으로 다가오고 있다. 이러한 4차 산업혁명은 앞으로 10년 안에 전 세계의 경제사회 판도를 완전히 뒤바꾸게 될 것이다.

전 세계에서 가장 빠른 고령화 단계에 들어선 대한민국은 10년 후인 2026년이면 65세 이상의 인구가 20% 이상인 초고령 국가가 될 것이다. 10년 안에 4차 산업혁명을 통한 국가혁신을 이룩하지 못한다면 한국에는 더 이상의 기회가 없을 것이라는 의미로 받아들여야 할 것이다. 대한민국이 총력을 다하여 4차 산업혁명에 매진해야 하는 절체절명의 이유일 것이다.

4차 산업혁명의 첫 단계는 기술의 초융합을 통한 초생산혁명이다. 이어서 경제의 초융합을 통한 초신뢰혁명과 인문의 초융합을 통한 초인류혁명이 새로운 세상으로 가는 3대 혁명이 될 것이다. 3대 혁명의 첫 단추인 기술의 초융합을 성공적으로 완수하기 위하여 4차 산업혁명의 요소 기술들에 대한 총체적 이해가 요구된다.

4차 산업혁명은 본원적으로 온라인과 오프라인이 결합한 O2O 형태로 발현될 것이다. O2O 융합은 오프라인의 현실계와 1:1 대응되는 온라인 가상계를 융합하여 O2O 평행 모델을 형성하게 된다. 이러한 오프라인의 디지털화를 통한 온라인 세상의 최적화 과정으로 오프라인 세상을 개선하는 것이다. 예를 들어 내비게이터는 실제 도로 및 차량위치와 1:1 대응되는 도로와 차량을 온라인 세상에 빅데이터화한 후, 이를 인공지능 알고리즘으로 맞춤과 예측을 통하여 최적의 도로를 제안하여 시간과 에너지와 도로 인프라 투자를 최적화하고 있다. 여기에 IoT, 빅데이터, 클라우드, 인공지능, GPS, 서비스 디자인 등의 융합 기술이 활용되고 있는 것이다. 이러한 교통 최적화와 공장운영 최적화와 병원설비 최적화 등은 수학적으로 동일하다.

이제 O2O 평행 모델 구축을 위한 융합 과정을 살펴보기로 하자. 오프라인 세상의 3대 요소는 시간天, 공간地, 인간人이다. 한글의 창제 원리이며, 태극의 철학이기도 하다.

예를 들어 공간을 대응하는 기술인 IoT 및 LBS위치 기반 기술와 인간을 대응하는 기술인 IoB웨어러블와 SNS연결망를 통하여 발생한 오프라인의 데이터가 온라인의 클라우드에서 빅데이터가 되어 O2O 평행 모델을 만들게 된다. 이러한 오프라인의 디지털화 과정에 필요한 기술들을 디지털화 기술이라 명명한다.

한편 온라인의 평행 모델에서 오프라인 세상을 최적화시키는 6대 아날로그화 기술이 요구된다. O2O 서비스 디자인, 3D 프린터/DIY, 플랫폼, 핀텍/블록체인, 게임화, 가상/증강 현실이다. 온라인 평행 모델은 오프라인 현실 세상을 개선할 때 의미가 창발된다.

O2O 평행 모델과 디지털화 기술과 아날로그화 기술을 이해하는 것이 4차 산업혁명의 비밀의 문을 여는 열쇠가 아닌가 한다. 대한민국의 창업자와 사업가들의 기술혁신에 가장 소중한 지혜가 O2O 융합 12 기술의 상호관계를 이해하는 것이 아닐까 한다. 이러한 4차 산업혁명의 핵심 기술들에 개별적으로 접근하는 것은 마치 코끼리 다리를 만지는 것과 같은 우를 범할 수 있다. O2O 평행 모델의 일부로서 사물인터넷IoT, 생체인터넷IoB, 빅 데이터, 인공지능, 가상현실, 3D 프린터 등을 이해하는 것이 절대적이다.

이러한 큰 작업을 해낸 카이스트 기술경영전문대학원 학생들의 노력을 치하하고자 한다. 더 나아가 학생들의 노력이 국가발전에 큰 역할을 할 것이라는 점을 기쁘게 생각하며 이 책을 기술혁신이 필요한 모든 분들에게 강력히 추천하고자 한다.

카이스트 기술경영전문대학원 교수

이민화

들어가는 글

정보통신 기술 기반의 제4차 산업혁명 : 현재와 미래

정보통신 기술Information and Communications Technologies의 발전으로 유무선 인터넷이 일상생활의 보편적 네트워크가 되었다. 많은 사람이 24시간 유무선 인터넷에 접속해 살아가고 있다. 스마트폰을 이용해 TV를 보고, 라디오를 듣고, 업무를 처리하고, 온라인 교육자료를 시청하고, 집의 보일러를 조정하고, 자동차를 운전하면서 앞 유리창을 통해 길 안내를 받고 소통을 한다. 심지어 잘 때도 수면 상태와 맥박이 기록되고, 손목에 찬 장치를 이용해 지하철 요금을 내고, 지갑을 열지 않고 스마트폰으로 물건을 사고 돈을 지불하는 세상에 우리는 살고 있는 것이다.

정보통신 기술의 발전으로 일상생활의 편리함이 크게 향상되었을 뿐만 아니라 다양한 센서에서 실시간 수집된 정보를 기반으로 기기와 생산과정을 동적이고 효과적으로 제어할 수 있게 되면서 에너지 효율성과 생산성이 크게 향상되고 있다.

알파고와 이세돌의 바둑대결을 통해서 우리는 하드웨어 기술이 소프트웨어 기술과 결합되어 탄생한 인공지능이 복잡한 상황에서 인간과 유사한 추론과 판단력을 발휘할 수 있고, 나아가 인간보다 정확한 판단을 내릴 수 있다는 것을 알게 되었다. 또한 알파고가 이세돌과의 바둑대결에서 승리하면서 앞으로 인공지능의 도움을 받아 살아갈 미래세상은 과거나 현재와는 정말 획기적으로 다른 세상일 것이고 향후 변화의 속도는 더욱 빨라질 것이란 생각을 일반 국민도 피부로 실감할 수 있게 되었다.

2016년 초반 발생한 알파고 사건 이후 소프트웨어 인력 양성의 바람이 불고 있고, 카이스트에서도 전산과 전공 및 부전공 학생이 급증하고 있다. 그러나 우리나라의 산업화와 경제성장을 뒷받침해온 조선 및 해운산업의 구조조정과 대량해고 문제가 2016년 중반에 터져 나오고 국회의원 선거가 종료되면서 일반 국민의 관심이 급격히 미래의 이슈에서 현재의 이슈로 전환되어 가고 있는 양상이다.

이러한 시점에 카이스트 경영대학 기술경영대학원 재학생과 졸업생들이 대학원에서 배운 기술 기반 혁신에 대한 지식과 직장생활을 통해서 쌓은 실무지식과 경험을 토대로 정보통신 기술 기반 혁신의 원천과 대표적 사례와 양상, 분야별 이슈에 대한 심도 깊은 논의와 정책제언을 담은 '스마트 테크놀로지' 를 발간하게 된 것은 참으로 시의적절하다고 할 수 있다.

이 책은 총 20장으로 구성되어 있다. 이 책의 발간 기획은 알파고 사건이 발생하기 한참 전인 2015년 11월 집필진에 의해 시작되었다. 이 책은 알파고 이후 시류에 편승해 기획되고 출간된 책이 아니라 기술경영전문대학원 재학기간 동안 쌓은 지식과 현장에서 얻은 통찰력을 기반으로 18명의 저자가 열정적으로 저술한 책으로, 다가올 미래를 남보다 빨리 그리고 깊게 알고자 하는 독자들에게 유용할 정보를 제공할 것으로 기대한다. 이 책의 주요 내용을 간단히 요약하면 다음과 같다.

제1장 '인공지능' 에서 저자는 인공지능의 개념과 발전과정, 작동원리와 구성 요소, 주요 기업들의 인공지능 개발 및 활용 전략을 비교적

상세히 소개하고 있다. 요즘 화제가 되고 있는 인공지능에 대한 포괄적인 기본 지식을 알고 싶은 독자에게는 약간 어려울 수는 있으나 훌륭한 입문서가 될 것으로 생각한다. 제2장 '소프트웨어한 사회' 에서 저자는 제4차 산업혁명의 양태는 다양할 수 있으나 그 원천에는 소프트웨어가 위치하고 있다는 점을 통찰력 있게 지적하고 있다. 소프트웨어를 통해서 산업 간 융합과 산업의 진화가 촉발되고 있고, 제조업의 부활도 제조설비를 지능화하고 생산성을 높일 수 있는 소프트웨어 개발에 달려있음을 잘 설명하고 있다. 제3장 '서비스 패러다임의 변화 O2O' 에서 저자는 소프트웨어 기반 온라인 플랫폼이 현실의 다양한 유통 채널과 융합되어 나타나는 혁신의 모습을 보여주면서 다가올 미래에 대해 전망한다. 이어 제4장 '네트워크로 연결하다' 에서 저자는 보편적 생활 인프라로 자리매김한 유무선 인터넷의 진화 모습을 조망하고 네트워크 진화의 종점에서는 네트워크 종속성이 사라지고 앱Application 기반의 네트워크 활용 시대가 올 것을 예고한다. 제5장 '연결의 진화, 인터페이스가 핵심이다' 에서 저자는 정보통신 기술 기반의 혁신을 인터페이스의 혁신이란 시각에서 다양한 사례를 이용해 이야기를 풀어간다. 정보통신 기술 기반의 혁신을 인터페이스 시각에서 보면 제3장에서 말한 온라인 플랫폼도 인터페이스 혁신의 하나이고 저자가 언급했듯이 아이폰의 혁신도 인터페이스 혁신이다. 향후 미래 인공지능에 의해 구현될 혁신도 저자가 끝에 언급했듯이 결국은 인간과 기기 또는 네트워크 사이의 경계에서의 혁신인 것이다. 제6장 '현실인가 가상인가, 빠르게 진화 중인 가상현실VR', 제7장 '디스플레이', 제8장 '웨어러블 : 패션 테크놀로지' 에서 저자는 각각 미래 콘텐츠 산업에서 나타날 체험형 인터페이스로서 가상현실 기술과 생태계에 대한 전망, 디스플레이 기술의 혁신과 발전에 대한 전망, 아직 초기 단계에 있는 웨어러블 기기 또는 인터페이스 기술 및 시장 현황과 전망에 대해 이야기한다. 제9장 '개인 맞춤형 생산혁명, 3D 프린터'와 제10장 '스마트 팩토리'에서 두 저자는 각각 지능화된 생산 시스템 구축을 통한 생산성 향상과 제조업 혁신에 대해 3D 프린팅 기술의 요소와 맞춤형 주문제작을 통한 제조산업의 진화를 전망한다. 스마트 팩토리와 3D 프린팅은 제조업뿐만 아니라 1차 산업에도 적용될 수 있으며, 공장에서의 대량생산과 소비지 배송방식의 전통적 제조업 구조를 소비지 중심의 분산형 생산으로 전환시킴으로써 기존의 산업 생태계를 획기적으로 변화시킬 전망이다. 제11장과 제12장은 정보통신 기술을 이용한 전력 및 물 이용 네트워크 산업에서의 혁신 사례와 전망에 대해 기술한다. 제11장에서 저자는 정보통신 기술을 이용한 전력산업의 혁신을 소개하며 전력망의 지능화를 통한 효율성 향상과 신재생에너지 산업의 미래를 조망하고, 12장에서 저자는 점차 고갈되어가는 물 자원의 효율적 이용을 위한 기술요소와 국내·외의 스마트 물 이용 사례를 소개한다. 제13장과 제14장은 정보통신 기술 기반 교육 및 의료산업의 혁신에 관한 내용으로 두 저자는 인류의 역사와 함께 진화해온 교육산업과 의료 및 건강관리 산업에 스마트 기술이 접목되면서 발생하고 있는 혁신의 모습을 소개하며 두 산업에서 드러날 미래 모습을 조망한다. 학습자 중심의 개별화된 맞춤형 학습으로의 전환, 맞춤형 의료 및 건강관리 서비스로의 전환이 가져올 미래 교육과 의료 생태계에서 직면할 주요 이슈에 대해서도 저자 나름의 의견을 제시한다. 제15장에서 저자는 군사작전에 정보통신 기술이 접목된 지휘통제자동화

체계인 C4I에 대해서 소개하고 있으며, 향후 정보통신 기술의 활용을 통해 전개될 미래 군사작전의 모습과 요소 기술을 소개한다. 제16장에서 저자는 요즘 수요가 급팽창하고 있는 무인기산업의 기본 개념과 요소 기술, 진화의 역사와 생태계를 개관한다. 제17장에서 20장까지 각기 다른 산업에서 근무하는 네 명의 저자는 자동차산업에서 진행되는 혁신을 상세히 소개하고 그러한 혁신이 가져올 자동차산업에서의 구조적 변화와 핵심 기술을 소개한다. 끝으로 스마트 자동차라는 자율주행 자동차의 소개를 통해 자동차산업에서 진행되고 있는 인간과 기계 사이 인터페이스의 혁신을 소개하고 이러한 혁신을 수용하고 촉진시키기 위해 필요한 제도적 개선과제를 언급한다.

한 권의 책이 많은 내용을 담다 보니 독자들은 선뜻 집어서 읽기를 망설일 수도 있다. 그러나 이 책은 모든 장을 꿰뚫는 일관된 흐름을 유지하면서 동시에 개별 장의 독립성을 유지하고 있어서 독자의 필요에 따라 선택적으로 순서에 관계 없이 읽어 나갈 수 있는 구조를 갖추고 있다. 어느 한 독자가 이 책 전체를 읽으면 그 독자는 현재 진행되는 제4차 산업혁명의 원천과 양상, 그리고 그 결과 나타날 산업구조 변화의 큰 틀을 볼 수 있게 되면서 동시에 세부 분야별 전문지식도 쌓을 수 있을 것이다.

그동안 진행된 정보통신 기술 기반의 혁신은 24시간 언제 어느 곳에서나 인터넷 접속이 가능한 유비쿼터스Ubiquitous 통신환경을 갖추기 위한 네트워크와 기기 중심의 생태계의 혁신이었다. 앞으로 심화되어 갈 혁신은 지능화 · 분산화 · 자율화 · 개별화를 구현하기 위한 소프트웨어 기반의 생태계 혁신이다. 이러한 연유로 이 책의 앞 부분에 '인공지능'과 '소프트웨어한 사회'가 위치하고 있다. 소프트웨어 혁신에 기반을 둔 인공지능 활용 사회에서의 다양한 혁신 양태를 꿰뚫는 주제어를 뽑는다면 그건 바로 인간과 기기 사이에 존재하는 접점 즉 인터페이스의 혁신이다. 인간의 편리성을 향상시키려는 그동안의 노력과 앞으로의 노력은 바로 지능형 · 자율형 · 감응형 인터페이스의 개발로 요약할 수 있다. 결국 미래의 경쟁은 인터페이스 경쟁이다. 가까운 미래의 인터페이스는 음성 기반일 것이고 좀 먼 미래의 인터페이스는 인간 신체 네트워크와 외부 네트워크의 직접 접속일 것이다. 이 책은 독자에게 미래를 보여주는 창문이면서 또한 동시에 독자와 저자를 연결하는 훌륭한 인터페이스가 되리라고 믿는다.

공개 소프트웨어인 알R을 이용해 이 책에서 사용된 명사를 추출해낸 후 어떤 단어가 저자들에 의해 많이 사용되었나를 살펴보면 아래의 그림과 같다.

기술 · 자동차 · 네트워크 · 서비스 · 시장 · 개발 · 스마트 · 사용 · 개발 · 스마트 · 기업 · 산업 · 활용 등의 단어가 우선 눈에 들어오고 좀 더 주의 깊게 살펴보면 각 장의 주제어를 찾아 볼 수 있다. 아울러, 현재 정보통신 기술 기반의 서비스 혁신을 이끌어가고 있는 주요 기업과 국가의 이름도 눈에 띈다. 결국 현재 진행되고 있는 제4차 산업혁명의 초기 생태계에서 우리가 직면하는 주요 기술요소와 참여자가 위의 워드 클라우드에 잘 표현되어 있는 것이다.

이 책은 제4차 산업혁명의 시작지점에 있다고 할 수 있는 현재시점에서 각 산업의 분야에서 진행되고 있는 혁명적 변화를 목격하고, 몸으로 느끼고, 불확실성 속에서 참여해 만들어가고 있는 우리 인재들이 저술한 책으로서, 다양한 구조적 변화현상을 소개하면서도 그 원천을 일관성 있게 설명하고 있다. 10년 뒤의 세상을 그려보기 힘들 정도로 변화가 빠른 현재, 그 어느 때보다 높은 불확실성을 안고 살아가는 독자들에게 이 책은 미래를 내다볼 수 있는 지혜의 창문으로써 역할을 할 것이라 확신한다.

끝으로 기술경영대학원장으로서 학생들이 학점을 따고 졸업하는 것에 그치지 않고 대학원에서 배운 것과 각자 삶의 현장에서 획득한 전문성을 토대로 혁신을 주제로 공동저술을 하겠다고 했을 때, 과연 해낼 수 있을까라는 의구심이 들었던 것이 사실이다. 그런데 이렇게 실제 학생들의 저술 결과물을 토대로 서론을 쓰게 되어 너무나 기쁘고 동 분야의 연구를 오래 해온 연구자의 한 사람으로서 또한 대학원장으로서 영광이다.

이 책은 카이스트 기술경영전문대학원으로서도 큰 성과이며, 책이 나오기까지 수고를 아끼지 않은 편집진과 개별 저자들에게 감사드린다.

2016년 입하에 대전 카이스트 경영대학 기술경영전문대학원 원장실에서

권영선

차 례

3장 서비스 패러다임의 변화 O2O

4장 네트워크로 연결하다

5장 연결의 진화, 인터페이스가 핵심이다

6장 현실인가 가상인가, 빠르게 진화 중인 가상현실VR

7장 디스플레이

8장 웨어러블 : 패션 테크놀로지

9장 개인 맞춤형 생산혁명, 3D 프린터

10장 스마트 팩토리

11장 에너지 부족, 스마트 그리드가 대안

12장 이제는 물 관리도 스마트하게

13장 우리가 알고 싶은 이러닝의 현재, 그리고 다가올 미래

14장 ICT는 어떻게 헬스케어에 들어왔는가

15장 군사작전과 정보통신 기술의 결합 : C4I 체계

16장 날개 단 드론

17장 자동차도 친환경이 먼저

18장 자동차 시장의 경계가 무너지다

19장 정보통신 기술과 자동차의 융합을 위한 핵심 기술 8가지

20장 자동차도 스마트하다

인공지능

1. 인공지능 4차 산업혁명을 말하다

2. 왜 딥러닝인가?

3. 안녕하세요 알파고입니다

4. 글로벌 기업들의 머신러닝, 딥러닝

5. 우리 곁에 와 있는 인공지능

1. 인공지능 4차 산업혁명을 말하다

2016년, 인공지능이 그야말로 핫이슈이다. 테슬라Tesla의 CEO 엘론 머스크Elon Musk는 '인공지능은 핵무기보다 위험하다' 고 했고, 구글의 전 CEO 에릭 슈미츠Eric Schmidt는 '인공지능을 두려워하기보다는 새로운 세계에 대응할 수 있도록 교육하는 것이 중요하다' 라고 했다. 이세돌과 인공지능 알파고AlphaGo의 대결 이후 대한민국에서도 인공지능은 뜨거운 감자로 떠올랐고 이를 바라보는 시각도 다양하다. 필자의 견해로는 알파고의 등장과 함께 알려진 인공지능의 발전은 병인양요 혹은 신미양요에 비견할 만큼 큰 사건이다. 그렇다. 우리는 한치 앞을 알기 힘든 기술의 진보 앞에 호기심과 두려움을 동시에 안고 살아가고 있는 세대이다.

1950년 영국의 수학자이자 논리학자인 앨런 튜링Alan Mathison Turing의 실화를 바탕으로 한 영화 '이미테이션 게임' 에서 주인공은 '계산 기계와 지능' 이라는 논문에서 이렇게 묻는다. "기계는 생각할 수 있을까?" 당시에는 계산력 한계와 데이터 부족 등으로 인공지능의 실현가능성에 대해 회의적이었다. 하지만 최근 IT 전반의 급격한 성장, 그 중에

출처 : Cinema10.

▲ 영화 '이미테이션 게임'

서도 빅데이터Big data의 등장으로 인공지능 발전의 토대가 갖추어졌다. 빅데이터는 딥러닝Deep learning을 응용한 인공지능 혁신을 낳았고 다른 산업과 융합해 인간의 고유 영역이라고 생각했던 분야마저도 삼킬 기세다. 인공지능은 인간만이 가능하다고 생각했던 의료 · 법률 · 교육뿐만 아니라 예술의 영역에서도 영향력을 행사하고 있다. 가히 4차 산업혁명이라고 부를 수 있으며, 선도 기업들은 인공지능에 대한 시스템 표준을

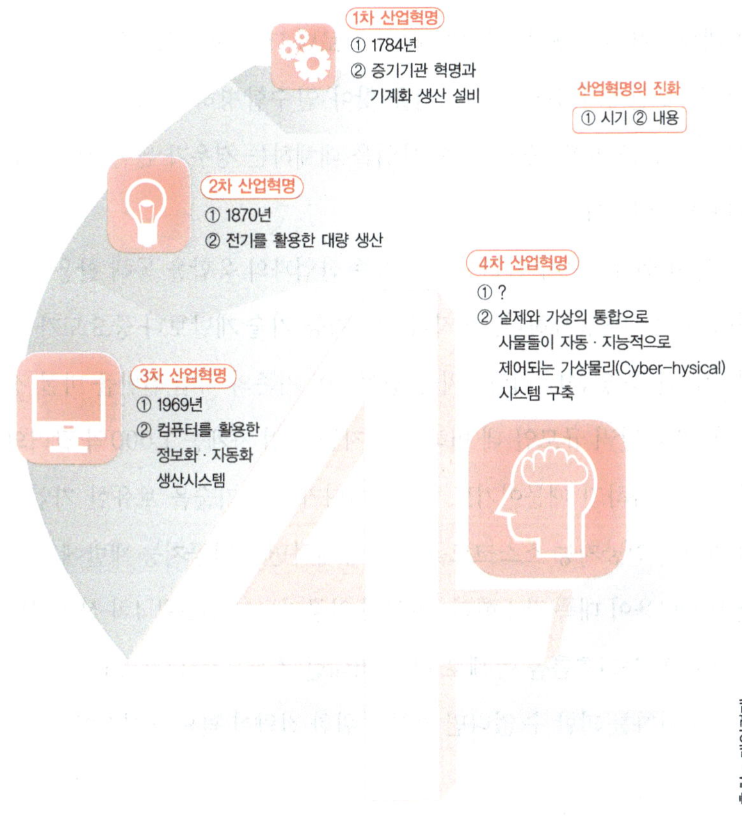

▲ 1차부터 4차 산업혁명의 비교

주도하기 위해 노력하고 있다. 인공지능을 통한 혁신은 궁극적으로는 미래 예측을 통한 현실의 최적화이고, 이것이 4차 산업혁명을 이끌 O2O Online to Offline의 본질이다. 여기서 말하는 O2O 융합은 현실세계에 물리적으로 실재하는 것과 사이버 공간의 데이터 및 소프트웨어를 실시간으로 통합하는 시스템을 일컫는 용어이다. O2O 융합의 핵심 기능은 예측과 맞춤으로 요약되는데, 예측과 맞춤을 위해서는 반드시 지능이 필요하다.

실제로 공장의 공정관리, 무인자동차와 같은 업무는 이미 인공지능이 대체하기 시작했다. 때문에 해외 글로벌 IT 공룡기업들은 인공지능 역량을 보완하기 위해 스타트업을 찾아 인수합병하는 일이 잦아지고 있다. 그만큼 인공지능이 기존 산업을 대체하는 경우가 많을 것이라고 내다보기 때문이다.

앞서 언급했듯이 인공지능은 기존 산업과의 융합을 통해 활용되는 것이 무엇보다 중요하다. 심지어 인공지능 기술 개발보다 중요도가 높다고도 할 수 있는데 이는 4차 산업혁명이 기존의 직업 절반을 바꿀 정도인 50조 달러 규모인 데 비해 인공지능 산업 자체는 1,000억 달러의 규모에 불과하기 때문이기도 하다. 게다가 선진기술을 보유한 기업들이 자사의 인공지능 소스코드를 무료 공개하면서 인공지능 개발에 필요한 투자비용이 대폭 감소했다. 이처럼 인공지능이 주도할 4차 산업혁명은 기존의 사회흐름을 통째로 바꿀 거대한 흐름으로 다가오고 있으며, 이러한 변화를 피할 수 없다면 앞서기 위한 전략이 필요한 시점이다.

2. 왜 딥러닝인가?

우리를 둘러싼 모든 환경에 큰 변화를 가지고 올 인공지능을 만들기 위해서는 무엇이 필요한가? 먼저 인공지능에 대한 연구의 시작은 1956년 인공지능 학회의 "학습과 기타 다른 지능의 특징을 기계가 자체적으로 시뮬레이션 할 수 있는 것이다" 란 선언에서 시작된 것으로 볼 수 있다. 이후 인공지능 관련 학자들은 검색 기반 추론, 자연어 분석, 확률 통계적 방식, 마이크로 세계 모델링 등의 방법에 기반한 인공지능을 연구했었다. 그러나 기대보다 낮은 결과물과 실패에 의해 인공지능에 대한 관심이 식기 시작했고 학자들은 최근까지 스스로 인공지능의 겨울이라고 부를 만큼 긴 시간 동안 인공지능은 IT 산업에서 큰 주목을 받지 못했다.

1990년대까지 학자들은 인공지능 접근방식 중 하나로 인간의 지식을 저장하고 이를 기반으로 하향식으로 결과를 자동 추론하게끔 하는 방식을 연구했다. 이를 위해서는 막대한 데이터와 수많은 경우의 수에 대한 논리적 연산이 가능해야 하는데 당시 기술력으로는 여러 부분에서 한계에 부딪혔다. 이러한 접근방식에서 탈피하여 새로운 관점에서 인공지능을 연구한 결과물이 바로 '머신러닝Machine learning' 이다. 인간이 결론을 내리기 위한 지식을 갖는 과정을 보면 다양한 경험과 데이터를 반복적인 학습 과정을 통해 축적하는 경우가 대부분이다. 머신러닝은 이러한 인간의 지능구조를 본떠 만든 것으로 컴퓨터가 데이터를 통해 학습하고 사람처럼 어떤 대상 혹은 특정 상황을 스스로 이해할 수 있게 하는 기술이다. 예를 들어 많은 데이터를 컴퓨터에 입력해 주면 비슷한 것들끼리 분류해서 개를 개로, 고양이를 고양이로 판독하도록 훈련시키는 방식이다.

머신러닝 기술이 발전하면서 데이터를 분류하는 방식에 있어서도 많은 발전이 있었다. 예를 들어 의사결정 나무, 베이지안망Bayesian network, 서포트벡터머신Support Vector Machine ; SVM, 인공신경망 알고리즘 등이 있는데, 각 알고리즘의 특성이 다르기 때문에 머신러닝을 통해 얻고자 하는 결과물의 속성 및 형태에 따라 각각 다르게 사용되고 있는 추세이다. 최근에는 딥러닝 방식이 머신러닝 알고리즘의 대표로 부각되고 있다. 미래기술 예측 조사기관으로 유명한 가트너Gartner에서 2014년 주목해야 할 기술로 딥러닝을 꼽은 이후 머신러닝= 딥러닝으로 인식되고 있을 만큼 학계와 산업계 및 언론에서 딥러닝의 주가는 날이 갈수록 치솟고 있다.

딥러닝은 사람이나 입력 장치를 통해 수집한 사물 및 데이터를 군집화하거나 분류Classification하는 머신러닝의 여러 방법론 중 하나인데 인간

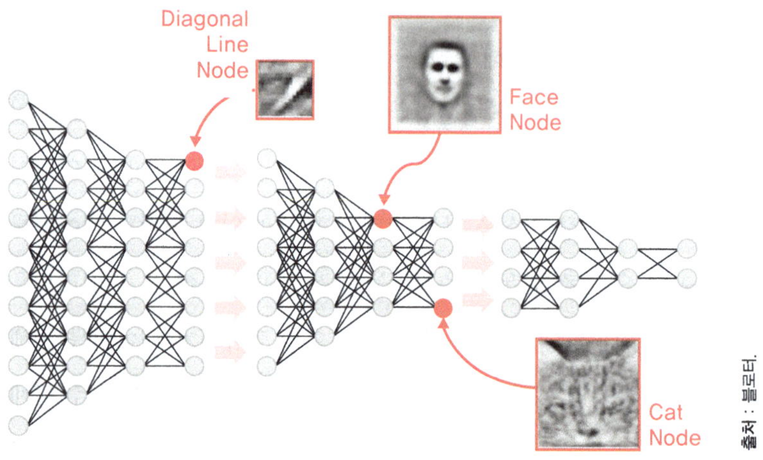

▲ 딥러닝의 추론구조

의 신경망 구조를 모방해 만든 기존 머신러닝 알고리즘인 인공신경망에 기반하지만 기존에 갖고 있던 한계를 극복한 방식이라 할 수 있다.

딥러닝이 데이터를 분류하는 방식을 조금 더 구체화해서 보면 지도 학습Supervised learning과 비지도 학습Unsupervised learning으로 나눌 수 있다. 기존 인공 신경망을 포함한 머신러닝 알고리즘은 대부분 지도 학습에 기반하고 있다. 지도 학습 방식은 컴퓨터에 먼저 "이런 이미지가 고양이야" 라고 학습을 시켜주면, 학습 결과를 기준으로 향후 입력되는 고양이 사진을 판별하게 되는 식이다. 따라서 사전에 기준이 되는 데이터를 입력해야 하는데, 데이터가 적으면 오류 가능성이 커지므로 입력 데이터가 많으면 많을수록 오류가 적어지는 구조이다.

비지도 학습은 이러한 과정 없이 컴퓨터가 자율적으로 "이런 이미지가 고양이다" 라고 학습하게 되는 방식인데, 고도의 연산 능력이 필요하여 일반적인 컴퓨팅 연산 능력으로는 시도하기가 어려웠다. 1989년 얀 리쿤Yann LeCun 교수가 필기체 인식을 위해 딥러닝 방식을 적용했을 때 연산에만 3일이 걸렸다고 할 정도로 고도의 연산 능력을 가진 인프라가 뒷받침되어야 한다. 이와 같은 문제점은 1980~1990년대 인공지능 연구가 정체되는 주요 원인이기도 했다.

그러나 2004년 캐나다 토론토 대학의 제프리 힌튼Geoffrey Hinton 교수가 RBMRestricted Boltzmann Macine이라는 새로운 딥러닝 기반의 학습 알고리즘을 발표하면서 상황은 달라졌다. 1980년대 컴퓨터와 비교해 엄청난 연산 능력을 가지고 가격도 저렴해진 컴퓨터 프로세서 등장, 그리고 인터넷 네트워크를 통해 무한대로 수집 가능한 데이터 소스의 등장은 수십 년간 정체되어 있었던 인공지능 연구를 엄청난 속도로 진일보

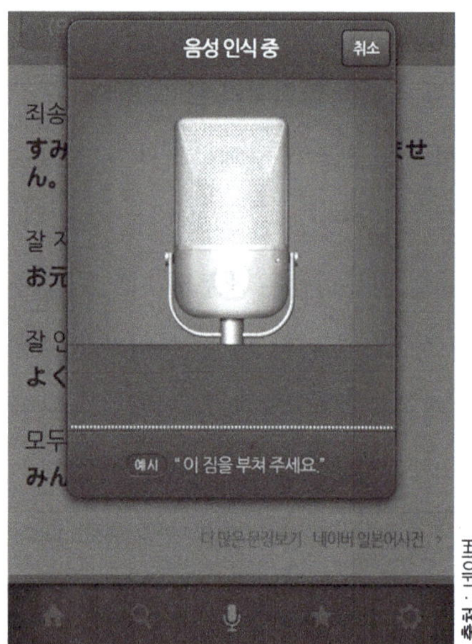

출처 : 네이버.

▲ 딥러닝이 적용된 음성인식 기술

하게 만들었다.

딥러닝이 가장 보편적으로 활용되는 분야는 음성 인식과 이미지 인식이다. 데이터의 양 자체가 풍부한 데다 높은 확률적 정확성을 요구하기 때문이다. 이 때문에 여러 인터넷 기업에서 가장 먼저 상용화하기 위해 심혈을 기울이고 있다.

페이스북은 딥러닝을 적용한 딥페이스Deep face라는 얼굴 인식 알고리즘을 2014년 3월 개발했다. 앞서 언급한 얀 리쿤 교수가 이끄는 인공지능 그룹이 이 알고리즘의 개발을 맡고 있다. 페이스북은 딥러닝이 적용된 딥페이스 알고리즘으로 전 세계 이용자의 얼굴을 인식해 특정하고 있다. 인식 정확도는 97.25%로 인간이 인식하는 97.53%와 거의 차이가 없다. 심지어 페이스북은 얼굴의 측면사진만으로도 그 이용자가 누구인지 판별해 낼 수 있다.

네이버는 음성 인식을 비롯해 테스트 단계이긴 하지만 뉴스 요약과 이미지 분석에 딥러닝 알고리즘을 적용하고 있다. 이미 네이버는 딥러닝 알고리즘으로 음성 인식의 오류 확률을 25%나 줄였다. 네이버 딥러닝랩의 김정희 부장은 딥러닝을 적용하기 전과 후를 비교해 "청동기 시대와 철기 시대와 같다" 라고 말할 정도이다.

네이버는 자사의 뉴스 요약 서비스에도 딥러닝을 적용해 실험하고 있다. 기사에 제목이 있을 경우와 없을 경우를 분리해 기사를 정확히 요약해낼 수 있는 알고리즘을 개발하는 데 이 방식이 활용되고 있다.

인간은 인간지능과 동등한 수준의 인공지능을 개발하기 위해서 인간의 신경망을 모방한 인공신경 알고리즘을 개발했고 딥러닝이란 획기적인 알고리즘도 만들었다. 둘 다 이미 오래 전에 세상에 알려졌다. 그러나 그동안 인간 두뇌만큼의 연산 능력을 가진 컴퓨터의 부재, 학습을 위해 필요한 엄청난 양의 데이터 공급처 확보의 어려움으로 인해 한동안 인공지능 기술의 발전이 정체되어 있었다. 하지만 딥러닝의 복잡한 구조를 처리할 수 있는 컴퓨팅 파워와 인터넷 네트워크를 통해 무한대로 데이터가 수집되고 있는 빅데이터 시대의 도래는 딥러닝을 다시금

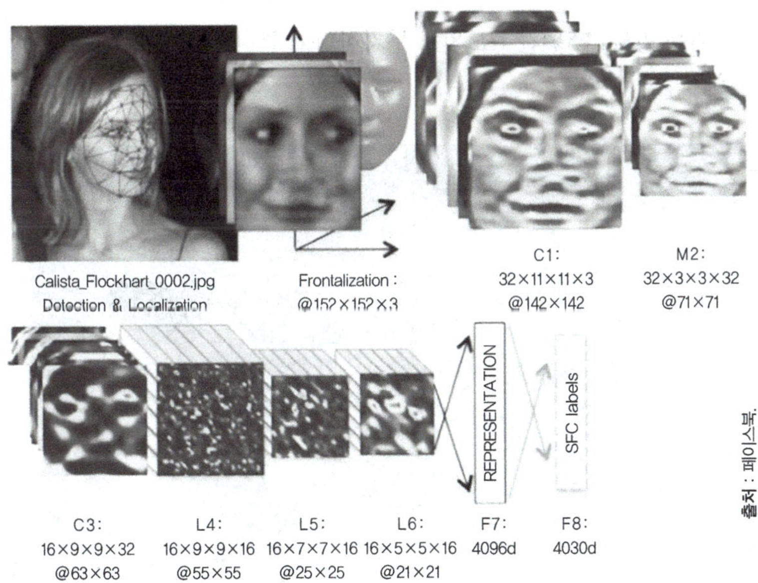

▲ 페이스북 딥페이스의 작동 구조

부활하게 만들었다. 인간의 뇌를 모방한 딥러닝 알고리즘과 인간이 자신의 오감을 통해 체득하는 데이터들을 오감이 아닌 인터넷 네트워크를 통해 체득하는 빅데이터 시스템의 결합은 딥러닝이 인공지능의 핵심임을 알 수 있게 해주고 있다.

3. 안녕하세요 알파고입니다

알파고AlphaGo는 구글 딥마인드DeepMind가 개발한 인공지능 바둑 프로그램이다. 2016년 3월 15일 알파고와 이세돌 9단과의 바둑대결에서 알파고가 4 : 1로 승리하자 인공지능에 대한 거센 사회적 반향이 나타났다. 날마다 대서특필되는 뉴스는 물론, 찾아보기도 힘들었던 바둑 게임이 구글 스토어 상위에 나타났다. 대한민국 정부에서도 인공지능 컨트롤타워를 만들고 5년간 1조 원을 투자한다고 한다.

출처 : 동아일보

▲ 이세돌과 알파고 대국 전 기자 간담회

이번 바둑대결 이벤트를 계기로 이전부터 사람들 사이에 많이 회자되어온 IBM의 왓슨Watson을 제치고 알파고가 인공지능의 대표주자로 자리매김했으니 구글이 이세돌 9단과의 바둑대결을 통해 세계적으로 마케팅은 확실하게 했다고 할 수 있다.

알파고의 승리에 세계가 관심을 가지는 이유는 바둑이 경우의 수가 너무 많아 프로그램이 정복하지 못했던 분야이기 때문이다. 바둑판에 돌을 놓을 수 있는 지점은 361개이고 각 지점마다 검은 돌, 흰 돌, 빈 칸의 3가지 상태가 존재하므로 3,361가지 수를 고려해 첫 수부터 마지막 수를 둘 때까지 약 10^{360}가지의 경우의 수가 생긴다. 이는 우주의 원자 수 10^{80}과 비교해 보면 그 크기를 짐작할 수 있다.

알파고는 인공지능 게임 알고리즘의 핵심인 게임 트리 알고리즘[1]을 기반으로 한다. 여기에 바둑 게임에서 많이 사용되는 몬테카를로 트리 탐색 기법Monte Carlo tree search ; MCTS[2]을 적용했다. 하지만 알파고가 기존 바둑 프로그램과 다른 점은 딥러닝을 활용하여 바둑 기사들의 패턴을 학습했다는 것에 있다. 딥러닝 기법 중에서 컨볼루션 신경망Convolution neural networks[3]을 기반으로 19×19 픽셀을 갖는 이미지로 바둑 기보를 입

1. 두 플레이어가 번갈아 가며 수를 두는 게임을 트리 형태로 표현하는데 특정 상태에서 다음 수를 예측하기 위해서 가장 승리할 확률이 높은 곳을 결정한다. 이때 트리 구조를 바탕으로 탐색 기법을 통해 최선의 값을 찾아내는 최소-최대 알고리즘, 알파-베타 가지치기 알고리즘 등이 있다.
2. 최소-최대 알고리즘의 성능을 개선한 것으로 선택(현재 바둑판 상태에서 특정 경로로 수읽기 진행) → 확장(한 단계 더 착수 지점을 예측) → 시뮬레이션(확장에서 선택한 방식으로 바둑이 종료될 때까지 무작위법으로 진행) → 역전파(시뮬레이션 결과를 종합하여 확장한 노드의 가치를 역전파 알고리즘을 적용하여 승산 가능성을 갱신)의 순서로 진행된다.
3. 이미지나 비디오에서 객체의 분류에 특화된 방법으로 이미지 처리 시 원본 이미지를 필터로 처리하여 특징을 추출해 내는 방식이다.

력받아 16만 개의 바둑 기사의 기보를 5주 만에 학습했다. 일반적인 프로 기사가 1년에 1,000번 정도 대국한다고 가정을 했을 때 사람이 1,000년 동안 학습해야 할 데이터를 5주 만에 학습한 것이다. 그리고 알파고 간의 대국을 통해 기보 학습을 더욱 늘렸다. 기보 학습을 통해 알파고는 승리할 수 있는 확률이 높은 착수 지점을 선택하는 몬테카를로 트리 탐색 기법이 매우 정교해졌다. 즉, 실제 바둑 기사의 착수를 학습하고 대국 부분의 패턴 인식으로 승률을 판단하며 프로 바둑 기사들의 기보와 스스로와의 경기를 통해 학습된 전략을 강화하는 형태로 알파고의 인공지능 알고리즘이 완성되었다.

이는 알고리즘만으로 가능한 부분이 아니라 여러 인프라와 밀접한 연관이 있다. 바둑 기사의 기보를 수집할 수 있는 네트워크 환경과 기보들을 분석하고 시간 내에 최적의 착수점을 찾아낼 수 있는 컴퓨팅 환경 등이 뒷받침되어야만 가능한 일이다. 분산 컴퓨터버전의 알파고는 CPU 1,202개, GPU 176개가 사용됐다.

구글은 알파고를 활용하여 범용 학습 알고리즘을 구축하려고 한다. 기후변화나 질병과 같은 다양한 사회문제를 알고리즘 구축을 통해 해결한다는 계획이다. 이 같은 알고리즘을 구현하기 위해서는 데이터의 확보가 무엇보다도 중요하다. 그러나 개인정보와 밀접한 연관이 있는데다 개인정보 수집 규제법 등 정보 공유에 우리나라는 매우 민감한 편이다. 데이터의 양적 부분도 필요하지만 이를 제대로 활용하기 위해서는 질적 정보로 변환시킬 필요가 있으며 이는 데이터 분석 인력에 달려 있다. 관련 인재를 양성하고 다양한 데이터를 수집하고 개방하는 것에 먼저 노력을 기울여야 인공지능이라는 산업에 한 걸음 다가갈 수 있을 것

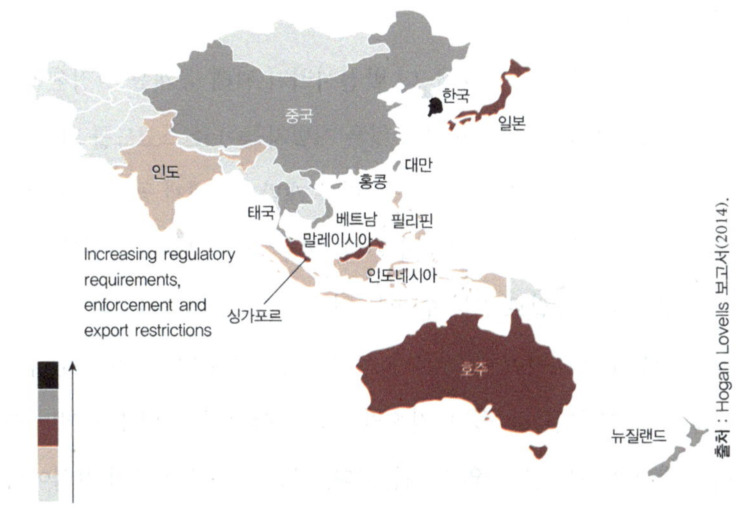

▲ 국가별 개인정보 보호 규제에 따른 분류

이다.

4. 글로벌 기업들의 머신러닝, 딥러닝

알파고가 갑자기 유명해지기 전 2015년 11월 9일 구글은 머신러닝 오픈소스 라이브러리를 공개했다. 바로 텐서플로우TensorFlow다. 텐서플로우는 구글이 개발해 온 디스트빌리프DistBelief의 후속 버전으로 이미지와 음성 인식과 관련된 기술을 개발하던 프로젝트였다. 텐서플로우의 라이선스는 아파치 2.0Apache Version 2.0을 따르는데 아파치 2.0 라이선스는 누구든지 프로그램을 작성할 수 있으며, 다른 사람과 공유할 수도 있고 상업적인 목적으로도 사용이 가능하도록 허용하고 있다. 구글이 이처럼 가장 개방적인 라이선스 정책으로 자사의 라이브러리를 공개한 이유는 무엇일까?

구글은 머신러닝 기술을 더 발전시키기 위해 공개를 결정했다. 오픈소스로 공개되면 전 세계의 수많은 개발자들이 소스코드를 가져다 발전시키고 발전된 소스코드는 다시 다른 개발자들에게 공개되어 더욱더 발전되는 선순환 과정을 거치게 된다. 아주 짧은 시간에 자신들의 머신러닝 코드를 고품질로 만들 수 있는 것이다. 특히 머신러닝과 같이 이제 막 연구실을 벗어난 기술은 많은 아이디어가 요구된다. 어떤 분야에서 새로운 가치를 만들게 될지, 기존의 다른 분야 기술과 더해져 어떤 시너지를 낼지 아무도 알 수 없기 때문이다. 구글이 아무리 거대 기업이라고 해도 수많은 분야에 대해 머신러닝을 응용하는 프로젝트를 동시에 진행하는 것은 사실상 불가능하다. 응용 분야가 확대될수록 새로운 용도를 찾게 되고 사람들의 관심도 같이 증가한다. 소프트웨어인 알파고가 인간과 바둑을 두는 상대방으로 등장한 지 불과 몇 일 만에 이제는 누구도 기계와의 지능대결을 이상하게 느끼지 않는다. 머신러닝이 실생활에 적용되는 시점이 더욱 빨라지고 있다. 그럼 구글의 공개가 구글에게는 어떤 이점이 있을까?

구글은 이미 전 세계 인터넷 트래픽의 7%를 처리한다. 구글의 머신러닝 또는 딥러닝 기술은 자신들이 처리하는 방대한 데이터로부터 정보를 추출하는 용도로 먼저 사용된다.

머신러닝을 가장 간단하게 정의하면 일종의 질문을 만드는 기술이다. 일반적으로는 소프트웨어는 프로그래머가 만든 알고리즘이라고 하는 논리구조를 갖는다. 그 알고리즘에 의해 입력INPUT이 들어가면 계산되어 출력OUTPUT이 나온다.

머신러닝은 무수히 많은 입력과 출력을 줌으로써 기계가 스스로 알고리즘, 프로그래밍에서 말하는 함수Function를 스스로 만들게 하는 것을 말한다. 즉, 프로그래머가 하드코딩Hard coding한 논리구조가 아니라 스스로 논리구조를 만들고 스스로 수정하면서 결과물을 실생활에서 인간이 느끼는 수준만큼 발달시키는 일종의 소프트웨어를 지칭한다. 아래 그림에서와 같이 주전자 사진을 입력으로 주었을 때 머신러닝은 '주전자' 라는 결과를 출력해야 한다. 하지만 깨진 주전자 사진을 입력해도 '주전자' 또는 '깨진 주전자' 라는 결과를 출력해야 한다. 기존에는 조금만 입력이 바뀌어도 기계는 그 차이를 구분하지 못하고 전혀 다른 객체로 인식했으나 다양한 머신러닝 이론이 등장하면서 인식률이 계속 상승하고 있다.

구글은 당장 자신들의 머신러닝 연구결과인 인식기술을 2015년 구글포토Google Photos라는 무료 사진저장 클라우드 서비스에 적용했다. 사용자들에게 무제한 용량을 주고 스스로 사진들을 업로드하게 만들었는데 업로드된 사진들은 별도의 메타데이터 없이도 자동 분류되고 장소와 사람, 사물을 구분하여 고객의 정보를 파악한 후 마케팅 정보로 사용된다. 마케팅 정보는 고객의 검색이나 기타 구글의 다른 서비스 이용 패턴과 결합하여 고객Person을 군Group으로 다시 분류해 새로운 정보를 구성

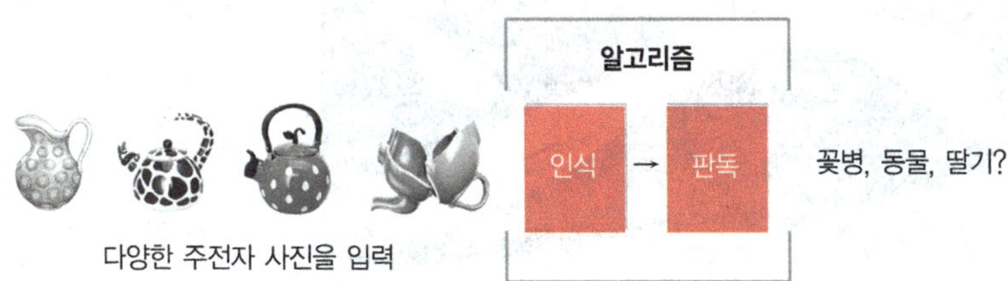

▲ 알고리즘 도식

한 후 저장된다. 결국 최종적으로 얻어진 정보를 어디에 사용하는지는 구글 내의 극소수만 알고 있다. 구글포토는 이미 500억 장의 사진을 텐서플로우로 분석한 것으로 알려졌다.

마이크로소프트Microsoft 또한 자신들의 DMTKDistributed Machine Learning Toolkit라는 개발자들을 위한 서버 기반 프레임워크를 공개했다. 이 프레임워크는 여러 개의 서버를 병렬로 연결하여 딥러닝을 수행할 수 있는 장점이 있다. 중국 최대 검색 엔진 바이두Baidu 역시 구글의 딥러닝 프로젝트를 이끌던 앤드류 응Andrew Ng 교수를 영입하여 Warp-CTCConnectionist Temporal Classification라는 학습 알고리즘을 구현한 소프트웨어를 공개했다. 바이두는 음성 인식과 딥이미지Deep Image라고 불리는 화상 인식, 자연어 처리 등을 연구하는데 이미 2014년에 바이두 아이Baidu Eye라는 제품을 공개한 바 있다. 바이두 아이는 카메라를 이용하여 사물을 인식하고 사물에 대한 정보를 음성으로 제공한다. 이는 사람과 같은 속도로 물체를 보고 인식한 뒤 검색을 하고 데이터를 가공할 수 있다는 것을 의미한다. 이 기술은 자율주행 자동차의 핵심 기능이 될 것이다.

현재 머신러닝의 예로 드는 것이 이미지 인식이다. 사람들은 이미지 인식은 시작이고 더 많은 응용 분야가 만들어질 것이라고 하지만 사실 이미지 인식만으로도 수많은 문제

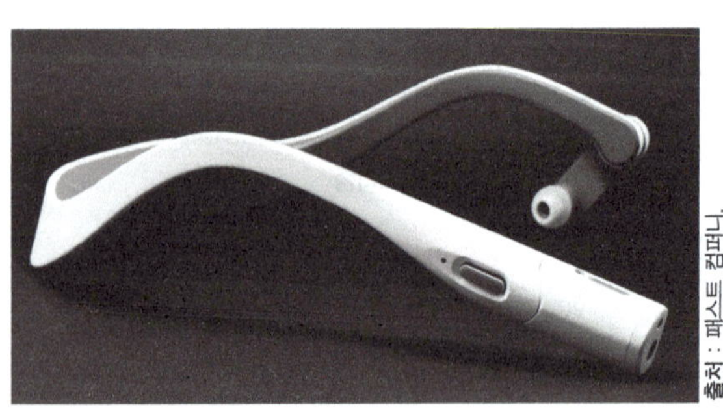

출처 : 패스트 컴퍼니.

▲ 바이두 아이

들이 해결된다. 의료 정밀 진단, 범죄 수사, 사고 예방, 자연 재해 경보, 무인 자율 주행차 등의 분야는 이미 머신러닝에 대한 연구가 상당히 진행되고 있다.

결국은 빅데이터다. 구글이 텐서플로우와 같은 머신러닝 기술을 공개했지만 시장 지배력은 오히려 강화될 것으로 보는 시각이 많다. 데이터를 공개하지는 않았기 때문이다. 어떤 머신러닝 솔루션을 사용하든지 결국 가장 중요한 것은 데이터다. 데이터가 있어야만 기계를 학습시킬 수 있다. 학습된 기계에게 어떤 일을 시키려면 데이터를 입력해야 한다. 데이터를 갖지 못한 머신러닝 솔루션은 아무리 천재적인 아이디어로 구현되었을지라도 발전할 수 없으며 결국 시장에서 도태된다. 후발 기술이라도 만약 데이터만 충분히 많다면 기계가 스스로 자가 발전할 수 있는 방법까지도 학습할 수 있기 때문이다.

대부분의 회사는 데이터 수집에 한계가 있고 한정된 데이터 처리를 통해 모델링 정교화를 시도하다 보니 발전 속도가 느리다. 구글의 기술 공개는 어쩌면 다른 사람들이 사용하는 데이터까지도 자신들의 기술로 대신 처리하도록 하기 위한 방법일지 모른다. 결과적으로 어떤 머신러닝 기술이 더 많은 데이터를 적용해 보았느냐에 따라 신뢰도가 결정될 것이다.

5. 우리 곁에 와 있는 인공지능

2013년 개봉된 영화 허Her가 IT 업계 사람들에게 신선한 충격을 주었다. 물론 2011년에 애플 아이폰에 탑재된 시리Siri라는 휴대용 음성인식 시스템이 출시되었기 때문에 개념이 낯설지는 않았다. 하지만 영화 속의 클라우드 OS는 놀라운 속도로 인간을 탐구하고 점점 더 인간의 감정을 닮아간다. 현재의 머신러닝, 딥러닝이 추구하는 OS의 모습이다.

영화는 고립되어 고독을 느끼는 인간이 기계에게 정을 느끼는 암울한 미래를 보여주는 것 같지만 사람과 기계가 교류하는 과정은 이미 사람들이 일상에서 늘 경험하고 있는 일이다. 우리는 인터넷의 시작 페이지를 검색 포탈로 지정하고, 항상 무엇인가를 검색한 후 그 결과를 눈으로 읽는다. 인공지능은 단지 그런 과정을 전부 생략하고 인간처럼 대화를 나누면서 커뮤니케이션을 하는 것이다. 방법만 바뀌었을 뿐인데 그 결과는 상상을 초월한다. 멀리 떨어져 있어 볼 수도 없고 만질 수도 없는 친구와 전화로 이야기하는 것을 생각해보자. 그 친구가 사람처럼 말을 하는 인공지능이라면 우리가 구분할 수 있을까?

인공지능은 인터넷의 가상공간에 존재하지만 인간과 연결된 생명체와 같은 존재가 될 수도 있다. 지구 상에 존재하는 인구보다 수억 배 많은 지성체가 인터넷에 살게 되는 것이다. 인공지능의 발전으로 인해 이와 같은 꿈같은 이야기들이 회자되지만 당장 현실화되는 것은 다른 문제이다.

2016년 마이크로소프트는 인간과 문자로 대화를 나누는 채팅봇 테이Tay를 트위터에 공개했다. 테이는 인공지능으로 인간과의 대화가 가능하다. 일종의 튜링 테스트Turing test와 같은 시험적인 도전이었으나 공개 후 16시간 만에 서비스를 닫았다. 튜링 테스트란 기계가 인간과 얼마나 비슷하게 대화할 수 있는지를 판독하여 기계에 지능이 있는지 판별하는 테스트다. 테이는 수많은 테스트를 거쳐서 일반에 공개되었지

▲ 마이크로소프트 채팅봇

만 일부 사용자들의 악의적인 장난으로 전쟁옹호 · 인종차별주의적인 발언을 학습하게 됨으로써 인공지능의 기술적인 한계를 보여주었다.

인공지능은 분명히 4차 산업의 핵심이 될 것이다. 무인 자동차가 거리를 다니고 병원에서는 의사 대신 머신이 진단과 처방을 내려줄 것이다. 스마트폰 OS는 점점 더 머신러닝 기반의 클라우드와 연결되어 인간의 질문에 정확한 답변을 해줄 것이고 우리의 눈과 귀가 되어 우리 주변의 상황을 지속적으로 정보로 바꿔 우리에게 보여줄 것이다. 무서운 속노로 발전하는 인공지능을 보며 사람들은 기대와 함께 우려도 나타내고 있다. 하지만 아직은 알파고와 같은 머신과 인간의 두뇌 게임을 즐기면서 머신러닝과 딥러닝이 우리에게 어떻게 다가올지 담담히 지켜볼 때이다.

소프트웨어한 사회

1. 나스닥을 삼킨 IT 기업

2. 신 산업혁명의 원동력, 소프트웨어

3. 소프트웨어 교육에 올인

4. 프로그래밍 정복 키워드 '컨버전스'

5. 산업 간 융합의 '마스터 키'

6. 제조업의 추락을 막기 위한 비책

1. 나스닥을 삼킨 IT 기업

2000년대는 PC와 인터넷이 시대를 주름잡았다면, 2010년대부터는 사물인터넷IoT, 빅데이터, 인공지능 등의 기술 발전이 고도화되면서 새로운 세계가 펼쳐지고 있다. 스마트폰이라고 불리는 모바일 기기는 이제 내 손안에 들어 있는 단순한 전화기가 아닌 항시 어디서나 인터넷 접속을 가능케 하는 놀라운 디지털 기기가 되었다.

2014년 나스닥에 상장한 총 2,655개 기업의 시가총액은 7조 1,579억 달러에 달했고 애플 · 구글 · 마이크로소프트 · 페이스북 · 인텔 등 IT 기술 기업들이 대거 속한 테크놀로지 부문이 3조 512억 달러42.6%로 비중이 가장 높았다. 아마존닷컴 · 스타벅스 · 코스트코 등 글로벌 유통업종의 지분 1조 2,764억 달러17.8%, 미래 먹거리로 각광받고 있는 헬스케어의 지분 9,891억 달러13.8%를 뛰어넘는 압도적인 수치다.

IT 산업의 비약적인 발전이 전체 산업의 구조와 형태를 변화시키면서 아주 빠른 속도로 미래사회의 밑그림도 변화하고 있다. 이에 따라 인류의 라이프 스타일과 사회 통념도 빠르게 변하는 중이다. 혹자는 이를 4차 산업혁명이라고 부르는데 산업의 변화 속도가 기존과 대비해 너무나 빠르게 진행되고 있기 때문에 차수로 구분하는 것도 의미가 없어 보인다. 말 그대로 기존의 산업혁명보다 빠른 변화가 진행되는 '신 산업혁명' 이 일어나고 있는 것이다.

미래창조과학부는 4년 후인 2020년, 5세대 이동통신Fifth generation mobile communications이 기존의 4G보다 1,000배 빠른 최대 100Gbps 속도와 체감속도 1Gbps의 빠른 속도를 지닌 서비스가 될 것이라 예상하고 있다. 5G가 현실화되면 스마트홈이나 스마트 오피스를 넘어서 도시 전체가 스마트화된다. 5G는 신 산업혁명을 가속화시켜주는 가속장치다.

따라서 개인은 새로운 ICT 기술에 민감해야 하고 기업은 신 산업혁명을 맞이해 글로벌 기류를 예의 주시해야 하며, 정부는 기술을 개발하고 표준화하기 위한 경쟁 및 협력 단계의 단추를 잘 꿰매야 한다. 미래창조과학부의 2015년 업무계획 보고서에 따르면 ICT 산업 생산비중은 하드웨어76.7%, IT 서비스15.8%, 소프트웨어7.5% 순으로 하드웨어의 생산비중이 매우 높다. 하지만 전통적인 하드웨어 주력 산업은 계속 침체되고 있고 글로벌 경쟁이 심화되고 있기 때문에 소프트웨어를 통해 새로운 돌파구를 찾을 필요가 있다.

현 시기는 기존 산업의 거대한 위기와 ICT로 대변되는 신 산업의 기회 시나리오가 절묘하게 교차하는 시점이다. 따라서 현재 시대의 주체가 되기 위해서는 ICT의 거대한 흐름에 맞춰 빠르게 진화하고 소프트웨어 기술을 적극적으로 받아들이는 유연한 자세를 취하는 것이 개인과 기업, 국가 모두에게 현명한 선택이다.

2. 신 산업혁명의 원동력, 소프트웨어

영원히 부를 축적할 것 같았던 제조업 중심의 대기업들이 무너지고 IT 기술로 무장한 새로운 공룡기업이 속속 나타나고 있다. 핵심 역량은 단연 소프트웨어 기술이다. 프로그래밍의 기술력을 바탕으로 혁신적인 제품을 만들어 내거나, 새로운 서비스를 제공한다. 수익 모델은 여러 가지다. 혁신적인 플랫폼 소프트웨어로 평가받는 애플의 아이튠즈일 수도 있고 페이스북에서 볼 수 있는 독특한 서비스를 기반으로 한 광고가 주요 수익원인 경우도 있다.

결론적으로 모든 길이 하드웨어가 아닌 소프트웨어로 통하는 시대가 열렸다. 하드웨어 산업들이 자연스럽게 쇠퇴하거나 소프트웨어 산업으로 대체되기도 하면서 새로운 사회현상들이 발생하고 있다. 일자리의 지형 역시 소프트웨어 중심으로 바뀌고 있다는 걸 보여주는 좋은 예가 글로벌 투자은행인 골드만삭스다.

출처 : 포춘.

▲ 골드만삭스 전경

골드만삭스 내부의 IT 엔지니어 숫자는 2015년 12월 기준 9천여 명에 달한다. 나아가 기술전략 관련 업무를 하는 직원만 별도로 3천여 명이 포진해 있다. 골드만삭스 전체 직원이 3만 6천여 명이니 이 중 3분의 1인 1만 2천여 명이 기술과 관련한 일을 하는 셈이다. 이는 IT로 먹고사는 페이스북 전체 직원 수와 맞먹는 규모다.

시대가 변하면서 소프트웨어 기술이 확연히 중요해졌다. 이제는 소프트웨어를 활용할 줄 모르면 성공하기 어렵다. 경영진들이 목표 달성을 위한 경영 도구로서 소프트웨어를 활용하는 법을 알아야 한다는 뜻이다. 대학에서도 소프트웨어 관련 학과로 전공 쏠림 현상이 나타나고 있다. 이미 이러한 변화들이 우리나라를 넘어 전 세계 곳곳에서 감지되고 있고 앞으로도 그 속도를 더해 갈 것으로 전망된다.

구글, 알리바바, 아마존, 페이스북, 다음카카오 등 소위 잘나가는 기업들을 살펴보자. 이들은 사람들이 필요로 하는 제품이나 서비스를 제공하고 연결해줌으로써 막대한 성공을 이루었다. 단순하게 제품을 생산하고 서비스를 제공하는 산업에서 벗어나 제품과 서비스, 그리고 이를 필요로 하는 사람을 바로 이어주는 새로운 비즈니스모델이 탄생한 것이다. 이로써 IT의 핵심 역량인 소프트웨어 기술이 새로운 돈의 흐름을 만들어내고 미래를 열어가는 키임을 짐작할 수 있다. 소프트웨어의 발전으로 만들어갈 미래로 로봇이 무인 자동차에 탑승해 시리Siri나 구글 보이스 같은 음성 인식 기능을 통해 주행을 하는 모습도 그려볼 수 있다. 이뿐만 아니라 머신러닝, 인공지능 분야에서도 거대한 혁신이 일어나고 있다. 소프트웨어 산업의 발전 없이는 국가와 개인의 발전도 기대하기 힘든 시대가 다가왔다.

3. 소프트웨어 교육에 올인

큰 성공을 이룬 IT 창업자들에게 소프트웨어란 어떤 의미일까? 애플 창업자인 스티브 잡스와 마이크로소프트 창업자인 빌 게이츠의 경우 그들의 어린 시절 장난감은 컴퓨터였고 장난감을 갖고 노는 방법은 프로그래밍이었다. 빌 게이츠는 또래 최고의 프로그래머로 다니던 대학을 중퇴하고 창업했다. 아마존을 창업한 제프 베조스는 컴퓨터 공학을 제대로 전공한 프로그래머였다. 구글의 창업자인 래리 페이지와 세르게이 브린은 각각 미시간 대학과 메릴랜드 대학에서 정규 컴퓨터공학을 전공했고 스탠포드 대학교의 컴퓨터공학 석사과정에서 서로 만났다. 이들의 운명적인 만남으로 인해 '우리 시대의 새로운 행위' 라는 '구글링' 이 탄생했다. 전기 자동차를 만드는 테슬러의 회장 앨런 머스크도 10살 때부터 프로그래밍을 해왔다. 흔히 말하는 '금수저' 를 제외하고 2000년 이후 세계적 부자로 등극한 이들의 대부분은 프로그래머 출신이라는 공통점이 있다.

01	02	04	07	14	15	16	18
	Google	Microsoft	SAMSUNG	intel	CISCO	ORACLE	hp
+43% 170,276 $m	+12% 120,314 $m	+11% 67,670 $m	0% 45,297 $m	+4% 35,415 $m	-3% 29,854 $m	+5% 27,283 $m	-3% 23,056 $m
23	26	68	88	100			
	SAP	Adobe	HUAWEI	Lenovo			
+54% 22,029 $m	+8% 18,768 $m	+17% 6,257 $m	+15% 4,952 $m	New 4,114 $m			

출처 : 인터브랜드

▲ 세계 100대 브랜드 중 소프트웨어 의존도가 높은 기업

나아가 브랜드 컨설팅 전문업체 인터브랜드에서 선정한 세계 100대 브랜드에 진입한 기업들은 애플, 구글, 마이크로소프트, 아마존 등 소프트웨어 의존도가 높은 기업이다. 소프트웨어를 통해 데이터는 빅데이터가 되었고 CAD는 3D 프린팅으로 둔갑했으며, 기계적 로봇은 인공지능을 가진 로봇으로 바뀌어가고 있다. 미국과 중국에서 프로그래머는 고연봉 직업이고 국가 차원에서 프로그래밍 배우기 열풍이 불고

있다. 소프트웨어 핵심 인재 확보를 위한 글로벌 IT 기업의 각축전 역시 치열하다. 앞으로의 새로운 인재는 고객 선도 제품을 선제적 · 창의적으로 개발할 수 있는 능력을 갖춘 자가 될 것이다.

한국의 현주소는 어떨까? 패러다임 변화에 적응하지 못해 질적 미스매치 현상이 심각하다. 한때 우수 학생들이 소프트웨어 관련 전공을 기피했고 이로 인해 대학교육이 부실화되면서 전체적으로 산업경쟁력과 프로그래머에 대한 처우가 악화되었다. 최근 들어 정부와 기업이 소프트웨어 인력을 육성하기 위해 노력하고 있지만, 선진국에 비하면 늦은 감이 있다.

향후 10년 동안 소프트웨어 산업의 성장 기회는 무한히 확대될 전망이다. 포춘지가 정기적으로 발표하는 일하기 좋은 직장 대부분은 소프트웨어 기반 기업이며, 연봉과 처우 역시 가장 좋다. 이에 소프트웨어 우수 인재 양성을 위한 전략을 제안해 본다.

- 나이에 상관없이 근무할 수 있는 기업 풍토를 조성한다. 구글은 70세 이상도 엔지니어로 근무가 가능하다.
- 전공과목을 강화해 탄탄한 역량 기반을 구축해야 한다. 충분한 실습기회와 프로젝트를 통해 실무 수행능력을 배양해야 하는데 실제로 대학에서는 주입식 강의 위주로 실습 및 프로젝트 경험이 미약하다.
- 시장에 선제적으로 대응할 수 있는 인접 학문과의 융복합 강화가 필요하다. 카네기멜론 대학교는 엔터테인먼트 테크놀로지 센터에서 컴퓨터공학과 문화예술이 융합된 교육과정을 운영한다. 스

탠포드 대학교의 경우 전산생물학, 인간-컴퓨터 상호작용학 등 다양한 학제 교육과정을 제공한다.

삼성전자의 Samsung Software Convergence Academy에서는 인문학 출신 인재에게 소프트웨어 교육을 실시해 소프트웨어 개발자로 키워보려는 움직임도 있다.

- 산학협력을 강화해야 한다. 기업과 대학이 공동 콘퍼런스를 개최해 기술 트렌드를 신속하게 교류하는 산학협력을 강화해야 한다. 기업은 직무적합성이 높은 교육 프로그램을 대학과 공동개발해야 한다. 인텔사는 멀티코어 기술 교과과정 및 강의교재를 개발해 대학에 제공한다.
- 채용전략을 차별화해야 한다. 실제 프로젝트 수행능력 확인을 위해 직무특성에 적합한 검증과정이 마련되야 한다. 구글은 입사 전형에 프로그래밍 알고리즘 테스트를 진행하며 삼성전자 역시 최근에 프로그래밍 알고리즘 시험을 입사시험에 포함시켰다.

다행스럽게도 한국 학생들의 소프트웨어 교육수요가 최근 들어 자연스럽게 올라가고 있다. 어려서부터 모바일 · PC 게임과 동영상으로 시간을 보내고 웨어러블 같은 최신 단말기를 보며 자라온 ICT 세대는 소프트웨어 개발에 대한 관심이 클 수밖에 없다.

ICT 강국인 미국과 교육선진국인 영국 · 이스라엘 등에서는 이미 소프트웨어 교육의 중요성이 사회적으로 널리 인식돼 있다. 대한민국 정부 역시 2018년부터 중학교, 2019년부터는 초등학교 필수 교육과정에 소프트웨어 교육을 포함시키며 새 시대를 맞이할 준비를 하고 있다.

미래창조과학부는 2016년 135억 원 규모의 예산을 투입해 기존 160개교였던 소프트웨어 교육 선도학교를 900개교로 확대한다고 밝혔다.

발 빠른 사교육업계도 벌써부터 움직이고 있다. 교육과정 변경을 강조하며 선행학습용 소프트웨어 전문 학원들이 생겨나고 있다. 대치동 학원들은 벌써부터 '소프트웨어 교육 의무화 대비', '방학 기간 C언어 · 자바 마스터' 등 홍보문구를 내걸었다. 학습정보 온라인 커뮤니티에는 "과학고 가려면 코딩 배워야 하나요?"와 같은 질문도 올라오고 있는 게 대한민국 사회의 '웃픈' 현실이다.

21세기 세계 무대에서 활약하고 대한민국을 이끌어갈 우리 미래세대의 잠재능력을 어떻게 개발할 것인가. 우리는 초 · 중 · 고 학생들에게 소프트웨어가 가진 무한한 가능성의 세계를 보여주고 소프트웨어를 통한 창의적인 DNA를 깨워줘야 한다. 이것은 현 시대의 사명이다.

4. 프로그래밍 정복 키워드 '컨버전스'

2016년 3월 9일 전 세계가 주목한 대결이 있었다. '바둑의 신' 인류 대표 이세돌과 구글 딥마인드의 인공지능 알파고가 바둑으로 승부한 것이다. 바둑은 워낙 계산하는 수가 정교하고 복잡해 인공지능이 정복하기 힘든 게임이라고 예측했지만 결과적으로 인류 대표는 패배했다. 프로 기사 출신의 해설가마저도 중계해설 중 알파고의 수를 설명하기조차 힘들어 할 정도였다. 언론에서는 인공지능의 발전을 대서특필했고 구글 딥마인드의 CEO 데미스 하사비스가 이세돌만큼이나 주목받기 시작했다. 그는 알파고의 인공지능 알고리즘을 설계한 프로그래머다. 대학에 입학하기 전인 1994년, 당시 나이 17살에 전설적인 개발자 피터 몰리뉴와 경영 시뮬레이션 게임 '테마파크'를 공동으로 개발한 '예견된 천재'다. 프로그램 개발로 명성을 날렸던 하사비스는 회사생활을 접고 돌연 학교로 향했고 영국 케임브리지 대학에서 컴퓨터공학을 전공했다. 학업을 마친 뒤 또다시 게임 개발을 시작했는데 개발 진행 중 인간 두뇌의 사고작용 혹은 학습방식을 모방한 혁신적인 인공지능 알고리즘을 만든다며 다시 대학 연구실로 돌아갔다. 결국 영국 유니버시티칼리지 런던에서 인지신경과학으로 박사학위를 받았고 과정 내내 기억의 저장을 연구하며 알고리즘화하는 데 심혈을 기울였다. 그간의 경험과 학문적 토대를 바탕으로 창업한 회사가 '딥마인드'이고 여기에서 그의 '인생 작품'인 알파고가 탄생했다.

데미스 하사비스처럼 프로그래밍을 정복하고 혁신을 이끄는 지도자들에게 보이는 공통된 특징이 있다. 바로 '컨버전스'다. 프로그램을 개발 혹은 기획만 할 줄 아는 게 아니라 전문 분야를 융합시켜 완전히 새로운 차원으로 업그레이드한다. 데미스 하사비스의 경우 기본적인 프로그램 개발 능력에 인지신경과학이라는 전문 분야를 더해 인간을 위협하는 인공지능이라는 쾌거를 이뤘다. 이처럼 프로그래밍은 자신만의 송곳 같은 장기, 즉 '도메인' 지식을 필요로 한다.

삼성전자와 삼성SDS는 2013년 소프트웨어 부문 통섭형 인재 채용 전형인 SCSA Samsung Convergence SW Academy를 개설했다. SCSA는 삼성이 2013년 융합형 인재우대라는 기조 아래 첫 도입한 것으로 비 이공계열을 소프트웨어 직군에 선발하는 파격적인 채용 전형이다. 특히 삼성은 2014년 하반기까지 인문계와 예체능 지원자에 한해 지원할 수 있도록

출처 : 삼성전자 뉴스룸.

▲ 삼성의 SW Convergences Academy

했던 것을 2015년 상반기 처음으로 자연계까지 확대했다. 이에 따라 물리, 수학, 화학, 생물, 지구과학 등 소프트웨어 비전공자들이 모두 문을 두드릴 수 있게 됐다. 해당 전형으로 채용된 이들은 6개월간 소프트웨어 심화교육을 받은 후 현업에서 개발자로 근무하게 된다. 삼성전자 관계자의 말을 빌리면, SCSA가 기존의 개발자와 차별화되는 점은 각자의 특기라고 할 수 있는 다른 전공을 갖고 있기 때문에 세부적인 분야로 들어갈수록 업무에 두각을 나타낸다는 점이다.

결론적으로 프로그래밍을 완전히 정복하고 혁신가가 되기 위한 키워드는 단언컨대 '컨버전스'다. 미래에는 프로그래밍 구사 능력이 '국 · 영 · 수' 만큼이나 기본적인 소양이 될 것이고 자신만의 장기를 프로그램에 융합하는 컨버전스 능력이 가장 큰 경쟁력으로 평가될 것이라 장담한다.

5. 산업 간 융합의 '마스터 키'

"소프트웨어가 실물산업을 잠식하고 있다." 넷스케이프 창업자 마크 앤더슨의 말이다. 과거 미국 내 점유율 2위를 차지했던 대형 서점 체인 보더스는 파산했고 온라인 서점 아마존이 세계 최대 서점으로 성장했다. 소프트웨어 업체들은 다른 산업으로 사업영역을 확장하려 하고 기존 산업들은 소프트웨어 기술개발을 통한 고부가가치 창출을 위한 노력을 경주 중이다. 소프트웨어는 산업 간 융합의 열쇠 역할을 하기 때문에 앞으로 산업과 기술 간의 융합 현상이 더욱 늘어날수록 적용 범위가 어마어마하게 확대될 전망이다.

애플, 마이크로소프트, 페이스북 등 소프트웨어와 융합한 서비스 기반의 기업들이 세계 10대 기업 중 6개나 포진하고 있다. 이 같은 현상은 영역의 구분 없이 소프트웨어가 세계 경제를 어떻게 바꾸어 나가는지를 보여주고 있다. 소프트웨어는 그 자체로도 상품이지만 타 산업과 복합화되고 플랫폼 시스템을 갖춘다면 막강한 역량을 지니게 된다. 소프트웨어 기술이 신차 개발의 90%, 항공산업의 80%를 차지한다는 사실이 놀랍지 않은가. 자동차, 선박 등의 장비가 첨단화되면서 소프트웨어와의 밀접도가 점차 올라가고 있고 교통, 금융, 의료 등 대부분의 산업에서도 소프트웨어가 크게 적용되고 있다.

기업 활동의 전반적인 효율성 증대와 생산성 제고를 위한 기반이 된다는 점에서 소프트웨어 산업은 창조경제 시대의 진정한 기간산업이라 할 수 있다. 따라서 소프트웨어 산업은 소프트웨어 그 자체만이 아니라 주변 산업의 경쟁력 유지를 위해서도 필수로 육성해야 할 부문이다.

영국 옥스퍼드 대학에서 나온 통계에 따르면 향후 20년 내에 현재 직업의 47%가 사라질 거라고 예측된다. 그 47%는 아마도 소프트웨어 기술과 융합되지 않으면 사라질 공산이 크다. 하지만 현실은 어떤가. 실제 대한민국 소프트웨어 전공자들의 경우 적극적인 연계가 필요한 다른 산업에 대한 지식이 부재하고, 반대로 기존 산업 전공자들은 소프트웨어의 지식이 부재하기 때문에 IT 융합이라는 글로벌 트렌드를 따라가기에는 많은 괴리감이 있다.

산업 패러다임의 변화에 대응하기 위해서는 하드웨어 역량 개발 중심으로 돌아갔던 기존의 한계를 극복할 수 있는 융합형 인재 육성이 절실하다. 소프트웨어 융합을 통해 세계적 수준의 소프트웨어 개발 능력을 갖추고, 소프트웨어 기술이 산업의 제품, 프로세스, 서비스 영역에 적용되어 기존 산업을 고부가가치화하며, 산업 내·외부의 융합을 촉진시켜 새로운 블루오션 시장을 창출하는 데 일조해야 한다.

6. 제조업의 추락을 막기 위한 비책

그렇다면 현재와 5년 후, 나아가 10년 후 우수한 제조기업이 되기 위한 조건은 무엇일까? 하드웨어의 제어능력과 소프트웨어의 융합능력을 겸비하고 있는 기업이 승기를 잡을 것이다. 포드의 에코부스트 엔진은 기존 기술을 잘 조합하는 소프트웨어 탑재로 성능 면에서 연비 20% 향상, 탄소 배출 15% 감소라는 혁신을 이뤘다. 이는 하드웨어 기능 조율을 통해 잠재된 성능을 최적화하고 소프트웨어로 상황을 능동적으로 파악해 문제를 알아서 해결하는 방식으로 이루어졌다. 한국군의 경우

PAC-2 구형 패트리어트 미사일을 신형으로 교체하는 대신 소프트웨어만으로 기능을 업그레이드하여 비용을 절감했다. 소프트웨어의 주기적인 업그레이드만으로 성능의 지속적인 향상이 가능한 것이다. 백색가전은 어떨까? 최신 김치냉장고는 소프트웨어를 이용해 소비자의 실질적 욕구를 충족시키는데 온도와 시간, 습도 등에 따라 소비자가 원하는 최적의 보관환경을 제공한다.

제조업의 소프트웨어 강화전략으로 '아키텍트' 를 추천하겠다. 아키텍트는 대규모의 시스템을 설계할 수 있는 프로그래밍 능력뿐만 아니라 현장의 수요파악 및 유지보수가 수월한 소프트웨어를 설계하는 최상위 개발인력을 말한다. 현대 모비스에서도 아키텍트 인증자 배출에 심혈을 기울이고 있다.

이를 위해서는 유연한 개발조직 운영이 필수적이다. 타 제품과의 연계가 중요하기 때문에 폭넓은 재량권을 갖는 자회사 혹은 독립사업부가 유리하며, 하드웨어를 직접 제어하는 소프트웨어의 경우엔 하드웨어 개발팀과의 단단한 결속이 필요하다. 아울러 유능한 인력을 유지 및 양성하는 직능관리체계 구축이 절실하다. 개인역량 계발지원 소홀은 소프트웨어 전문인력들을 절망하게 하는 주 요인이다. 비즈니스 현장과 소통할 수 있는 다양한 경험을 제공하고 멘토 및 하드웨어 개발 부서와 협력을 통해 업무에 대한 여러 관점을 직접 경험하게 해야 한다. 경제연구소의 전망에 따르면 제조업은 2017년에도 2020년에도 여전히 빨간불이다. 이럴 때일수록 제조업의 질적 도약이 절실하고 그 열쇠는 결국 소프트웨어인 것이다.

서비스 패러다임의 변화 O2O

1. O2O 빅뱅 시대, 스마트폰으로 치킨과 집청소 서비스를 신청하다
2. O2O의 핵심은 공급자와 소비자를 연결하는 양면플랫폼
3. O2O의 대표주자, 카카오택시의 성공 요인은?
4. 중국의 O2O 시장을 통해 알아본 한국의 O2O 시장
5. 향후 어떤 O2O 서비스가 성공할까?
6. 저성장 시대, 수익성의 커다란 장벽

1. O2O 빅뱅 시대, 스마트폰으로 치킨과 집청소 서비스를 신청하다

2000년대 초반 인터넷이 확산되면서 원하는 물품을 검색하여 상품의 리뷰를 본 후 구매를 결정하면 집으로 배달되는 전자상거래가 일상화되었다. 10년이 지난 오늘, 인터넷 세대들에게는 오프라인 매장에서 물건을 고르고 사는 것이 오히려 어색하게 느껴지고 있다. PC에서 시작된 전자상거래의 혁명은 모바일로 이어졌고 언제 어디서나 5인치의 작은 창에서 우리는 저 멀리 미국 땅에 있는 상품의 선택부터 구매, 결제까지 2분도 걸리지 않는 세상을 맞이하고 있다.

더 나아가 일상에서 가사 서비스를 부르고, 출장 세차를 부르고, 치킨을 배달시키는 등 상품이 아닌 서비스를 스마트폰 버튼 하나로 구매하는 시대에 이르렀다. Online to Offline온라인을 통한 소비자와 판매자의 연결 서비스 패러다임은 전자상거래 이후 또 다른 큰 변화의 물결을 일으키고 있다. 인터넷을 쓰는 사람이라면 누구나 쉽게 접하는 단어인 O2O는 말 그대로 온라인과 오프라인의 경계를 무너뜨리고 서로 연동하는 결합형 비즈니스로, 스마트폰을 이용해 오프라인 매장으로 고객을 끌어오거나 가정 또는 고객이 원하는 어느 장소로도 다양한 서비스를 제공할 수 있는 패러다임이다. 음식배달 서비스인 배달의민족, 택시를 부르는 카카오택시, 모텔 정보를 알려주는 야놀자, 부동산 정보를 알려주는 직방 등 대한민국에도 다양한 O2O 서비스들이 시장을 선점하기 위해 엄청난 경쟁을 치르며 고객의 손짓을 기다리고 있다.

특히 KT경영연구소는 통계청 자료를 인용해 온라인 전자상거래가

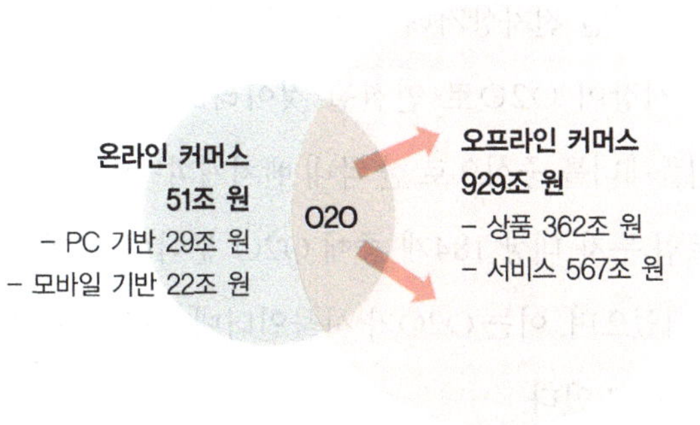

온라인 커머스
51조 원
- PC 기반 29조 원
- 모바일 기반 22조 원

O2O

오프라인 커머스
929조 원
- 상품 362조 원
- 서비스 567조 원

출처 : 통계청 '소매판매 및 온라인 쇼핑 동향' '서비스산업 주요 통계' 참조, 2015년 추정치.

▲ 국내 O2O 시장 추정

국내 O2O 서비스 정리

구분		주요 업체
외식 · 요식	소개 · 예약	식신, 포잉
	주문 · 배달	배달의민족, 요기요, 배달통
	신선식품	배민프레시
홈서비스	인테리어	집꾸미기, 집닥
	가사 · 청소	대리주부, 홈마스터
	세탁	세탁특공대, 크린바스켓
교통 · 운송	카쉐어링	쏘카, 그린카
	대리운전	카카오드라이버, 버튼대리
	주차	파크히어
	택시	카카오택시, T맵택시
	퀵 · 배송	고고밴, 짐카, 부탁해, 띵동
차량 관리	출장세차	와이퍼, 애니워시
	수리 · 정비	카닥, 마카롱
숙박		야놀자, 여기어때
부동산		직방, 다방
병원 · 약국		굿닥, 열린약국
뷰티케어		미미박스, 언니의파우치

51조 원인 반면 오프라인 전자상거래 시장을 약 929조 원으로 추정하면서 어마어마한 시장이 O2O로 연결될 것이라고 예측하고 있다. 2015년, 문화창업플래너를 중심으로 한 국내 벤처캐피탈업체를 조사한 결과, 인기 스타트업 투자 대상 184개 중에 O2O 분야에 27개로 가장 많은 투자가 진행되었으며, 이는 O2O가 사물인터넷IoT와 함께 가장 유망한 분야임을 나타내고 있다.

2. O2O의 핵심은 공급자와 소비자를 연결하는 양면 플랫폼

O2O 연결의 한 측면에는 서비스나 상품을 공급하는 공급자가 존재하고 다른 한 측면에는 그것을 이용하는 고객이 존재한다. 그리고 중심부에는 양쪽 면을 연결하는 플랫폼이 존재한다. 고객은 플랫폼을 통해 쉽게 공급자로부터 서비스를 받을 수 있다. 양면 시장에서의 전략Strategies for Two-Sided Market(2006, HBR)에 따르면 비즈니스 관점에서 플랫폼이란 두 개의 서로 다른 성질을 가진 고객집단을 하나의 네트워크에 연결하여 수익을 얻는 장소이다. 과거와 현재의 인터넷 시장을 장악하고 있는 구글과 페이스북, 아마존 등은 빅데이터 처리 및 저비용 고효율의 서버 기술을 보유하여 수많은 경쟁자들을 물리치고 검색, SNS, 전자상거래 시장의 독보적인 1위가 되었다. 하지만 O2O 서비스 플랫폼은 고객에게 최소의 비용을 지불하게 만들고 양질의 제품이나 서비스를 제공할 수 있는 공급자들을 많이 확보하는 것이 경쟁력이며, 플랫폼 이용수수료 및 광고를 통한 수익창출이 비즈니스모델의 근간이 된다. 플랫폼

사업자의 진입 장벽이 낮은 만큼 고객의 인지를 장악하는 것과 오프라인의 공급자와의 관계유지가 비즈니스 성공의 키가 된다. 따라서 O2O 플랫폼 사업자는 네트워크 효과를 갖게 되고 공급자집단과 고객집단을 더 확보하면 확보할수록 강한 경쟁력이 생겨 승자 독식구조Winner-Takes-All의 비즈니스 체계를 이룰 수 있다. 공급자와 고객은 플랫폼을 통해 끊임없이 소통하여 최적의 가격을 결정하며, 낮은 가격과 최적의 서비스를 경험한 고객은 관련 플랫폼에 고정되는 효과Locked in가 나타나 강력한 사업으로 성장하게 된다.

3. O2O의 대표주자, 카카오택시의 성공 요인은?

2015년 3월에 서비스를 시작한 카카오택시는 2015년 말 누적 5,000만 명 사용자를 달성했고 현재 20만 명이 넘는 기사들이 서비스 공급자로 참여하고 있다. 갓 1년을 넘긴 서비스가 어떻게 인터넷을 잘 모르는 할머니 · 할아버지도 아는 서비스가 되었을까? 그 성공 요인을 살펴보면 아래와 같다.

성공 요인 1. 해외에서 검증된 서비스 모델을 빠르게 런칭

카카오는 전국민이 사용하는 메신저로 엄청난 사용자 수를 바탕으로 게임하기 서비스를 통해 수익을 내고 다음Daum과 합병하여 상장에 성공했다. 하지만 게임 매출은 계속 떨어져 2014년 정점을 지나 2015년 수익은 영업이익 기준 40% 이상 떨어지기 시작했다. 카카오 입장에서는 신사업을 성공시키지 못하면 회사에 큰 부담이 되고 성장도 정체

될 우려가 있었다. 이에 카카오는 이미 해외에서 성공한 우버택시Uber Taxi 모델을 국내에 도입했다. 이미 검증되고 성장속도가 빠른 실시간 주문형 택시이용 서비스는 고객이 가장 필요한 서비스였고 카카오는 단 3개월만에 택시 서비스를 개발해 빠르게 시장에 내놓았다. 메신저가 그러했듯이 카카오택시는 가파른 성장으로 택시 O2O 시장에서 90% 이상을 장악했다2위권은 t-map, t-money 등.

성공 요인 2. 전국민 서비스인 카카오 메신저로 고객의 인지도를 빠르게 확보

업계는 카카오가 카카오택시에 사용한 마케팅 비용을 약 150억 원으로 추정하고 있다. 플랫폼 사업의 특징이 1위만 살아남는 강력한 선점효과라는 것을 누구보다 잘 아는 카카오는 출시 이후 빠르게 고객들에게 택시를 부르는 최적의 서비스는 카카오택시라는 것을 인지시켰고 가입절차도 필요 없도록 메신저의 인증체계를 갖추었다. 또한 버튼 하나면 자신의 위치로 택시가 달려오는 쉽고 간편한 사용자 환경을 만들어 고객들을 만족시켰다. 검색은 네이버, 메신저는 카카오, 모텔은 야놀자, 야식은 배달의민족 등 특정 서비스에 대해서 고객의 인지도perception를 장악하는 것은 O2O 사업에서 매우 중요하다.

성공 요인 3. 택시협회와의 MOU, 단번에 공급자를 장악

고객이 아무리 택시 하면 카카오라고 인지하고 있더라도, 서비스를 사용하기 어렵거나 부른 택시에 불만이 발생한다면 고객들이 단번에 외면하게 될 것이다. 기존 시장의 주체였던 콜 업체들의 반발에도 불구하고 카카오는 끊임없이 택시 업계와 택시 기사들을 대상으로 논의를 지속했고 서비스 출시 이전에 2015년 3월 전국택시노동조합연맹과 MOU를 맺어 단번에 공급자집단을 장악했다. 그리고 KT와의 업무협약을 통해 택시 기사들의 카카오택시 사용 앱에 대해서는 데이터를 무료로 사용할 수 있도록 했다. 카카오택시는 기사들의 목소리에 최대한 귀를 기울여 빠르게 시장에 침투하는 데 중점을 뒀다. O2O 사업은 새로운 시장 창출이기보다는 서비스 혁신이기 때문에 기존 시장을 변화시키기 위해 공급자와 협력하여 빠르게 비즈니스모델을 정착시키는 것이 중요하다.

4. 중국의 O2O 시장을 통해 알아본 한국의 O2O 시장

대한민국보다 시장도 크고 땅도 넓은 중국의 O2O는 그야말로 태풍의 소용돌이에 있다. 중국이 엄청난 경제성장을 이루고 있지만 아직은 중국 저변의 인프라가 안정적이지 못하다. 이러한 점에서 중국에서의 O2O는 최적의 사업환경을 갖고 있다. 중국 프랜차이즈협회는 오프라인 유통업의 90% 이상이 O2O 시장을 접목하고 있다고 발표했다. 특히 음식배달 O2O 서비스의 경우 황사가 발생하면 40배 이상의 주문이 밀려든다고 한다. 이와 함께 중국 정부는 세계 경제를 리드하기 위해 인터넷플러스Internet + 라는 경제정책을 통해 모든 산업에 인터넷이 녹아들 수 있는 경제정책을 구상하여 성장을 주도하고 있다. 아이미디어리서치에 따르면 2015년 중국의 O2O 시장은 최대 4,188억 위안으로 전망되고 있다. 가히 O2O 서비스 춘추전국시대라고 할 수 있다. 배달 및 요식업 O2O에는 메이투안이라는 서비스가 1위를 달리고 있고 따종디엔핑, 바이두누어미가 그 뒤를 따른다. 소매업 O2O에는 징동닷컴이 1위를 달리고 있으며, 여행에서는 취날왕, 조우모취날, 씨트립이 유명하다. 택시 분야에서는 최근 합병한 콰이디와 디디라는 업체가 시장을 선점하고 있다. 중요한 것은 그들 뒤에는 BAT라는 거대 기업들이 존재한다는 점이다. BAT는 중국 검색시장을 장악하는 Baidu바이두와 중국 전자상거래를 장악한 Alibaba알리바바, 그리고 게임과 메신저를 장악한 Tencent텐센트의 약자이다. 그들은 커지는 O2O 시장에서 발 빠르게 스타트업에 투자하고 인수하는 전략으로 한발 물러서서 O2O 시장을 조정하고 있다. 얼마 전 우버택시가 중국 시장 진출을 선언하면서 각각 50%, 40%씩 시장을 선점하고 있던 콰이디 택시와 디디 택시가 발 빠르게 합병을 했는데, 콰이디는 사실상 알리바바가, 디디는 텐센트가 투자한 회사였으며, 바이두는 우버에 투자를 했다. 따라서 바이두가 투자한 중국의 우버택시를 견제하기 위해 알리바바와 텐센트가 손을 잡은

▲ 중국 택시 O2O 디디콰이디 시장점유율

것이라고 할 수 있으며, 디디콰이디는 중국의 택시 O2O 시장 약 90%를 장악했다.

앞서 우리는 다양한 중국의 O2O 서비스들에 대해 직·간접적으로 BAT(Baidu, Alibaba, Tencent)가 투자를 진행해 그 영향력을 행사하고 있다는 것을 알게 되었다. 이러한 3강체제에서 O2O 서비스는 쉴 새 없이 서비스 경쟁과 혁신을 진행하며 경쟁 속에서 서로의 DNA를 합치고 있다. 택시 O2O인 콰이디와 디디에가 합병을 했으며, 2015년 연말에는 중국 소셜커머스 1위 업체인 메이투완과 음식평가 사이트 따종디엔핑이 합병을 했다. 합병 회사는 공동대표 체제로 이루어지며 두 기업가치의 합이 17조 원에 가까울 정도로 대규모 합병이라고 할 수 있다. 메이투안은 알리바바가 15%의 지분을, 따종디엔핑은 텐센트가 20%의 지분을 가지고 있다. 이와 함께 세차 서비스, 마사지 서비스 등도 계속 합종연횡의 신호가 노출되고 있다. 그렇다면 중국의 거대 O2O들은 왜 적과의 동침을 선언하고 있을까? 우선 폭발적으로 성장하고 있는 O2O 시장이 점점 레드오션이 되고 있다는 점을 들 수 있다. 따라서 1위 업체와 2위 업체는 과도한 마케팅 비용의 출혈 경쟁에서 합병을 통해 확실한 1위를 점유하는 것이 유리하다고 판단한 것이다. 이와 함께 중국 정부가 O2O 시상에 대해서 강력하게 성장 일변도의 정책을 내세우며 독과점에 대해서 일부 묵인하고 시장을 키우는 것이 먼저라는 인식을 가진 점이 인수합병을 불러일으키고 있다고 볼 수 있다.

중국보다 시장은 작으나 아직은 블루오션이라 할 수 있는 국내에서도 스타트업 중심으로 합종연횡의 조짐이 보인다. 우선 다양한 스타트업들이 각 사의 서비스들을 연결해서 가격 할인을 제공하고 있다. 예를 들어 쏘카 타고 여행을 가서 야놀자로 숙소를 정하는 서비스가 시작되었고, 문자 기반의 개인 서비스 문비서는 6개의 스타트업과 제휴해 문자기반의 생활편의 서비스를 제공하고 있다. 아직은 국내 시장이 크지 않기에 대형 기업이 많지 않고 스타트업 중심의 초기 시장이지만 2016년 하반기에는 업체 간 합병 및 인수 등이 중국에서처럼 활발할 것으로 예상된다. 국내 O2O 시장도 중국 시장처럼 확실한 1등과 2등이 존재하며 서로 간의 출혈 경쟁을 지속하고 있다. 우선 배달의민족은 2위권 서비스인 요기요와 배달통과의 점유율 경쟁에서 이기기 위해 수수료 0%라는 강수를 던져 수익보다는 시장선점에 더 무게를 두고 있다. 결국 요기요와 배달통도 배달의민족과의 시장 경쟁에서 뒤지지 않기 위해 수수료를 최대한 낮춰서 공급자와 고객을 확보하고 있다. 부동산 중개 앱인 직방과 다방은 송승헌, 혜리라는 국내 최고 스타를 활용해 고객의 인지도를 잡기 위해 힘쓰고 있으며, 이 점은 서로 숙박앱 1위라고 주장하고 있는 야놀자와 여기어때의 전략과도 동일하다. 국내 O2O 서비스도 인터넷 서비스라는 속성과 1위만 살아남는 승자독식의 속성을 그대로 갖고 있다. 결과적으로는 서로의 출혈 경쟁이 이어지다 결국 1위 사업자에게 인수 또는 합병되는 결과가 발생할 것으로 예상된다.

5. 향후 어떤 O2O 서비스가 성공할까?

O2O 서비스를 이야기할 때 빠지지 않는 단어가 있다. 바로 옴니채널이라는 개념이다. 옴니채널Omni Channel이란 라틴어로 '모든 것'을 뜻하는 '옴니Omni'와 유통 경로를 의미하는 '채널Channel'을 더한 단어로

서 고객들이 상품을 구매하기 위해 이용하는 오프라인 매장, 모바일, 키오스크, 카탈로그, 인터넷 등을 고객 중심으로 유기적으로 결합해 고객들에게 일관된 쇼핑 경험을 제공하는 것을 의미한다. 즉, 고객 중심으로 구매와 가치의 이동이 이루어진다.

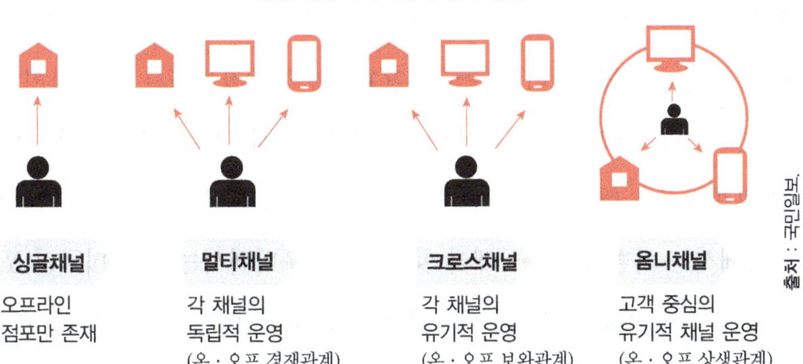

▲ 유통채널 패러다임의 변화와 옴니채널

즉, O2O가 단순히 온라인과 오프라인을 연결하는 체계가 아닌 고객 중심으로 핵심 가치가 이동하는 것이다. 국내 · 외 성공한 O2O 서

성공한 서비스의 고객가치 혁신 사례

성공한 서비스	고객가치의 혁신 사례
배달의민족, 요기요	몰랐던 주위 맛집에 대한 정보와 쉽고 간편한 배달 서비스 제공
야놀자	그동안 알 수 없었던 모텔 내부 정보에 대한 소개, 예약
직방, 다방	1~2인을 위한 방 정보를 사진으로 공개, 쉽게 방 정보 획득
에어비앤비	일반 주택의 숙박 시장으로의 참여, 투명한 방 정보 공개
우버, 카카오택시	실시간 택시 요청, 누구나 참여할 수 있도록 택시 시장 개방
쏘카, 그린카	소유의 개념이 아닌 공유의 개념으로 빌려 쓰는 차량 서비스
마이웍스	오피스 공간을 손쉽게 빌려주고 빌려 쓸 수 있는 서비스

비스들은 모두 고객가치의 혁신을 통해서 이루어졌다.

최근 중국의 80여 개 O2O 서비스들이 추가 투자를 받지 못하고 연이어 도산 중인데 그들은 대부분 수익성을 담보하지 못하고 단순히 오프라인의 서비스망을 스마트폰으로 옮겨오는 데 열중했다. 주로 주문형 세탁과 마사지 등이었는데, 서비스의 차별화보다는 쿠폰을 남발하여 고객유입 비용이 과다하게 발생했고 고객유지도Retention가 현저하게 낮다는 특징이 있었다. 이제 중국 O2O는 빠른 성장론에서 옥석 가리기로 넘어갔다. 따라서 기업들이 O2O 서비스에서 성공하기 위해서는 어떤 고객가치를 혁신시킬 것인지를 찾아야 하고 진입장벽이 낮은 O2O 시장에서는 차별화를 추구해야 할 것이다. 우버택시는 이미 미국의 포드와 현대차 그룹의 기업가치를 넘어섰고 어린아이들은 택시라는 단어보다 우버라는 단어에 더욱 익숙하다. 교통영역에 우버가 가져온 O2O 시장의 촉발은 향후 어떤 도메인 분야로 이어질 것인가? 우선은 홈서비스 분야가 큰 시장이 될 것이다. 아마존은 프라임멤버쉽Prime membership을 통해 배관 수리, 인테리어 등의 전문화된 인력중개형 홈서비스를 선보여 큰 반향을 일으켰다. 아마존은 2015년 3월에 해당 서비스를 공식 런칭했고, 5개월 만에 서비스 지역이 15개 이상의 대도시 지역으로 확대되었다. 지금은 1천 명 이상의 서비스 전문가들이 등록되어 약 1,500만 개의 다양한 서비스를 제공할 수 있게 되었다. 특히 피아노 선생님과 레슨 예약을 하고 결제까지 할 수 있는 점에서 확장성은 무궁무진한 것으로 판단된다. 아마존의 강점이라고 할 수 있는 추천 시스템과 거대한 전자상거래 플랫폼은 고객에게 가장 맞춤형 서비스를 제공할 수 있고 서비스 제공자들의 검수과정을 통해 불의의 사고 등에 대해서도 미리 예방하고 있다. 구글 역시 이런 홈서비스를 제공하며, 2015년 8월부터 샌프란시스코 베이 지역에서 베타서비스를 진행하고 있다. 구글은 미국에서 가사 서비스를 통해 O2O 홈서비스를 선보이다가 경영난을 겪은 홈조이의 상품 엔지니어 멤버들을 영입하여 그들의 검색 플랫폼에서 베타서비스를 하고 있다.

▲ 아마존과 구글의 홈서비스

이와 함께 현재와 더불어 앞으로도 무궁무진한 시장이 기대되는 것이 Food Tech이다. 전 세계 O2O 서비스의 50%가 음식배달 서비스와 요식업이라고 할 수 있을 만큼 Food Tech는 매년 가파른 성장세를 이루고 있다. 특히 배달의민족과 요기요, 배달통 등의 배달 O2O는 국내만 2조 원의 시장규모로 치열한 경쟁이 지속되고 있다. 배달의민족은 신선식품업체 배민프레시, 정기 반찬배송업체 더푸드, 도시락업체 옹가솜씨 등을 인수하고 자장면·치킨 배달에서 벨류체인을 확대하여 우리의 모든 식탁을 O2O로 연결하기 위해 힘쓰고 있다. 앞으로 Food Tech는 1세대 단순 중개에서 주문형 실시간 배달로 진화하여 최종에는 케이터링catering과 개인 맞춤형 식단, 가상의 레스토랑으로까지 확대될 것이라는 전망이다. 인간의 먹거리 시장에서 혁신을 제공하고 있는 Food Tech의 진화는 O2O 서비스의 대표적인 미래라고 할 수 있다.

6. 저성장 시대, 수익성의 커다란 장벽

세계에서 가장 성공적인 O2O 서비스는 우버와 에어비앤비AirBnB라고 볼 수 있다. 우버의 기업가치는 현대차의 2배에 가까운 60조 원에 가깝고 에어비앤비는 28조 원으로 형성되어 있다. 물론 상장 전에 투자자들이 예측한 기업가치이다. 두 기업의 수익은 어떨까? 아쉽게도 두 회사 모두 아직 적자이다. 특히 우버는 어마어마한 적자를 기록하고 있다. 우버는 2015년 반기 중에 미화로 약 663백만 달러의 매출을 올렸으나 987백만 달러의 막대한 손실을 기록했다. 2015년 연간 약 3조 원의 손실이 발생한 것이다. 에어비앤비도 마찬가지로 2015년 영업손실 1억 5,000만 달러가 예상된다고 한다. 즉, 60조 원의 기업가치와 30조 원의 기업가치는 아직 수익은 없으나 그 성장성에 기반한다고 할 수 있다. 달리는 로켓이 멈추면 고장이 나듯이 현재 O2O 서비스 사업자들은 수익성은 일단 배제한 채 어마어마한 고공비행을 하고 있다. 이는 2020년에나 수익이 가능한 전기차의 맹주 테슬라Tesla와 상당히 닮아 있다.

많은 경제학자들이 고성장의 축제는 끝이 났으며, 향후 10년은 미리 터트린 샴페인을 거둬들여야 하는 저성장시대라 정의한다. 100달러 이상이었던 유가는 20달러 언저리에 머물고 있으며, 현금흐름Cash Flow이 형성되지 않는 기업들은 퇴출되는 암울한 시기가 올 것이라고 전망한다. 이는 국내 상황도 다르지 않다. 고공행진하던 카카오의 영업이익이 2014년 1,700억 원에서 2015년 1,000억 원 수준으로 떨어지면서 O2O 사업에서도 빠른 수익화를 시도해야 되는 상황이다카카오는 이미 O2O의 조기 수익화가 어렵다고 판단하여 1.8조 원에 음악 서비스 로엔을 인수하는 초강수를 통해 연간 영업이

억 600억 원을 확보했다. 많은 스타트업들도 상황은 별반 다르지 않다. 유명 연예인이 나오는 광고 등을 통해 서비스에 대한 인지도는 높였지만 아직 현금흐름이 흑자로 돌아선 업체는 거의 손에 꼽는 수준이다. 국내 O2O 산업도 언젠가 투자금은 바닥을 드러낼 것이고 서서히 옥석 가리기가 시작될 것이다.

■ O2O 미래를 IoT와 빅데이터의 융합에서 찾다.

현재 O2O 서비스에서 스마트폰은 리모콘과 같은 역할을 하고 있다. 그리고 그 리모콘은 가정의 다양한 기기들로 옮겨갈 것이다. 2015 가전제품 전시회CES에서 삼성전자 냉장고에 달린 커다란 화면에 뜬 네이버의 쇼핑윈도우를 통해 상품을 구매하는 모습이 공개되었다. 앞으로는 스마트홈을 통해 수많은 가전들이 연결되고 다양한 디스플레이를 이용해 서비스를 구매할 것이다. 더 나아가 스마트홈에서 센서들이 이상을 감지해 보안 출동 서비스를 부르거나 냉장고에 달걀과 야채가 떨어진 것을 감지하고 신선식품을 주문하는 시대가 오고 있다. 그뿐만 아니라 나의 구매 패턴과 생활패턴, 나의 습성 데이터가 분석되어 최적의 맞춤형 상품과 서비스를 받는 시대가 올 것이다. 1세대 O2O들이 낮은 가격과 빠른 배송, 광고를 통한 서비스 알리기에 치중했다면, 이제는 고객들의 데이터를 모아서 얼마나 사업에 유용하게 활용할 것인가에 사업의 성패가 달려있다. 앞으로는 스마트폰뿐만 아니라 사물인터넷을 통해 언제 어디서든 쉽게 서비스를 요청할 것이다. 나보다 나를 더 잘 아는 기업으로부터 서비스를 제공받는 미래가 그리 멀지 않았다.

그렇다면 앞으로 O2O 시대의 맹주는 누구일까? 현재 시가총액 1

▲ 아마존 Dash 서비스

위인 구글이 여전히 우위에 있을까? 아니면 전 세계 하루 활동 사용자가 10억 명을 돌파하고 있는 페이스북일까? 물론 구글과 페이스북은 10년 후에도 강자의 모습을 유지할 것으로 기대된다. 하지만 우리가 주목해야 할 기업은 전 세계 전자상거래 시장을 석권하고 있는 아마존이다. 최근 아마존의 행보는 무섭도록 혁신적이다. 아마존은 아마존 Dash 서비스를 통해 사물인터넷과 전자상거래를 연결하고 있으며, 아마존 에어를

▲ 아마존 ECHO 로봇

통해 드론으로 상품 배송을 시도하고 있다. 세상의 모든 서버를 집어삼키고 있는 AWS 서비스는 매년 50%의 성장 속도를 기록하고 있으며, 아마존의 음성 인식 로봇 ECHO는 스스로 음악을 플레이하고 집 안의 기기를 목소리로 통제하며, 사용자의 친구가 되고 있다. 이제는 터치가 아닌 목소리로 상품과 서비스를 구매할 수 있게 되었으며, 더 나아가 ECHO가 고객에게 서비스를 추천하는 시대가 온 것이다. 더 이상 아마존은 전자상거래 기업이라고만 볼 수 없다. 아마존은 미래 라이프스타일을 창조하는 기업이 되고 있으며, 2015년 7월에는 아마존이 유통의 왕인 월마트의 시가총액을 넘어서는 사건도 일어났다.

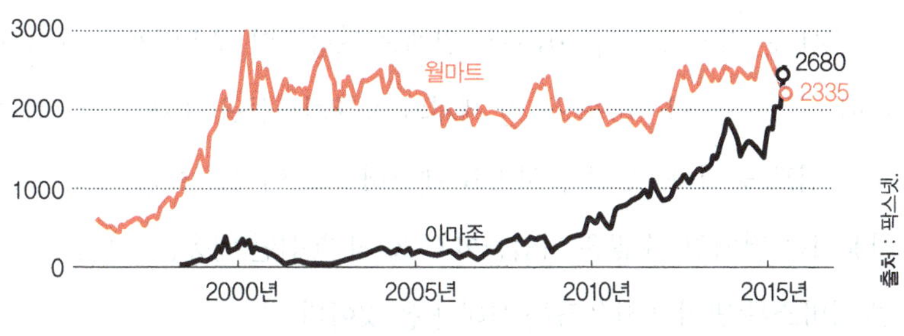

▲ 아마존 VS 월마트 주가(2015년 7월)

제프 베조스Jeff Bezos의 아마존 혁신은 여기서 끝나지 않는다. 그는 지난 2013년 인수한 키바시스템 로봇 물류창고를 이용해 작업효율을 약 20~40%까지 올리고 연간 1조 원의 창고비용을 줄일 수 있었다고 보고했다. 이와 함께 아마존은 자체 배송, 물류 시스템 강화 움직임을 보이고 있다. 프라임 나우Prime Now를 통해 1~2시간 이내의 배송 서비스를 시애틀Seattle에서 시작했으며, 수천 대의 화물 트럭을 구입하여 물

▲ 아마존 물류 드론, 프라임 에어

류에 이용하고 있다. 또한 보잉Boeing 767 수십 대를 임대하는 것도 추진 중이다. 거기에 더해 2016년 1월에는 프랑스의 배송업체 콜리스 프리베Colis Prive를 인수하는 등 전 세계의 물류회사들을 추가로 인수하는 것을 검토 중이다. 우리가 서버와 데이터 스토리지를 클라우드Cloud로 사용하는 것처럼, 수많은 기업들이 O2O의 핵심인 배송을 아마존의 물류 서비스를 빌려서 사용하는 시대가 올 것이다.

네트워크로 연결하다

1. 네트워크는 어떻게 진화하는가?

2. 클라우드와 네트워크가 만나다

3. 가상화의 끝은 어디인가?

4. SDN의 시대

5. 네트워크 슬라이싱

6. 주문형 서비스를 향해

7. 네트워크 진화의 종착점은 API

1. 네트워크는 어떻게 진화하는가?

진화Evolution라는 표현은 상징적이다. 진화는 기존 제품과 기술에 비해 월등히 성능이 향상되었거나 새로운 기능이 추가된 상태를 지칭한다. 하지만 어떤 경우는 "이것이 정말 진화일까?" 하고 의심이 드는 경우가 있다. 과거의 기능이 다시 채택되거나 성능이 오히려 떨어지는 경우에도 이것을 진화라고 보아야 하는지 고민이다. 생명체에 대해 진화라는 용어를 사용할 때는 자연선택설Theory of natural selection에 근거하여 설명한다. 인간의 인지 능력으로는 당장 이해가 되지 않을지 몰라도 주변 환경과 역사를 탐구해보면 그 생명체가 왜 그렇게 진화를 했는지 뒤늦게 알게 되는 것이다. 하지만 기술과 공학 분야에서의 진화는 직관적으로 과거보다 뭔가 더 좋아졌다는 느낌을 주어야 한다. 사람들은 최근에 등장한 기술이 과거의 것보다 항상 더 좋아야 한다는 편견을 가진다. 기능이 똑같다면 최소한 가격이라도 더 싸야 되고, 가격도 똑같다면 사용자가 모르는 어떤 새로운 구조Architecture가 적용되었다는 스티커라도 붙어 있어야 진화된 제품이라고 생각한다.

그런 의미에서 기술 분야의 진화란 사람들에게 고성능과 복잡한 구조, 그리고 날렵한 외관을 떠올리게 한다. 복잡한 구조의 장점은 잘 이해는 되지 않지만 뭔가 대단한 기술이 적용되어 성능이 아주 좋을 것이라는 착각을 일으켜 비싼 가격에도 지갑을 열게 하는 데 있다. 그래서 기술 분야에서는 항상 기술적 한계Technical limits를 극복했다는 성취를 마케팅 타이틀로 내세우고 그것을 기술의 진화로 설명한다. 제조업에서는 맞는 말이다. 화학 공정에서도 맞는 말이고 반도체, 중앙연산장치

CPU, 스마트폰 제조나 소프트웨어 프로그래밍 분야에서도 맞는 말이다. 새로운 기술이 새로운 장비를 만들고 새로운 장비가 이전에는 만들 수 없었던 물건을 만든다. 새로운 공식, 새로운 개발 언어를 통해 기술은 항상 진화한다. 하지만 네트워크 분야에서 말하는 기술은 다르다. 자연선택설과 비슷한 개념의 시장선택설Theory of natural selection이 존재한다. 그래서 성능이 더 떨어지고 심지어 가격이 더 비싼 경우에도 시장의 선택을 받으면 그 기술은 생존해서 진화의 길로 나아간다. 그럼 더 발전되지 않은 기술이 시장에서 선택된다는 의미는 무엇일까?

시장의 선택은 다른 말로 프로토콜Protocol 경쟁에서 승리를 의미한다. 통신이란 A와 B 간의 어떤 메시지를 주고받는 아주 단순한 행위다. 1 : 1로 메시지를 주고받을 수도 있고, 1 : N, N : N으로도 메시지를 주고받을 수 있다. A는 한 대의 컴퓨터일 수도 있고, 하나의 기업, 또는 서버나 클라우드가 될 수도 있다. 통신을 하기 위해서는 네트워크라는 연결Connectivity이 필요한데 중요한 건 서로 메시지를 주고받기 위해 동일한 프로토콜을 이용해야 한다는 규칙이다. 네트워크 분야만큼 *네트워크 효과Network Effect[1]가 나타나는 분야도 없다. 서로 주고받는 메시지가 동일한 프로토콜로 만들어지지 않으면 메시지를 해석할 수 없기 때문이다. 결국 시장에서 가장 많이 사용되는 프로토콜은 단지 많이 쓰인다는 이유로 계속 확장되어 독점적인 시장점유율을 달성하게 된다. 마치 쿼

1. 어떤 상품에 대한 수요가 증가할수록 상품의 가치가 향상되는 효과로써 보다 많은 사람이 사용하는 서비스를 사용할 유인이 증가하게 되면 네트워크 효과가 발생했다고 말한다. 네트워크 프로토콜이 동일한 장비 사이에서만 호환이 된다면 특정 프로토콜을 사용하는 장비가 늘어날수록 그 프로토콜을 사용하는 장비의 가치가 증가하고 네트워크 효과가 발생한다.

티QWERTY 자판처럼 말이다.

그런데 프로토콜은 누군가가 만든 메시지 규격Specification이기 때문에 저작권이 발생하고 사용에 따른 제약 조건이 있다. 가장 우수한 프로토콜이 살아남는 것이 아니라 시장에서 가장 많이 사용되는 프로토콜이 살아남는다는 시장의 규칙Rule 때문에 프로토콜을 개발한 회사는 자신들의 프로토콜을 퍼뜨리기 위해서 프로토콜이 담긴 네트워크 장비를 최대한 많이 파는 전략을 추구한다. 1970년대까지는 네트워크 장비를 생산하는 제조사가 많지 않았기 때문에 사용자가 프로토콜까지 고려하여 제품을 선택할 수 없었다. 하지만 1980년대 널리 사용된 TCP/IPTransmission Control Protocol/Internet Protocol부터 시장은 다른 방향으로 움직이기 시작했다. TCP와 IP는 인터넷에서 컴퓨터들이 서로 정보를 주고받는 데 쓰이는 가장 대표적인 프로토콜이다. 지금은 인터넷에 연결되어 있는 모든 단말기가 고유한 IP를 갖고 통신한다는 것이 정설처럼 여겨지지만, 예전에는 내부 네트워크를 위한 프로토콜IPX/SPX과 소규모 네트워크를 위한 프로토콜NETBEUI 등도 사용되었다.

각각의 프로토콜은 메시지 규격이 다르기 때문에 사용자는 한가지 프로토콜을 선택해야 했다. 하지만 더 정확한 표현은 프로토콜을 선택

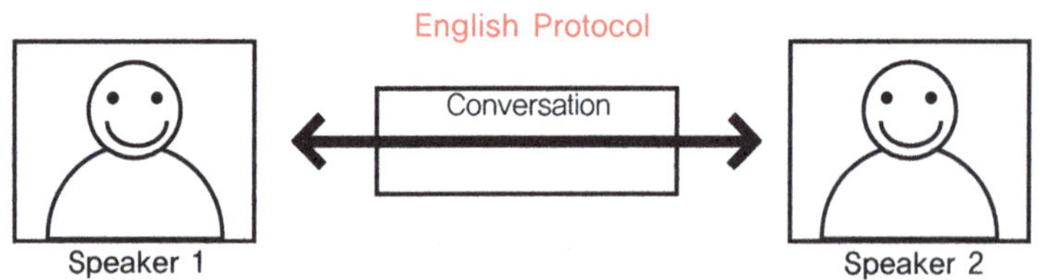

▲ 언어도 일종의 프로토콜이다. 동일한 프로토콜일 때만 통신이 가능하다.

한 것이 아니라 동일한 제조사 제품들로만 네트워크를 구축해서 호환성 문제를 해결했다는 표현이 맞을 것이다. 그만큼 사용자는 프로토콜에 대한 선택권이 없었다.

그럼 IPX/SPX나 NETBEUI보다 TCP/IP가 더 우수해서 시장에서 성공했을까? 물론 TCP/IP가 많은 장점을 가진 프로토콜이지만 실제 시장에서 성공한 이유는 TCP/IP가 오픈소스Open Source였기 때문이다. IPX/SPX와 NETBEUI도 프로토콜은 무료였지만 특정 제조사가 개발하여 보유한 프로토콜이었기 때문에 해당 제조사의 네트워크 장비를 구매하거나 프로토콜 개발사와 라이선스 계약을 맺고 생산된 장비에서만 사용할 수 있었다. 한마디로 돈을 내야 했다. IPX/SPX는 노벨Novell이란 네트워크 장비 제조사가 만든 프로토콜이고, NETBEUI는 마이크로소프트Microsoft가 만든 프로토콜이다.

TCP/IP는 1960년대 미 국방부 연구소인 다파DARPA에서 컴퓨터들을 연결하기 위한 프로토콜로 개발되었다. 반톤 서프Vinton Cerf와 밥 칸Bob Khan이 개발한 것으로 알려져 있지만 실제 당시 운영체제에 사용된 코드는 버클리 대학의 빌 조이Bill Joy가 개발한 코드였고, 훗날 AT&T와 버클리 대학교가 운영체제UNIX의 판권을 놓고 법정 다툼 끝에 버클리 대학교가 승리하게 되면서 해당 운영체제는 버클리 대학의 저작권만 명시하면 누구나 자유롭게 사용할 수 있는 오픈소스가 된다. 자연히 해당 운영체제에 속해 있던 TCP/IP는 오픈소스 프로토콜이 되었다.

결국 TCP/IP는 오픈소스 형태로 많은 개발자의 손을 거치며 인터넷 시대에 가장 강력한 프로토콜로 자리 잡게 된다. 네트워크 분야에서의 프로토콜 흥망성쇠는 이렇듯 많은 사람들의 참여를 유도할 수 있는

가에 달려 있다. 지금은 대부분 직접 프로토콜을 기업이 개발하는 것이 아니라 표준화 단체 등이 프로토콜을 개발한다. 표준화 단체를 통해 정의된 표준 프로토콜은 누구나 사용할 수 있고 여러 네트워크 제조사를 통해 다양한 제품에 탑재되기 때문에 네트워크 효과를 극대화할 수 있다. 이것이 오픈 커뮤니티를 통한 오픈 이노베이션이다.

현대의 네트워크는 모두 오픈 커뮤니티를 통해 발전한다. 누구나 쉽게 가져다 쓰고 변경할 수 있는 환경을 제공하는 것이 네트워크 규격 생존의 핵심이라는 점을 모든 시장 참여자가 잘 알기 때문이다. 그럼 오픈 커뮤니티에 참여하는 기업과 단체는 어떤 목적을 갖고 있을까? 먼저 가장 적극적으로 참여하는 부류는 네트워크 장비 제조사다. 제조사는 공통 규격을 만드는 작업에 참여하면서 기술주도권을 확보하고자 자사의 기술과 프로토콜을 표준에 최대한 반영하려고 한다. 그리고 오픈 이노베이션을 통해 자신들의 한정된 연구개발 역량을 여러 분야로 분산시키고 각 분야에서 나온 개발산출물을 이용한다. 프로토콜 규격이 확정되면 참여한 제조사들은 최신 규격을 즉시 자신들의 제품에 반영하여 시장을 선도하고 향후 진행될 새로운 업데이트도 완벽하게 대응할 수 있다.

두 번째 참여 부류는 네트워크 장비를 이용하여 통신 서비스를 제공하는 네트워크 회사 또는 통신 회사이다. 네트워크 회사는 새로운 규격을 이용하여 자신들의 운용 네트워크를 혁신하고 고객 서비스를 차별화하기 위해서 오픈 커뮤니티에 참여한다. 특히 네트워크 기술발전 방향과 현재 상황, 그리고 타사의 도입 사례와 같은 정보를 공유하고 분석함으로써 경제성 분석 및 차세대 네트워크 투자에 대한 의사결정 자료를 확보한다. 세 번째 참여자는 학교이다. 학교는 주로 새로운 아이디어를 발굴하고 기존 아이디어의 검증을 담당한다. 일부 산학 연구가 활발한 연구실은 새로운 프로토콜을 만들어 발표하지만, 네트워크 기술개발은 고비용 분야이기 때문에 학계의 기여도는 미미하다. 마지막 참여자는 스타트업Startup으로 이루어진 IT 소프트웨어 회사들이다. 예전에는 상용 네트워크 장비를 개발하는 회사들만 연구개발을 진행했지만 지금은 소프트웨어 능력만 가진 회사들도 적극적으로 참여하고 있다. 주로 자신들의 소프트웨어를 탑재한 제품을 시장에 보여주기 위해서다. 네트워크에서 소프트웨어의 역할이 중요해짐에 따라 이들의 역할도 매우 중요해지고 있다.

이처럼 지금의 네트워크는 여러 시장 참여자들이 만든 오픈 커뮤니티를 통해 공통의 규격과 프로토콜을 만들면서 발전한다. 예전처럼 시장점유율이 높은 특정 제조사가 자신들의 독자적인 규격과 제품을 강요하는 모습은 많이 사라졌다. 하지만 오픈 커뮤니티 안에서도 제조사가

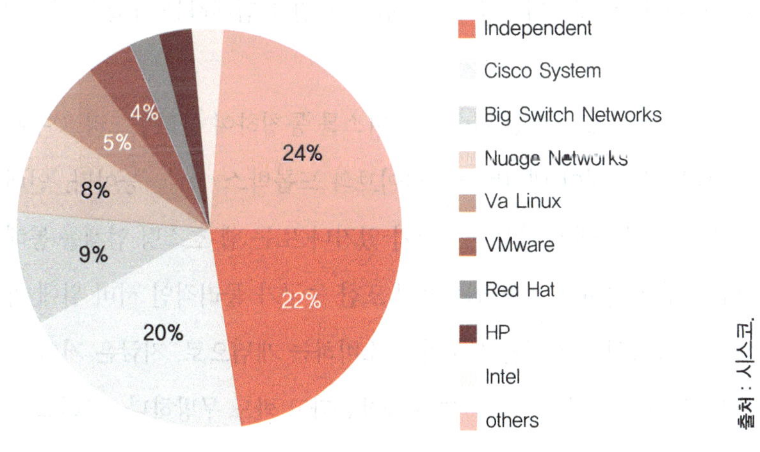

▲ 오픈소스 'OpenStack' 프로젝트 참여 회사별 기여도

자신들의 코드와 설계 구조를 표준화하려는 물밑 작업은 꾸준히 진행 중이다. 다만 다른 점은 커뮤니티 안에서 그 기술에 대한 검증이 이뤄진 후 채택되기 때문에 다른 참여자들이 충분히 대응할 수 있다는 점이다.

2. 클라우드와 네트워크가 만나다

지금은 모두가 '클라우드Cloud' 라는 용어에 대해 익숙하지만 불과 10년 전만 해도 클라우드라는 용어는 매우 생소했다. 기업들과 관공서는 모두 서버실을 갖추고 전문 인력을 고용하여 서버를 운용했다. 당시에는 서버 자체의 가격도 매우 비쌌지만 서비스를 위한 환경 구성 비용과 운용을 위한 인건비가 더 큰 문제였다. 2006년 구글Google 직원인 크리스토프 비시글리아Christophe Bisciglia가 유휴 컴퓨팅 자원을 묶어서 활용하는 방법을 최초로 고안했다고 알려져 있지만 그 이전부터 여러 컴퓨터들을 연결하여 가상의 슈퍼컴퓨터를 만드는 그리드Grid 기술이나 웹 호스팅과 같은 네트워크상에서 컴퓨팅 자원을 임대하는 사업은 이루어지고 있었다.

하지만 이제는 이런 기술과 서비스를 통칭하여 클라우드라고 부른다. 대표적인 것이 네이버 N드라이브와 드롭박스Dropbox 등이다. 인터넷의 어느 공간에 나만의 저장소가 있거나 또는 웹 호스팅 업체를 통해 기업의 홈페이지가 운영되는 방식 또한 누군가 물리적인 서버 위에 가상으로 할당해준 자원을 사용자가 소비하는 개념으로, 지금은 거의 모든 IT 서비스가 클라우드 위에서 동작한다고 봐도 무방하다. 그리고 가상화Virtualization라는 용어 또한 클라우드와 거의 동일한 의미로 사용되고 있다. 가상화는 클라우드 서비스를 제공하는 기본 기술을 의미하지만 현재는 구분 자체가 무의미해졌다.

정확하게 클라우드 서비스의 시작 시점을 알 수 없지만 2000년대 후반 가상화 솔루션이 대중화되던 시기에 폭발적으로 증가한 것으로 보인다. 가상화 솔루션은 일종의 소프트웨어로 중앙연산장치, 메모리, 하드디스크와 같은 물리적인 장치를 가상화를 통해 여러 개로 분리하여 운용할 수 있는 플랫폼이다. 가상화 플랫폼 위에서 사용자가 생성한 가상 컴퓨터를 가상 머신Virtual Machine 이라고 부르며 생성한 가상 머신의 수만큼 운영체제를 별도로 설치하여 사용할 수 있다.

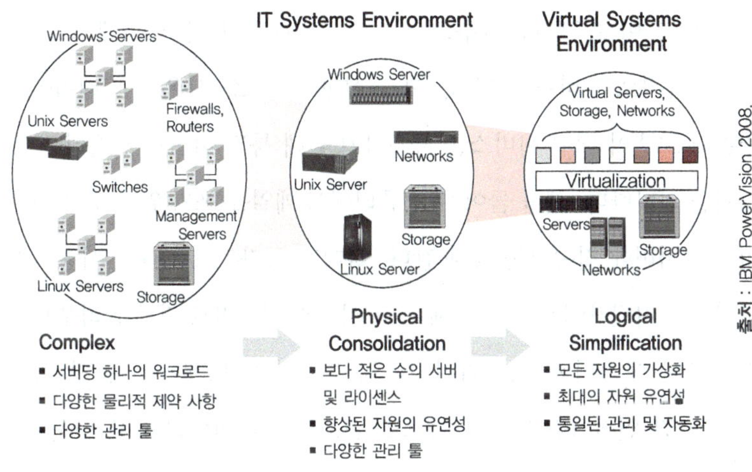

▲ 가상화 기술의 패러다임

클라우드 서비스가 발전하면서 시장에서 가장 달라진 점은 서버 제조사들의 주 고객이 일반 기업에서 클라우드 사업자로 바뀌었다는 것이다. 기업은 이제 서버를 구매하기보다는 클라우드 서비스 회사와 계약을 맺고 자신들의 IT 자원을 클라우드에 구축한다. 대표적인 클라우드 서비스 사업자인 아마존 웹서비스AWS 클라우드는 2012년 약 50만 대의 서버를 보유했으나 2015년에는 글로벌 서비스 확장을 위해 약 200만 대 이상의 서버를 운영하는 것으로 알려졌다2014년 Gartner 리서치. 기업들은 자체 서버 운용비용 대비 훨씬 저렴한 클라우드를 선호하고 있고 앞으로도 자사의 IT 자원을 클라우드로 이동시키는 현상은 계속 진행될 것이다. 스마트폰의 폭발적인 증가로 인해 모든 서비스가 앱 형태로 바뀐 지금 거의 모든 서비스는 클라우드에 존재한다. 페이스북이나 카카오톡과 같이 실시간으로 엄청난 데이터가 생성되는 SNS가 증가할수록 네트워크 관점의 트래픽 전달경로는 기존과 완전히 달라지고 있다.

전문용어로 "노스-사우스north-south 트래픽이 이스트-웨스트east-west 트래픽으로 바뀌고 있다."고 표현한다. 노스-사우스 트래픽이란 기존의 고객이 어떤 서비스를 사용하기 위해 특정 서버로 접속하는 트래픽을 의미한다. 예를 들어 내 컴퓨터에서 메일을 쓰기 위해 구글 지메일Gmail 서버에 접속하는 것과 같다. 하지만 클라우드 시대는 사용자가 클라우드 어딘가에 이미 접속해 있고 서비스 기능별로 다른 클라우드에 접속하여 데이터를 보내거나 가져온다. 이런 트래픽을 동일 계위Hierarchy 간 연결이란 뜻으로 이스트-웨스트 트래픽이라고 부른다. 즉, 데이터 센터 간 트래픽이다. 지금 전 세계의 대규모 네트워크 투자는 이미 데이터 센터 내부Intra Datacenter Network와 데이터 센터 간 연결Inter Datacenter Network에 집중되고 있다. 물론 모바일 네트워크에 대한 투자도 계속 증가하고 있지만 모바일 네트워크조차도 지금은 클라우드와 연결되어 있다.

2016년 북미 인터넷 트래픽의 37%를 차지하던 넷플릭스Netflix는 자신들의 데이터 센터를 모두 닫고 IT 자원을 아마존 웹서비스로 옮겼다. 넷플릭스는 2015년 기준으로 50여 개국에서 6,900만 명의 사용자를 거느린 거대한 미디어 콘텐츠 기업이다. 데이터 센터 구축과 운용에 드는 비용과 자체 클라우드 안정성을 유지하는 데 드는 비용, 그리고 지속적으로 증가하는 글로벌 트래픽을 고려한 결정이었다. 아마존 클라우드는 전 세계 38개서울은 2016년부터 가동의 데이터 센터를 갖고 있으며 각각의 데이터 센터는 내부 네트워크와 외부 네트워크로 연결되어 있다. 외부 네트워크는 다시 인터넷으로 연결되는 네트워크와 데이터 센터를 연결하는 네트워크로 구분된다. 각 데이터 센터를 연결하는 네트워크는 자체 구축한 폐쇄망을 사용한다. 일반적으로 이런 내부 폐쇄망은 L2 네트워크로 구축된다.

출처 : 블룸버그 뉴스.

▲ 아마존 데이터 센터 내부

L2 네트워크는 Layer 2 레벨로 네트워크 통신을 한다는 의미로 주로 L2 스위치 장비로 연결된다. Layer 2는 네트워크 계층을 나눈 OSIOpen systems Interconnection 7 Layer[2] 개념에서 두 번째 계층을 의미한다. Layer 2는 케이블을 연결하는 네트워크 장비의 랜 카드 포트에 심어져 있는 MACMedium Access Control 정보를 이용하여 데이터를 전달하는 기술이다. 우리가 일반적으로 이야기하는 인터넷 네트워크는 Layer 3인 TCP/IP 통신을 하기 때문에 고유의 IP 주소를 할당받아서 대상을 구분하지만 L2 네트워크에서는 IP 주소를 할당하지 않고 고유의 MAC 정보를 이용하는 점이 다르다. L2 네트워크에서는 내가 통신하고자 하는 MAC을 가진 대상을 자체 메모리에 있는 테이블에 저장하고 스위치에 들어온 데이터의 목적지 정보를 보고 어떤 포트로 내보낼 것인지 결정하는 방식으로 트래픽을 전달한다.

네트워크는 서로를 인식하기 위해 전 세계에서 누구와도 겹치지 않는 식별자Unique Identifier가 반드시 필요하다. 모든 LAN 장비제조사는 포트별로 MAC이란 정보를 심어 놓았기 때문에 그 정보만을 이용해서 통신을 하는 L2 네트워크는 아주 간단한 전달 방법이다. IP를 부여하지 않았기 때문에 인터넷은 되지 않지만 폐쇄되어 있기 때문에 외부에서의 침입을 원천 차단할 수 있는 장점도 있다. 하지만 엄청나게 많은 단말을

---

2. 국제표준기구(ISO)에서 표준화된 네트워크 구조를 제시한 기본 모델로써 통신망을 통한 상호 접속에 필요한 제반 통신 절차를 정의하고 이 가운데 비슷한 기능을 제공하는 모듈을 동일계층으로 분할하여 모두 7계층으로 분할한 것이다. ① Physical layer(물리 계층), ② Data link layer(데이터링크 계층), ③ Network layer(네트워크 계층), ④ Transport layer(전송 계층), ⑤ Session layer(세션 계층), ⑥ Presentation layer(표현 계층), ⑦ Application layer(응용 계층)

연결하기 위해서 수만 개의 L2 스위치를 연결해야 한다면 각각의 스위치가 관리해야 하는 MAC 테이블이 너무 많아서 부하가 걸릴 수 있다. 그래서 L2는 주로 내부 네트워크에만 사용하고 있다.

인터넷 시대에서는 IP통신이 일반화되었다. 모든 단말은 IP를 가지고 있고, 심지어 스마트폰도 모두 고유의 IP를 할당받는다. 그래서 소규모 네트워크용으로 사용되던 L2 네트워크는 한동안 주목받지 못했다. 단순한 만큼 가격도 라우팅Routing 프로토콜이 탑재된 L3 라우터에 비해 L2 스위치는 저렴한 네트워킹 장비였다. 하지만 클라우드 시대에서 L2는 다시 주목받고 있다. 그것도 대규모 글로벌 상용 네트워크인데도 말이다.

예전에는 수많은 서버를 네트워크 스위치에 전부 연결한 상태에서 사용했었다면 지금은 그 서버들을 마치 거대한 한 개의 컴퓨터로 만들어 주는 가상화 기술이 발전했다. 물리적으로는 똑같이 연결된 것으로 보일 수 있지만 가상화 솔루션을 통하여 사용자별, 서비스별로 컴퓨팅 자원과 네트워킹 자원을 할당하고 있다. 이것이 우리가 클라우드라고 부르는 서비스의 기본 형태다. 그런데 수백 개의 서버를 마치 하나의 서버처럼 만들고 나면 내부에 흐르는 트래픽은 모두 L2 트래픽이 된다. 가상 네트워크 인터페이스도 만들어줘야 하고 통신을 위해서 가상의 MAC도 모두 할당해야 한다. 가상의 MAC을 통해 VM끼리 통신은 기본이지만 외부 인터넷을 이용하려면 가상의 MAC이 물리적인 네트워크 인터페이스와 연결되는 구조도 필요하다. 이것이 바로 클라우드 네트워크다.

클라우드 내에서는 데이터를 저장하는 스토리지와 웹서버와 같은 애플리케이션을 설치하여 운영하는 범용 서버, 그리고 비상시 복구를 위한 백업 서버, 동영상 스트리밍과 같은 미디어 콘텐츠를 전담하여 처리하는 미디어 서버 등 많은 용도의 서버를 가상으로 만들어 운영할 수 있다. 모든 트래픽이 클라우드 내부에서 흐르기 때문에 클라우드 네트워크는 사용자가 별도의 트래픽 비용을 지불할 필요도 없고 새로운 서비스를 위해 가상 환경을 구축할 때 서비스 전달 시간을 획기적으로 줄일 수 있다는 장점이 있다.

3. 가상화의 끝은 어디인가?

클라우드의 발전 방향과 가상 환경에서의 네트워킹 기술이 서로 상호 응용되면서 클라우드 환경에서 네트워크 장비를 가상으로 구성하는 NFV Network Function Virtualization 기술이 생겨났다. NFV는 네트워킹 장비 자체를 서버 가상화 환경 기반에서 가상 머신을 만들고 그 가상 머신에 소프트웨어 형태로 설치하여 구동하는 기술이다. 이전까지는 서버를 가상화한다고 해도 네트워킹 장비는 전용 하드웨어 장비와 전용 소프트웨어로 이루어진 하나의 시스템으로 공급되었다. 하지만 NFV 기술에서는 처음부터 범용 서버에 가상화 솔루션을 탑재한 인프라를 기본 구조로 개발된다.

우리가 떠올리는 통신실은 어두컴컴한 장소에 무수히 많은 케이블로 이어진 스위치·라우터들이 연결되어 있고 수많은 소형 램프 LED 가 쉴새 없이 깜박거리는 모습이다. 그런데 어떻게 서버 한 대에 이런 네트워크 장비들을 집어넣을 수가 있을까? 이것은 클라우드 기술과 서버 관

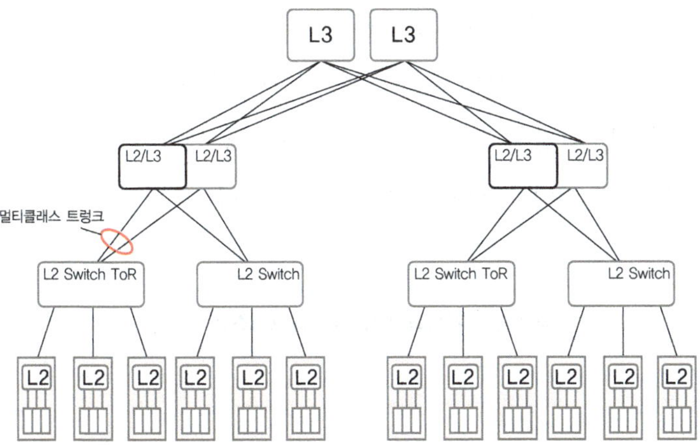

▲ 클라우드 네트워크 구조

련 기술이 획기적으로 발전하면서 이루어낸 성취다. 전용 하드웨어가 아님에도 불구하고 똑같은 성능을 내는 네트워킹 소프트웨어가 등장하면서 사용자는 저비용 · 고효율 네트워크 구축이 가능해졌다. 사용자는 유료 네트워킹 소프트웨어를 설치할 수도, 오픈소스 네트워킹 소프트웨어를 설치할 수도 있다. 예를 들어 워드프로세서 프로그램을 선택할 때 온라인 마켓에서 한컴 한글 혹은 MS 오피스 워드를 선택할 수 있듯이 범용 서버 기반의 NFV 플랫폼을 가진 사용자는 A회사의 네트워킹 소프트웨어를 사용할 수도, B회사의 소프트웨어를 사용할 수도 있는 것이다. NFV는 기존 제품을 기능별로 모듈화하여 네트워크와 IT를 재조합하는 새로운 기술인 것이다.

NFV 기술이 도입됨에 따라 산업 지형도 바뀌고 있다. 기존에는 시스코Cisco와 주니퍼Juniper와 같은 전통적인 네트워킹 전문 제조사들이 시장 주도권을 갖고 있었다면 지금은 HP나 Dell과 같은 전문 서버 기업,

INTEL과 같은 하드웨어 가상화 기술을 가진 기업, 그리고 오픈스택Openstack과 도커Docker와 같은 소프트웨어 가상화 기술을 가진 기업, 그 외에도 많은 네트워킹 솔루션을 소프트웨어 형태로 개발한 스타트업들이 모두 참여하는 거대한 생태계가 만들어지고 있다.

네트워크 가상화와 NCSO 에코시스템

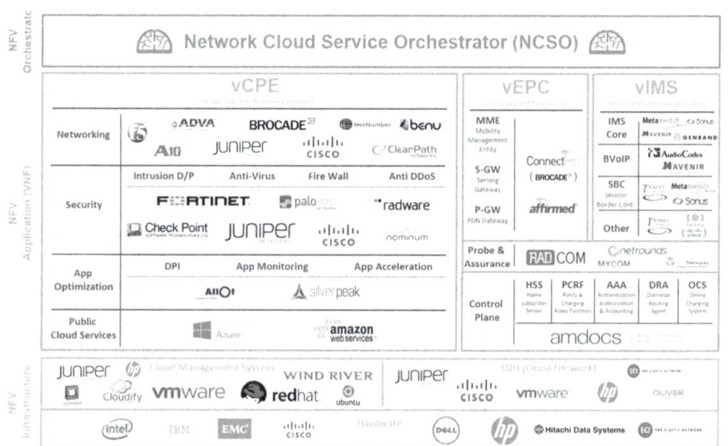

출처 : NCSO.

▲ NFV 생태계

이 생태계에서는 하나의 기업이 모두를 물리치고 승리하는 경우는 없다. 여러 회사가 동맹관계를 형성하여 서로의 강점과 약점을 결합하여 경쟁해야 한다. 사용자는 특정 제조사가 만든 특정 기술을 구매하는 것이 아니라 생태계 내의 여러 협력 모델이 만들어낸 융합상품을 구매한다. 이를 통해 점점 고성능 네트워킹 애플리케이션들이 생태계에 새로 들어오게 되고 가격 · 성능 · 안정성이라는 3마리 토끼를 모두 잡을 수 있게 되었다.

네트워크의 외형이 바뀌는 것과 동시에 운용 시스템도 바뀌고 있다. 데브옵스DevOps는 개발자Developer와 운용자Operator를 합친 일종의 직업과 역할에 대한 신조어다. 일반적으로 개발자란 IT 시스템을 설계하고 기능을 개발하는 사람을 의미하며, 소프트웨어 개발자라고도 부른다. 대한민국에서는 보통 프로그래머라고 부르지만 사실 소프트웨어 개발은 단계별로 시스템 아키텍처, 프로그래밍, 검수 등 많은 분야가 합쳐져서 이루어진다. 원천코드 개발과 관련이 없는 역할도 있지만 현업에서는 주로 소프트웨어 개발 경력을 가진 사람들이 다른 역할도 하기 때문에 IT 개발자로 통칭한다.

운용자는 서버나 네트워크를 운용하는 엔지니어를 가리킨다. 주로 서버나 네트워크를 목적에 맞게 구성 · 운영하며, 장애 상황에 대응하고 필요에 따라 자원을 증설, 문제점을 해결하는 역할을 맡는다. 보통 서버 엔지니어와 네트워크 엔지니어로 구분되는데 국내에서는 운용자보다 엔지니어란 용어가 많이 사용된다.

그럼 왜 네트워크 분야에서 데브옵스가 진행되고 있을까? 데브옵스는 개발자와 운용자의 구분 없이 한 사람이 두 가지 업무를 모두 이해하고 처리하는 것을 의미한다. 네트워킹 분야에서는 네트워크 운용자가 기능을 직접 개발하는 일이 매우 드물었다. 물론 네트워크 운용 체계를 개발하여 사용하는 경우는 있었지만 직접적으로 네트워크 기능을 개발하는 경우는 없었다. NFV에서 모든 네트워크 기능은 소프트웨어 형태로 생태계에서 공급된다. 이제 사용자는 마트에서 물건을 구매하듯이 필요한 소프트웨어를 구매하여 목적과 상황에 맞게 조합하여야 한다. 네트워크 엔지니어가 이런 생태계에서 살아남으려면 자신이 사용하는

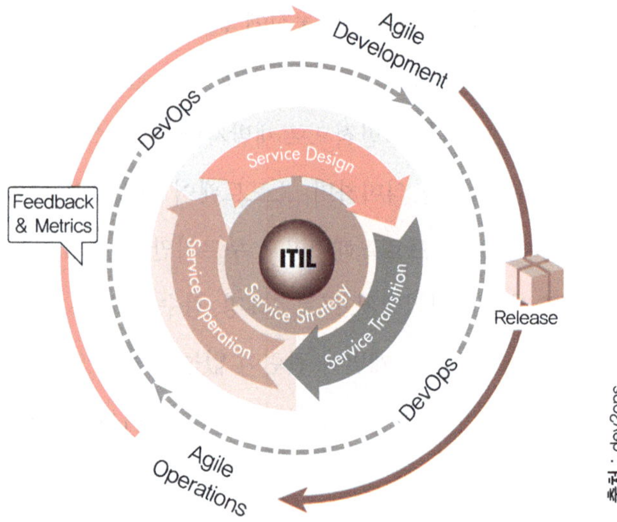

▲ 데브옵스 사이클

네트워킹 프로토콜에 대한 지식뿐만 아니라 설치, 구동을 위한 소프트웨어, IT 환경, 클라우드에 대한 지식까지도 필요하다.

기존에는 네트워크 용도별로 분리된 수많은 장비와 연결된 케이블들이 지금은 하나의 서버 장치 형태로 바뀌고 있다. 엔지니어가 노트북을 들고 다니면서 관리 포트에 일일이 케이블을 연결하며 설정하던 모습도 사라져 가고 있다. 이젠 새로운 형태의 통합자동화 운영체제가 등장하고 있는 것이다. 새로운 자동화 운영체제에서는 고객의 요구사항을 즉시 시스템에 반영하는 서비스 제공속도가 핵심이다. 네트워크 작업은 미리 만들어진 양식을 이용하여 수분 내 배포되어야 하며 고객이 원하는 기능이 즉시 구동되어 제공되어야 한다.

애자일Agile은 소프트웨어 개발방법론 중 하나다. 아무리 완벽한 계획을 가지고 개발 프로세스를 진행해도 시장 상황이나 고객의 요구사항은 항상 변경될 수 있기 때문에 계획에 의존하기보다는 일정 주기별로 모형을 만들어 고객에게 확인하는 과정을 통해 개발을 진행하는 것이다. 시장 상황에 따라 원하는 상품과 기능이 바뀔 수 있기 때문에 결국 소프트웨어 개발기업은 항상 시장의 변화에 빠르게 대응하고자 한다. 시장의 요구사항을 반영하기 위해 인프라 통합 제어체계는 이제 필수다. 마치 프로그래밍하듯이 네트워크를 만들고 조종하는 세상이 된 것이다.

4. SDN의 시대

EXCLUSIVE: Here's What Happened When Cisco Lost A $1 Billion Deal With Amazon

Julie Bort
Oct. 31, 2013, 5:00 PM 45,299 8

Next week, on Nov. 6, Cisco will finally show off what it hopes will be a game-changing product built from its super-secret startup Insieme Networks.

The product stems in part from a $1 billion deal with Amazon that collapsed before it was finalized.

Insieme is creating Cisco's answer to a new technology called "software defined networking" (SDN).

Cisco CEO John Chambers

출처 : 비즈니스 인사이더

▲ 시스코 SDN 관련 기사

2013년 10월 31일에 흥미로운 기사가 발표되었다. 세계 최대 네트워킹 장비 제조사인 시스코는 아마존과 10억 달러(약 1.2조 원)의 계약을 예상하고 있었다. 하지만 실제로 계약된 금액은 1천 백만 달러약 130억 원였고 아마존은 나머지 네트워크를 값싼 하드웨어와 소프트웨어 기술을 이용하여 자신들의 네트워크를 스스로 구축했다. 시스코는 충격에 빠졌다. 네트워킹 기술이 더 이상 몇몇 글로벌 제조사의 전유물이 아님을 알리는 순간이었다.

소프트웨어 정의 네트워킹SDN은 소프트웨어로 제어하는 네트워크라는 뜻이다. 다른 말로 프로그래밍이 가능한 네트워크Programmable Network라고도 부른다. SDN 개념은 이미 2000년대 초반부터 있었으나 최근의 SDN은 OpenFlow라는 프로토콜로부터 시작한다고 해도 과언이 아니다. OpenFlow는 ONFOpen Networking Foundation에서 만든 SDN을 위한 프로토콜의 이름이다. OpenFlow는 SDN이라는 커다란 개념을 대표하지도 않고 SDN을 구현하기 위해 반드시 사용해야 하는 것도 아니다. 하지만 2008년 OpenFlow가 발표되고 나서 사람들은 기존에 개념으로만 존재했던 SDN을 실제로 구현할 수 있을 것이라고 생각하게 되었다. 특정 프로토콜의 확산이 네트워크의 진화를 촉발한 것이다. 하지만 역설적이게도 OpenFlow로 촉발된 진화는 인터넷 망에서 사용되는 Layer 3 기반의 IP 프로토콜이 아니라 Layer 2 기반의 MAC을 이용한 네트워크였다. 오히려 더 간단한 네트워크로 회귀한 것이다.

시스코가 SDN 같은 개념을 몰랐던 것은 아니다. 기존에도 통합형 프로토콜에 대한 시도는 많았지만 시스코의 장비가 압도적으로 많이 설치되어 있었기 때문에 시스코와 호환되지 않는 장비는 시장에서 선택받을 수 없었다. SDN은 그 자체가 하나의 개념일 뿐이었기 때문에 시스코도 ONF 커뮤니티에 참여는 했지만 OpenFlow라는 새로운 프로토콜을 가지고 누군가 상용 시스템을 거대하게 꾸밀 수는 없을 것이라고 판단했다. 그때까지의 적용 범위는 국가 전용 네트워크나 대학들을 연결한 캠퍼스 연구 네트워크에 불과했다.

아마존은 미국을 대표하는 거대 IT 기업이고 수많은 고급 개발자들을 거느리고 있었다. 아마존 웹서비스는 세계 최대 글로벌 클라우드 서비스를 제공하기 위해 전 세계에 데이터 센터를 구축하고 있었기 때문에 막대한 네트워크 투자는 불가피했다. 시스코는 네트워킹에 대해서는 자신들이 항상 우위에 있었기 때문에 경쟁력이 있다고 판단했지만 IT 기반의 클라우드 환경에서는 이야기가 달랐다. 데브옵스 상황에서 우수한 네트워크 엔지니어를 보유한 시스코는 다른 네트워킹 제조사와 경쟁하는 것이 아니라 IT 가상화 솔루션을 보유한 기업, 거대 IT 기업들과 경쟁관계였던 것이다. 아마존은 고객인 동시에 경쟁자였다. 아마존은 네트워크 가상화를 통해 자신들의 네트워크를 완벽하게 구축할 수 있으리라 믿었고 결국 막대한 비용을 절약하면서도 네트워크에 대한 제어권을 확보할 수 있었다. 물론 대부분의 기업들이 아마존과 같은 IT 기술력이 있는 것은 아니다. 하지만 SDN 생태계에서는 이미 이런 사례들이 지속적으로 보고되고 있다.

구글은 2011~2012년 자신들의 글로벌 서비스 안정성을 확보하고자 전 세계에 데이터 센터를 세우고 데이터 센터 간을 연결하는 지스케일이라는 프로젝트를 진행했다. 구글은 매일 200억 웹페이지를 분류 및 저장하고 30억 건 이상의 검색을 제공하며, 4억 2,500만 명에게 지메일을 제공한다. 그리고 매월 8억 명의 사용자가 유튜브를 통해 동영상 콘텐츠를 전송받는다. 심지어 구글 검색에서는 검색어를 다 입력하

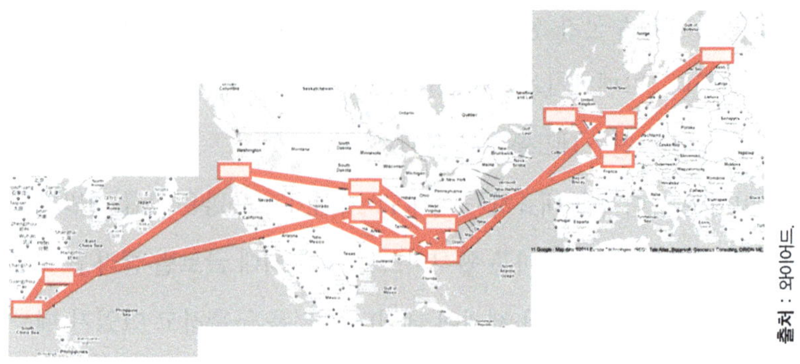

출처 : 와이어드

▲ Google G-Scale, 프로젝트 SDN 적용 사례

기도 전에 검색결과를 보여주고 있다. 이런 대규모의 데이터를 아주 빠른 속도로 처리하기 위한 가장 중요한 기술이 바로 트래픽 처리 기술이다. 하지만 일반 사용자들이 사용하는 네트워크와 내부 서비스를 하기 위해서 처리해야 하는 네트워크가 분리되어 있지 않았기 때문에 구글은 네트워크 혁신이 필요했다. 바로 노스-사우스 트래픽과 이스트-웨스트 트래픽을 분리하는 것이다.

구글은 지스케일이라는 프로젝트를 통해서 OpenFlow 기반의 SDN 구조로 네트워크를 재구축함으로써 문제를 해결했다. 네트워킹 장비는 단순히 데이터 전달을 위한 기능만을 남겨 단순화시켰고 소프트웨어로 중앙에서 모든 트래픽을 제어하는 통합 구조로 변경했다. 그렇게 해서 네트워크 자원 활용률을 50%에서 100% 가깝게 끌어올렸으며, 지역 간 트래픽을 분석하여 데이터 센터 간 부하를 적절히 분산하고, 고객에게 제일 빠른 지역의 데이터 센터를 연결함으로써 서비스 품질 또한 높이게 된다.

아마존과 구글에서 보듯이 SDN을 상용에 가장 완벽하게 적용하기 위한 조건은 IT 기술력이다. SDN 네트워크 프로토콜은 오픈 커뮤니티인 ONF에서 만든 OpenFlow를 이용했고 장비는 단순 전달 기능만 있는 저가형 스위치를 이용한다. 그리고 IT 역량을 집중시켜 네트워크의 뇌를 만든다. L3 네트워크에서는 모든 라우터가 라우팅 프로토콜을 이용하여 계속 라우팅 테이블을 업데이트한다. 즉, 뇌가 모든 라우터에 분산되어 있는 구조다. L3와 다르게 L2 네트워크에서도 MAC 테이블을 가지고 어느 포트로 보내야 하는지 결정하지만 수많은 MAC 테이블을 처리할 수 없는 문제가 있었다. SDN은 L2이면서 뇌를 한 곳에 두고 모든 생각, 즉 어떤 트래픽을 어디로 보내야 하는지, 또는 어떤 트래픽은 어떻게 처리해야 하는지 등에 대한 결정을 하게 만든 구조이다.

국내 SDN 시장 규모는 2015년 200억 원에서 2016년 500억 원 규모로 늘어날 전망이다. 전체 네트워크 시장규모에 비해서 아직은 작은 규모다. 이것은 현재 SDN이 데이터 센터 네트워크와 같은 특정 분야에 많이 적용되기 때문이다. 향후 전송 네트워크, 모바일 네트워크, 사

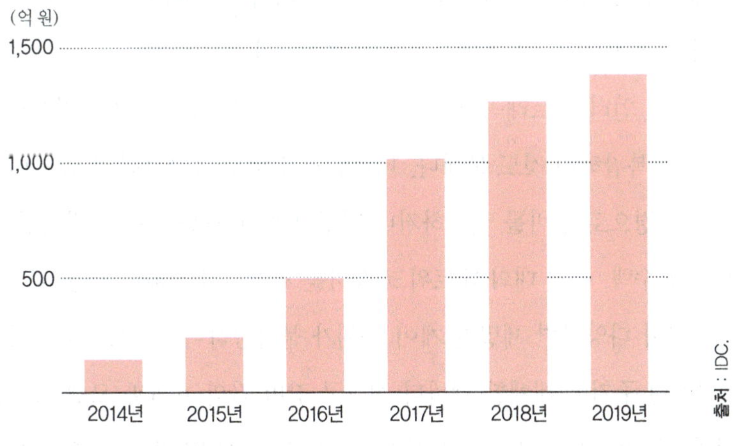

▲ 2015~2019년 국내 SDN 시장 전망

물인터넷 네트워크 등 다른 분야에 적용된다면 시장규모는 더욱 커질 것이다. 그럼 왜 SDN이 그토록 주목을 받는 것일까? SDN은 누구에게 필요한 기술이고 기존 네트워크는 어떤 문제가 있었나?

기존 네트워크는 서버와 클라이언트 간의 통신이었다. 하지만 지금은 하나의 서비스가 여러 서비스들의 묶음으로 이루어져 있기 때문에 하나의 클라이언트와 여러 개의 서버, 또한 서버와 서버 사이의 통신이 매우 빈번히 일어난다. 예를 들어 사용자가 쇼핑몰에서 물건을 구매할 때 처음 접속하는 웹사이트 서버가 필요하고 고객 정보를 불러오기 위한 서버 간 통신, 결제를 위한 서버 간 통신, 물류와 연동하기 위한 서버 간 통신 등 다양한 통신이 일어난다.

그런데 연동과정에서 일어나는 트래픽은 굳이 인터넷이 되지 않아도 서버 간 통신만 된다면 서비스에 문제가 없다. 기업 입장에서는 외부로 인터넷이 되는 회선은 통신회사에 비용을 지불해야 되지만 자체적으로 구축한 회선에 대해서는 비용을 지불하지 않아도 된다. 뿐만 아니라 자체 회선은 외부접속이 원천적으로 차단되어 있기 때문에 보안에도 우수하다. SDN은 이런 폐쇄망 운영에 적합하다.

또한 인터넷 트래픽이 폭발적으로 증가하여 네트워크가 거대해지고 너무 복잡해진 것도 문제다. 네트워크가 너무 복잡하면 새로운 비즈니스 환경으로 장비를 설정하거나 변경할 때 과도한 비용이 발생한다. 게다가 수백, 수천 대의 네트워크 장비를 제어하기 위해서 사용되는 프로토콜이 다양하면 세밀한 제어 자체가 불가능하다. 실제로 네트워크를 몇 년 주기로 대체할 때마다 신 · 구 장비 간의 호환과 모델 각각을 지원하는 프로토콜별로 운용 시스템이 달라져 운영비가 계속 증가한다.

여러 현실적인 문제들로 인하여 기업은 새로운 형태의 네트워크 구조, 즉 SDN으로의 변화를 고려하고 있었으나 기존 네트워킹 장비 제조사가 호환이 되는 프로토콜을 제공하지 않았기 때문에 기업은 자신들의 네트워크를 유연하게 구축할 방법이 없었다. ONF의 OpenFlow는 이런 기업들의 고민이 깊어질 때쯤 등장한 아주 좋은 솔루션이었던 것이다.

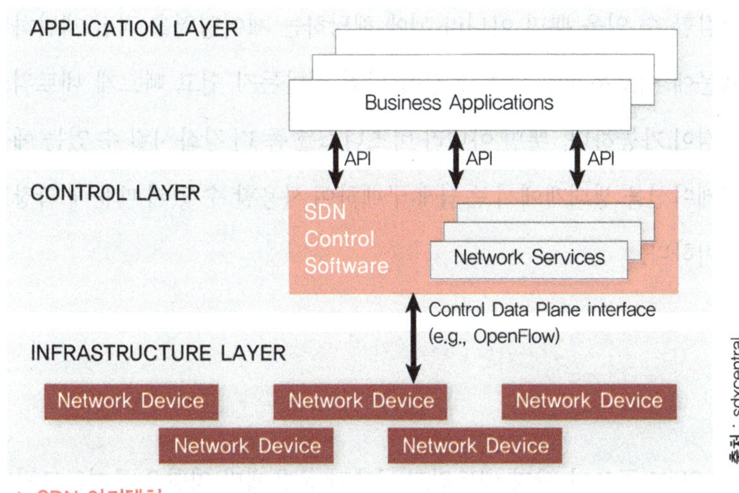

▲ SDN 아키텍쳐

출처 : sdxcentral.

SDN은 네트워킹 장비에서 제어를 위한 부분과 데이터 트래픽이 흐르는 부분을 분리하는 것이다. OpenFlow는 제어 부분과 데이터 영역 간의 통신 프로토콜이다. 기존에는 제어 부분이 네트워크 전용 장비에 탑재된 상태로 공급이 되었기 때문에 사용자는 불필요한 기능도 어쩔 수 없이 구매해야 했다. 또한 제조사가 외부 인터페이스를 제한적으로 제공했기 때문에 자체 개발한 제어 시스템이 있어도 연동에 문제가 있었다.

OpenFlow를 이용하면 기업은 제어 부분을 소프트웨어로 개발하고 데이터 영역을 담당하는 하드웨어 인프라는 매우 저렴하게 구축할 수 있다. 예를 들어 가장 단순한 L2 스위치가 100만 원이라고 할 때 OpenFlow가 지원되면서 제어기능이 없는 스위치는 20만 원이면 살 수 있다. 사용자가 사용한 만큼만 돈을 지불하는 클라우드 데이터 센터에서는 수천 대가 스위치를 사용하기 때문에 SDN을 통해 많은 비용을 절감할 수 있을 뿐만 아니라 뇌에 해당하는 제어영역을 직접 개발하기 때문에 새로운 비즈니스 환경에 맞춰 얼마든지 쉽고 빠르게 네트워크 변경이 가능하다. 뿐만 아니라 비즈니스를 좀 더 강화시킬 수 있는 애플리케이션을 생태계에서 손쉽게 구매하여 사용할 수 있기 때문에 확장도 용이하다.

5. 네트워크 슬라이싱

SDN 구조가 단지 네트워크 구축과 운용에만 영향을 줄까? 그렇지 않다. 제어영역을 사용자가 IT와 오픈소스 네트워킹 소프트웨어를 이용하여 하나의 프로그램으로 구축했기 때문에 관리자는 고객별로 또는 서비스에 따라 마치 별개의 네트워크를 제공하는 것처럼 네트워크를 가상화하여 제공할 수 있다. 특정 목적에 맞게 물리적인 네트워크를 가상으로 구분하여 사용하는 것을 네트워크 슬라이싱Network Slicing이라고 한다.

네트워크 슬라이싱은 서버를 가상화하여 논리적으로 가상 기계를 만들어주는 클라우드와 비슷한 개념이다. 기존 네트워크는 범용이거나 특정 목적을 위한 용도였다. 예를 들어 모바일 통신사에 스마트폰을 개통하면 사용자는 같은 통신사를 사용하는 사람들과 네트워크를 공유한다. 통신사는 한 명의 고객을 위해서 전용 네트워크를 구성해 주지는 않는다. 하지만 기업에서 서울과 부산 간의 사무실을 전용회선으로 연결하고 싶다고 요청하면 아주 비싼 요금을 받고 전용회선을 구축해 준다. 네트워크 가상화는 둘 사이의 절충안과 같다. 물리적으로는 하나의 네트워크이지만 고객은 마치 전용 네트워크를 사용하는 것과 같은 효과를 주는 것이다.

SDN 구조에서는 모든 트래픽 제어를 뇌에 해당하는 제어영역에서 담당한다. SDN 인프라 하드웨어는 트래픽이 들어왔을 때 어떻게 처리해야 하는지 제어영역에 질의하고 그 응답을 자체 플로우 테이블Flow Table에 저장한다. 그리고 플로우 테이블을 이용하여 트래픽을 전달하다가 만약 모르는 트래픽이 들어오면 다시 제어영역에 질의하는 방식이다. SDN 구조에서 관리자는 OpenFlow을 이용한 물리적인 네트워크 안에 특정 목적의 데이터 전달경로를 간단하게 만드는 것만으로 사용자별로 네트워크를 분리할 수 있다. 사용자는 자신들의 네트워크를 별도로 구축하지 않아도 되고 네트워크 사업자는 소프트웨어로 쉽게 가상 네트워크를 제공할 수 있다. 이것을 네트워크 가상화라고 부른다.

네트워크 가상화가 반드시 네트워크 슬라이싱을 의미하지는 않는다. 네트워크 가상화는 SDN 구조에서의 주요 기능 중 하나이고 그것을 좀더 실질적으로 구현한 것이 네트워크 슬라이싱이다. 특히 최근에는 모바일 네트워크에서 네트워크 슬라이싱이 적용되고 있고 5G 서비스에서는 상용 구조에 반영될 것으로 전망된다.

지금 4G 서비스에서는 특정 목적의 단말들도 모두 공용 네트워크를 이용하여 서비스되지만, 5G에서는 일반 IoT, 보안이 필요한 IoT, 실시간 통신이 보장되어야 하는 자동차 IoT, 가상 이동통신 서비스 등 목적별로 네트워크를 완전히 분리하여 운용해야 할 필요성이 대두되었다.

여기서 등장한 방법이 기존 모바일에서 사용되는 중계 네트워크 장비를 NFV 기술을 이용하여 가상화하고 목적과 서비스별로 할당하여 제공하는 네트워크 슬라이싱이다. 현재는 몇몇 기술이 상용 전 검증 단계까지 개발되었다. 물론 OpenFlow와 같은 프로토콜은 옵션이다. 사용할 수도 있고 사용하지 않아도 된다. 이것은 네트워크 사업자의 선택

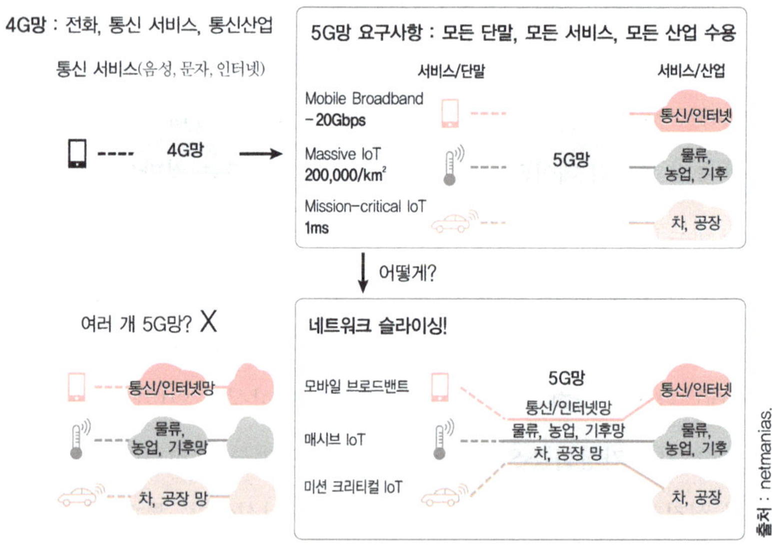

▲ 5G 모바일 네트워크 슬라이싱

사항이고 SDN 구조에서 확보하고자 하는 네트워크 유연성이다. 동일한 장비를 구매해 사용하는 것이 아니라 사업자가 SDN/NFV 생태계에서 조달해 자사의 NFV 인프라를 구축해 사용하는 것이다.

네트워크 사업자는 서비스와 고객별로 트래픽의 특징이 있다는 것을 알고 있다. 지금까지는 특별히 구조를 바꾸지 않아도, 개별 제어를 통해 대응할 수 있었지만 향후 5G 서비스 세상에서는 인터넷에 연결되어 있는 이동 객체의 수가 2020년 250억 대에 이를 전망이다. 서비스별로 네트워크를 구분해야 한다는 네트워크 슬라이싱은 피할 수 없는 시장의 요구사항이다.

6. 주문형 서비스를 향해

SDN, 네트워크 가상화, NFV, 네트워크 슬라이싱이 지향하는 미래 네트워크 구조가 무엇일까? 그리고 어떤 목적을 위해서 기술이 개발되고 있는 것일까? 2016년 현재의 답은 '주문형 서비스' 다. 주문형 서비스는 고객이 원하는 시점에, 원하는 만큼, 원하는 형태로 상품이나 서비스를 제공하는 개념이다. SDN이 적용되면 단기적으로 네트워크 사업자의 비용을 절감시켜 고객이 지불해야 되는 상품 가격도 저렴해진다. 이를 위해 인간의 개입이 최소화가 되는 자동화 기술이 요구된다.

현재 일반 클라우드는 사용한 만큼 비용을 지불하는 사용량 기준 과금 방식이 적용된다. 내가 원하는 서비스 항목을 선택하면 즉석으로 서비스 제공준비 상태가 만들어지고 사용이 끝나면 사용한 만큼만 돈을 지불한다. 대부분의 일반 클라우드에서는 고객이 선택을 하면 자동으로 가상 공간을 만들고 서비스 애플리케이션을 설치해 준다. 네트워크가 클라우드와 결합되면 네트워크 또한 이와 유사한 방식으로 서비스될 것이다. 그렇게 동작하기 위해서는 네트워크 자체가 프로그래밍되어 있어야 되고 고객 요구사항에 대한 처리 프로세스를 모두 갖고 있어야 한다.

2014년 AT&T는 북미지역에서 기업 고객을 대상으로 '주문형 네트워크' 서비스를 출시했다. 기업 고객, 특히 데이터 센터 간 연결이 필요한 기업이 요청하면 준 실시간으로 네트워크를 구성해주고 고객이 원하는 형태로 트래픽을 제어해주는 서비스다. 아직은 특정 용도에 국한된 주문형 서비스 기능이 추가된 네트워크 상품이지만 유사 서비스들이 계속해서 시장에 소개되고 있다. 이제 곧 IT 상품에 주문형 네트워크 서비스도 포함될 것이다. 소비자는 해당 IT 상품의 설명서를 보고 나서야 네트워크 제어 기능이 들어 있다는 것을 인지하게 될 것이다.

하지만 시장에서는 아직 주문형 네트워크에 대한 거부감이 존재한다. 네트워크 서비스의 특성상 네트워크 사업은 초반에 막대한 투자를 통해 네트워크 인프라를 구축하고 장기적으로 수익을 창출하는 구조인데, 주문형은 사용한 만큼만 비용을 지불하기 때문에 네트워크 사업자는 초기 투자비 회수 및 차세대 네트워크 투자를 위한 연구개발비를 확보할 수 없을지도 모른다는 불안감을 갖고 있다.

실제로 국내에서 논란이 되고 있는 인터넷 요금제를 보면 고객은 서비스 제공 대가를 서비스 제공자에게만 납부한다. 즉, 네트워크에 대한 사용 대가는 고객들이 청약한 요금제에 모두 포함시키고 콘텐츠 사용료만 별도로 콘텐츠 사업자에게 지불하는 것이다. IT 트래픽은 매년 엄청난 속도로 증가하고 있다. 기존에는 오프라인을 통해 이루어지던, 예를 들어 중고차 매매나 부동산 거래 등도 모두 IT 서비스로 들어오고 있다. 우리가 맞이하고 있는 O2O 세상에서는 지금보다 훨씬 더 많은 트래픽이 생산되고 소비될 것이다. 결국 트래픽을 관리하기 위해서 주문형 서비스가 확산되어 나갈 것이다.

실제로 2013년 10월부터 2014년 1월까지 약 4개월 동안 넷플릭스 서비스로 인해 북미 인터넷 서비스 사업자인 컴캐스트 서비스를 이용하는 고객들의 데이터 전송 속도가 27% 감소하는 등 품질 문제가 발생했다. 이에 안정적인 네트워크 품질 확보를 위해 캠캐스트와 넷플릭스는 네트워크 비용 분담에 합의했다. 이는 달리 보면 넷플릭스가 컴캐스트의 네트워크 자원에 대한 제어권을 돈을 주고 사용하는 것과 같다. 컴캐스트와 같은 네트워크 사업자가 네트워크의 안정적인 품질 확보를 기반으로 하는 서비스 사업자를 대상으로 B2B 주문형 서비스를 제공하는 형태로 초기 시장이 형성될 확률이 크다. 하지만 결국 개별 사용자의 B2C 서비스에도 적용될 것이고 점차 더 많은 IT 서비스가 전용 네트워크를 사용할 것이다.

7. 네트워크 진화의 종착점은 API

정보통신 기술ICT이라는 용어 자체는 이미 전부터 널리 사용되어 왔지만, 정보기술IT와 통신기술CT 상품은 분리되어 있었다. 산업의 분야를 통칭하던 정보통신 기술이 이제는 물리적으로 결합되어 새로운 상품군을 만들려 하고 있다. IT에서 시작된 클라우드를 기반으로 SDN과

NFV가 더해져 진정한 New ICT가 만들어지고 있는 것이다. New ICT 생태계의 주인공은 더 이상 시스코와 같은 글로벌 제조사가 아니다. 서버 제조사, 기술 중심의 스타트업도 온전한 주인공은 아니다. 오픈 커뮤니티에서 만나고 서로 자신들의 지식과 의견을 공유하는 모두가 주인공이다. 그들이 만들려고 하는 것은 이제 네트워크가 아니라 비즈니스 도구다.

향후 ICT에서 네트워크는 애플리케이션 인터페이스API 중심으로 사용될 것이다. 기존 사용자는 범용 인터넷을 사용하기 위해 특정 네트워크 회사와 계약, 접속, 이용 등의 단계를 거쳤다. 하지만 미래에는 스마트폰이나 TV에서 애플리케이션을 실행시키기만 해도 네트워크 사용이 가능해질 것이다. 애플리케이션 안에 네트워크 연결 기능이 탑재된 것이다. 단지 IT 서비스를 이용하는 것만으로 네트워크를 자동으로 사용하는 형태가 진화의 마지막이다. 그리고 고객들이 사용하는 서비스는 모두 클라우드에 들어 있고 모든 클라우드 사업자는 애플리케이션 인터페이스를 통해 자체 네트워크를 제어하게 될 것이다.

네트워크 사업자의 제어 애플리케이션은 실시간 분석을 통해 운용되고 수요에 맞게 네트워크 대역, 자원, 연결 등이 자동으로 조정된다. 네트워크에 대한 과잉투자 문제가 없어지고 사용자들은 서비스를 구동할 때마다 네트워크 연결이 보장되기 때문에 마치 항상 네트워크에 접속되어 있는 것과 같은 효과를 누리게 될 것이다.

네트워크가 보장되지 않으면 사물인터넷이나 드론과 같은 미래 성장 산업이 발전할 수 없다. 스마트 헬스케어도 실시간 연결과 보안이 중요하다. 현재와 미래의 모든 서비스는 연결을 기반으로 한다. 네트워크는 더 중요해지겠지만 앞으로는 더 보이지 않게 될 것이다. 우리는 이제 막 모든 기기들이 항상 연결된 초연결 사회에 한 걸음 들어갔다. 수백 개의 드론이 서로 부딪히지 않고 하늘을 날아다닌다면 SDN의 뇌에 심어진 드론용 애플리케이션이 주문형으로 네트워크를 관리하고 있는 것이다.

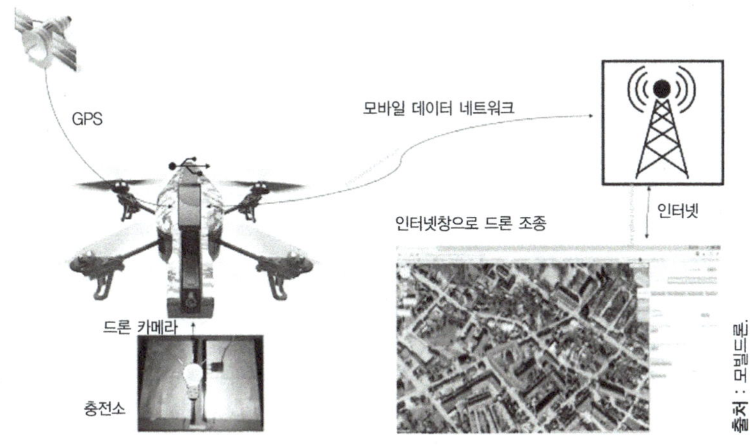

▲ 모바일 네트워크를 이용한 드론

연결의 진화, 인터페이스가 핵심이다

1. 연결의 진화
2. 인터페이스란 무엇인가?
3. 인터페이스, 모바일을 꽃피우다
4. 기술력이 인터페이스 성공의 전부일까?
5. 사용자 인터페이스, 스마트를 더하다
6. 무엇이 필요한지 알아서 예측하는 기계학습
7. 지금은 생각을 연결할 때!

1. 연결의 진화

농사는 많은 노동력을 필요로 한다. 경험을 통해서 축적한 정보를 갖고 있는 농부가 토양과 시기에 따라 물, 비료 등을 직접 줘야 하기 때문이다. 농업 기술이 발전하면서 작업의 일부는 기계가 대신하고 있지만 사람이 직접 해야 하는 일은 여전히 많다. 농사 정보도 경험에 의존하기 때문에 정확한 상태 파악이 어렵다. 하지만 곧 다가올 미래의 농부는 많은 노동력을 필요로 하지 않을 것으로 보인다. 토양과 작물의 상태를 파악해 주는 센서들이 필요한 정보를 관리 시스템에게 전달하고 중앙 관리 시스템은 그 정보를 토대로 스스로 수분과 영양분을 공급하는 기계 시스템을 제어할 것이기 때문이다. 농부는 집 안에서 구체적인 작물 현황을 모니터링만 하면 된다.

위의 이야기는 먼 미래가 아니다. 우리는 이미 일상생활에서도 '연결의 진화'를 체험하고 있다. 근본적으로 정보 전달 기술이 크게 발전했기 때문이다.

오랜 기간 동안 사람은 1:1의 직접 연결을 통해서 사람 혹은 사물과 정보를 주고받았다. 직접 만나거나 전화 등의 기계를 통해서 정보를 교

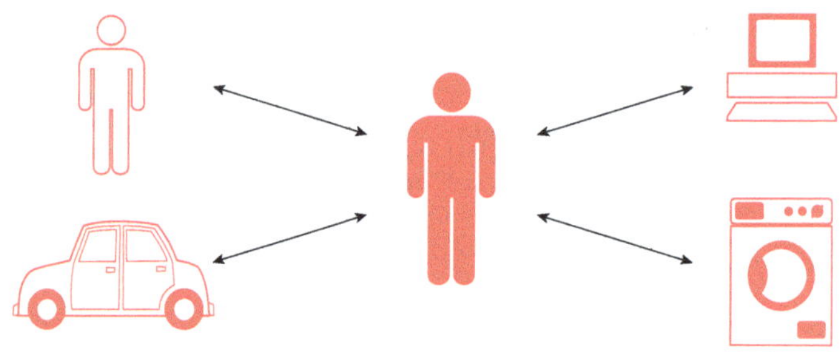

환했고 가전 제품이나 자동차 앞에서는 스위치를 통해 정보명령어를 전달했다.

이후 무선 통신과 인터넷 등이 발달하면서 직접 만나지 않고도 정보를 교환할 수 있고 집 안에서 자동차의 시동을 켜거나 히터를 미리 틀어 놓을 수 있게 되었다. 이전에는 대상마다 연결 부분이 필요했지만 지금은 하나의 연결을 통해 다양한 대상을 선택하거나 더 많은 정보를 주고받을 수 있게 된 것이다.

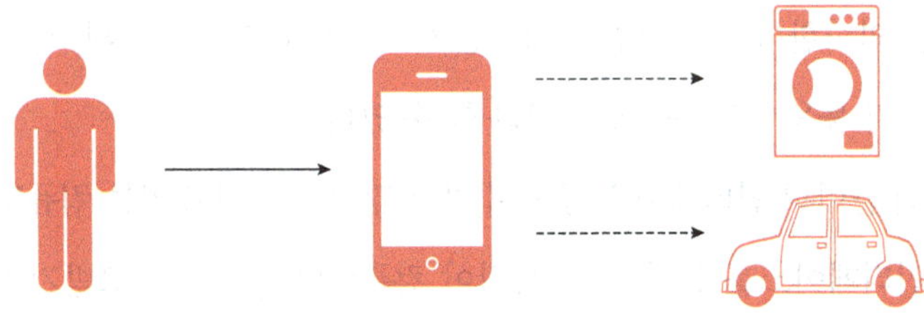

앞으로의 연결은 처음 소개했던 농부의 미래처럼 진화된다. 기계 혹은 소프트웨어가 스스로 통합된 정보를 수집하고 실시간 상황을 판단한다. 그리고 다른 사물을 제어하는 명령어를 주고받아서 사람이 원하는 최종 목적을 알아서 처리해 준다. 이제 사람은 이러한 기계 또는 소프트웨어와만 연결하고 한 번의 명령어만 내리면 원하는 다양한 사항을 처리할 수 있다. 즉, 컴퓨터와 정보통신 기술의 발전으로 인간과 주변환경과의 연결방식이 바뀌고 있는 것이다.

지금부터는 그 구체적인 예로 네트워크, 머신러닝, 무선 인터넷, 클라우드와 같은 시스템들과 사람과의 연결, 즉 '인터페이스'를 주인공으로 이야기하고자 한다. 미래에는 최소한의 연결과 제어를 통해 인류가 더 많은 것들과 연결되고 그들을 제어할 수 있다. 인터페이스의 변화가 우리가 상상하는 미래의 모습을 앞당길 수도 있고 반대로 일상과 아직 거리가 있는 SF영화 속 영역으로 남겨둘 수도 있다.

2. 인터페이스란 무엇인가?

인터페이스는 상당히 포괄적인 개념이다. 사물과 사물 사이 혹은 사물과 인간 사이의 경계에서 통신 및 접속이 가능하도록 연결하는 '매개체'를 의미한다. 즉, 다양한 대상들 사이에서 대상들의 교환, 상호 작용, 메시지 등을 전달하는 접점이라 할 수 있다.

여러 분야의 인터페이스 중에서 가장 많이 활용되고 있는 컴퓨팅 환경 속 인터페이스를 살펴보자. 사람이 컴퓨터와 정보를 주고받기 위해서 다양한 기기와 프로그램들이 필요하다. 기기와 프로그램들 사이에서 정보를 주고받는 것이 인터페이스이다.

- **입력**Input → 마우스 : 클릭과 움직임으로 명령어 전달
  키보드 : 키를 누르면서 키에 해당하는 명령어 전달
- **출력**Output → 모니터 : 화면상으로 컴퓨터의 명령어를 표시
  스피커 : 소리로 컴퓨터의 명령어를 전달
- **입 · 출력**In/Output → 컴퓨터 : 소프트웨어가 키보드와 마우스의 입력 명령어를 인식하여 모니터와 스피커에 새로운 명령어를 전달

컴퓨팅 환경에서 인터페이스는 여러 가지 형태로 발달되었는데 크

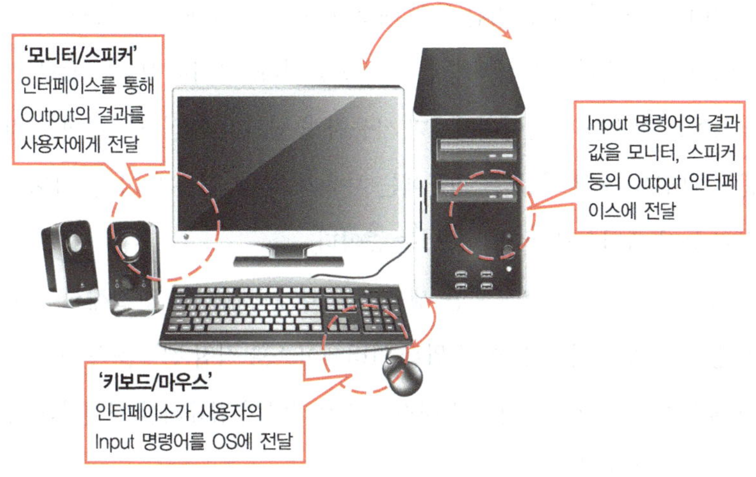

게 소프트웨어 인터페이스, 하드웨어 인터페이스, 사용자 인터페이스 User Interface로 구분한다.

소프트웨어 인터페이스는 소프트웨어 간의 통신을 위해 메시지를 전달하는 방식으로 운영체제와 하드웨어 · 응용프로그램들 사이의 인터페이스들을 말한다. 하드웨어 인터페이스는 하드웨어 간의 통신 및 상호접속을 위한 프로토콜, 플러그, 커넥터 등을 말한다.

사용자 인터페이스UI는 사람과 컴퓨터시스템 사이에서 일어나는 상호작용과 정보를 매개하는 것으로 입력과 출력을 기반으로 한다. 사용자 인터페이스가 인간과 컴퓨터를 매개하는 역할을 한다면, 여기에서 한 발 나아간 HCI Human-Computer Interaction는 보다 구체적으로 컴퓨터와 사용자 간의 상호작용을 개선하는 것이다. 즉, 사용함에 있어 편리한가, 안전한가, 효율적인가, 이전 방식 대비 효과적인가, 편의성이 좋아졌나 등의 관점에서 인터페이스를 바라보고 개선하는 것을 말한다.

인간과 컴퓨터 간의 상호작용은 HCI의 가장 중요한 구성 요소이자 목적이다. HCI는 오랜 기간 동안 데스크톱 PC 환경에서의 사용자 인터페이스 용이성 및 유용성에 중점을 두고 있었다. 그러다 보니 새로운 인터페이스 환경을 만들어내기보다 사용자 중심의 인지심리학 분야가 더 많은 관심을 받게 되었다. 최근에는 사용자 경험, 사용자 가치, 사회적 경험 등의 개념으로 발전하고 있는 중이다.

BCI Brain Computer Interface는 생물의 두뇌와 컴퓨터를 연결해서 양방향 통신을 하는 것이다. 이를 위한 인터페이스로 직접 전극을 두뇌 세포에 삽입하는 방식과 뇌파를 실시간으로 분석하여 컴퓨터를 제어하는 방식이 구현되어 있다.

인터페이스는 기계 내에서 맞춤복처럼 움직인다. 서로 다른 특성의 기계에 개별적인 맞춤형 인터페이스들이 만들어지고 편리한 방식으로 꾸준히 발전되거나 거의 변화가 없기도 하다.

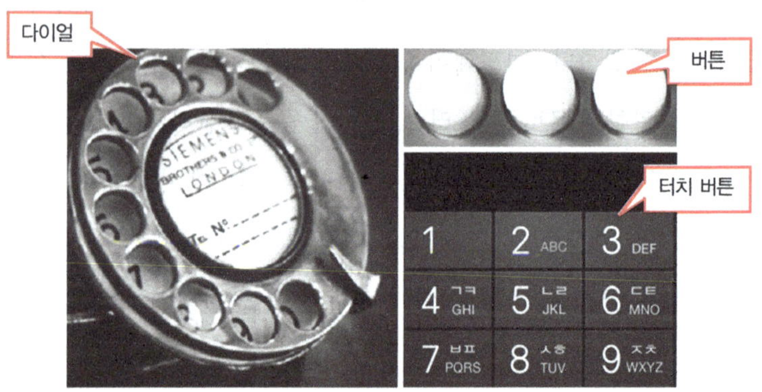

인터페이스 변화가 많이 일어난 분야로 전화기를 들 수 있다. 데이터 통신이 가능하게 되면서 전화기를 통해 정보를 주고받기 시작했고 그와 함께 컴퓨터와 유사한 환경을 전화기에 적용하기 위한 다양한 시

도들이 있었다. 전화기에서 컴퓨터의 키보드와 마우스를 대신하는 이용자 환경을 구현한 여러 종류의 스마트폰이 상용화되었지만 일반인이 사용하고 자주 활용하기에는 여전히 어려움이 있었다. 그러나 2007년과 2008년 사이 인터페이스 역사에 길이 남을 엄청난 일이 발생했다. 애플이 발표한 아이팟 터치와 아이폰은 돌파구를 찾지 못하던 모바일 디바이스 인터페이스가 나아갈 방향을 제시했을 뿐만 아니라 모바일 산업 전반에 거대한 영향을 미쳤다.

3. 인터페이스, 모바일을 꽃피우다

애플은 모바일 디바이스에서 단 2가지 인터페이스를 제시했지만 그 영향력은 실로 엄청났다. 게다가 기존에 전혀 없었던 방법이 아니라 이미 일상생활에서 쉽게 접할 수 있었던 방식을 활용했기 때문에 더욱 놀랍다.

첫 번째로 그들이 제시한 것은 터치 사용자 인터페이스이다. 이전부터 은행 ATM기나 자동차 네비게이션 등으로 일상에서 사용하고 있었던 터치 사용자 인터페이스는 마우스와 키보드가 없어 입력의 불편함에서 허우적거리던 스마트폰을 너무도 쉽게 해방시켰다. 애플은 멀티 터치 같은 새로운 입력방식과 이를 기반으로 한 완벽한 앱 사용자 환경을 고안하여 제공했다. 이로써 사용자는 더 이상 휴대폰에서 컴퓨터에서와 같은 입력방법을 사용할 필요가 없어졌고 심지어 새로운 인터페이스는 너무도 쉽게 컴퓨팅 환경을 활용할 수 있게 구현되어 있어서 사용법을 따로 배울 필요가 없을 정도였다.

두번째는 융합 인터페이스 방식이다. 애플이 최초로 시도했다고는 보기 어렵지만 새로운 방식의 사용자 인터페이스를 적용한 애플리케이션들을 제공하면서 여러 기업들에게 융합 인터페이스 서비스 방향을 제시했다. 스마트폰이 갖고 있는 카메라, 위치, 주소록 등의 기능과 여러 기업이 갖고 있는 서비스Open API 기반, 또는 신규 제휴들인 지도, 검색 등을 자신의 앱에서 통합하여 활용하는 매쉬업Mash-up이 대표적인 예라고 할 수 있다.

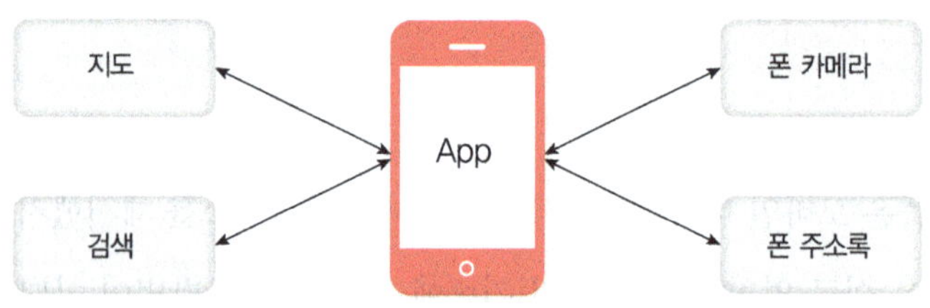

이 두 가지 혁신으로 애플은 스마트폰에서 사용자 인터페이스와 인터넷 서비스 활용 방식을 완전히 변화시켰다. 이는 최근의 O2O, 옴니채널, IoT, 클라우드 산업의 발전을 가속화시킨 핵심 요인이라 할 수 있으며, 결과적으로 전 세계 스마트폰의 사용성을 폭발적으로 강화시켰다.

나아가 스마트폰은 사용자의 복잡한 요구사항을 모두 받아들일 수 있는 성능을 보유하고 있을 뿐만 아니라 이동성 및 개인화, 그리고 사용자와 24시간 함께한다는 혁신적 장점을 가지게 되었다.

가상의 하루를 따라가면서 일상에 깊이 스며든 스마트폰 플랫폼과 그 안의 인터페이스들이 꽃피운 모바일 세상을 확인해 보자.

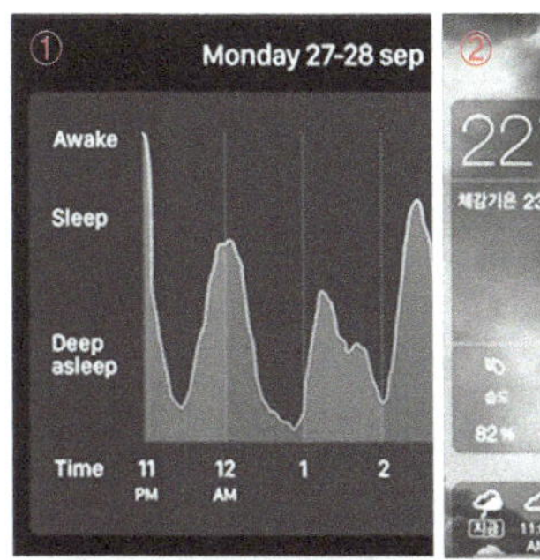

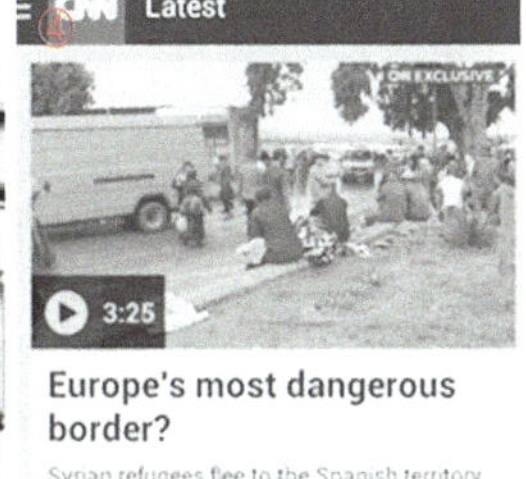

① 수면 리듬을 체크하고 주간이나 월간 데이터와 비교하여 수면 건강을 관리함.

② 현재 위치에 기반한 날씨와 예보를 확인하고 출장 계획이 있다면 그 지역의 날씨를 미리 확인.

③ 자동차의 시동이나 히터 등을 작동하거나, 잠금장치 및 내부 현황을 확인.

④ 국내 뉴스는 물론 전 세계 실시간 뉴스 확인.

▲ 아침 시간에 활용하는 모바일 플랫폼 예시

① 점심과 커피 값을 같은 모바일 카드로 결제하고 포인트도 통합 관리, 주문도 미리 할 수 있음.

② 장보기부터 해외 직구까지 가능한 쇼핑.

③ 주정차 위반 신고에서 환경오염 관련 신고까지 민원도 모바일에서 처리.

▲ 일과 시간에 활용하는 모바일 플랫폼 예시

▲ 저녁 시간에 활용하는 모바일 플랫폼 예시

24시간의 일상을 기준으로 몇 가지 사례를 확인해 보았다. 모바일 플랫폼이 산업 전반에서 여러 분야와 글로벌하게 연결되어 있음을 확인할 수 있다. 향후에는 지금보다 더 다양한 분야로 확대될 것이고 기능 역시 세분화될 것이다. 모바일 산업의 발전은 이들을 활용할 사용자와 그 매개인 인터페이스와 밀접하게 연관되어 있다. 인터페이스들은 단순한 연결을 넘어서서 데이터를 수집하거나 저장하고 관리까지 하고 있다. 나아가 명령어를 전달하는 매개체에서 특정 개체에 대한 의사결정까지 할 수 있는 인터렉션Interaction 기능은 물론, 다른 인터페이스들과 무선으로 연동되는 등 기술적 변신이 무한하게 확장되어 가고 있다.

4. 기술력이 인터페이스 성공의 전부일까?

'증강현실' 이란 단어가 요즘의 빅데이터만큼이나 많이 쓰이던 시기가 있었다. 2009년 증강현실이라는 말은 마치 스마트폰의 신세계를 열어주는 연결고리와 같았다. 대기업에서 증강현실 앱을 이용하는 스마트폰 광고를 만들 정도였으니 존재 가치가 얼마나 높게 인식되었는지 알 수 있다.

하지만 증강현실을 활용한 앱은 카메라와 연동해서 길 안내를 도와주는 앱과 주변 사용자의 글을 점으로 표시해서 근처 사용자가 올린 콘텐츠를 확인하는 앱 정도였다. 길 안내 앱은 치명적인 단점이 있었는데 그 앱을 통해서 길을 찾는 것보다 고개를 들어 주변을 살펴보고 길을 찾는 방식이 훨씬 빠르고 오류와 사고의 위험도 없었다. 실제로 그 앱을 사용할 당시 커피숍을 찾다가 수차례 행인과 장애물에 부딪힐 뻔했고 주변만 두어 바퀴 돌다 고개를 드는 순간 한 번에 커피숍을 찾아냈던 경험이 있다. 당시로서는 뛰어난 기술이긴 했지만 기술을 활용하는 앱들은 사용성이 현저히 떨어지는 인터페이스를 갖고 있었고 치명적인 단점을 극복하지 못했던 증강현실은 그렇게 잊혀졌다.

▲ 증강현실 앱(좌), MS 서피스 초기 모델(우)

마이크로소프트Microsoft가 차세대 컴퓨터라며 엄청나게 광고를 쏟아 부었던 테이블형 PC 서피스Surface도 이와 다르지 않다. 2001년부터 개발을 시작해 2007년 첫 제품을 공개했으나 별다른 주목을 받지 못했고 이후 삼성전자와 손잡고 만든 멀티 터치 기능과 사물 인식 기능을 넣은 제품은 2012년 CES에서 '최고 혁신상'을 수상하기도 했으나 더 이상의 혁신을 보여주지는 못했다. 대형 건물에서 안내용으로 많이 활용되고 있는 정도이다.

서피스 테이블은 보편적인 디스플레이 기능에 예측을 기반으로 한 기능이 섞여 있었는데, 테이블에 컵을 놓으면 컵의 상태를 파악해 내용물이 없으면 테이블 주변에 가까운 쓰레기통의 위치를 테이블에 표시해 주기도 하고 휴대폰을 올려 놓으면 블루투스를 이용해 휴대폰의 사진, 영상 등을 테이블에서 확인하거나 편집하는 기능을 이용할 수 있었다. 하지만 실질적으로 사용하는 사람은 많지 않았다. 많은 사람들은 공개적인 장소에서 사적인 휴대폰 사진을 꺼내는 것을 꺼리기 때문이다. 마이크로소프트는 거실에서 사용하는 공용 PC 개념을 적용하여 이 모델을 출시했지만 애플을 너무 의식한 나머지 'PC'의 약자를 잊어버린 게 아닌가 생각된다. 마이크로소프트의 제품이 너무 이른 시기에 출시된 것으로도 볼 수도 있다. 1인 가구의 증가로 인해 가까운 미래에는 대형 화면을 기반으로 한 PC + TV 등이 통합된 형태의 가전 제품은 반드시 확산될 것으로 예측되기 때문이다.

또 하나 아쉬운 기술로는 안경 형태의 구글 글라스다. 구글 글라스는 혁신적인 인터페이스를 자랑한다. 눈의 움직임으로 카메라를 제어할 수 있고 음성 인식을 통해 검색 결과를 안경에 보여주기도 한다. 다만 가까이 있는 것을 집중해서 보기 위해서는 이동을 할 수 없었고 장시간 사용하면 눈의 피로감과 초점 변경으로 인한 어지러움을 초래해 사용성의 한계를 보였다. 또한 몰래 촬영이 가능해 보안상에 심각한 위험 소지를 남기게 되면서 혁신적인 기술에 환호하던 사람들이 부정적인 인식을 갖게 되었고 결국 시장에서 활성화되지 못했다.

기술력이 새로운 인터페이스의 핵심 요소이긴 하지만 사용자가 느끼는 '효용성'과 '편리성'이 더욱 중요한 가치임을 증명하는 사례들이다.

5. 사용자 인터페이스, 스마트를 더하다

이용자의 편의성과 일상생활에서의 효용성이 사용자 인터페이스UI 성공의 핵심이라는 것을 인터페이스들의 흥망에서 확인할 수 있다. 결국 이용자가 원하는 것을 얼마나 효율적으로 인터페이스에서 해결해 주는가가 차세대 사용자 인터페이스의 핵심이자 혁신의 방향이 될 것이다. 이를 최근에 개념화한 것이 '스마트 사용자 인터페이스'다.

모바일 기기 업체에서는 최적의 편리성을 가진 터치 이외에 새로운 이용환경을 제공하기 위해 음성, 동작, 시선, 센서 등을 통합한 사용자 인터페이스를 끊임없이 개발하고 있다. 각각의 사례를 통해 세부적으로 알아보자.

음성 인식은 글자 그대로 사람의 음성을 소프트웨어가 인지하는 기술이다. 스마트폰에서 가장 많이 상용화된 분야이고 구글과 애플이 다양한 플랫폼과 서비스를 제공하고 있다. 음성 인식의 분야는 목소리를 인식해서 구별하거나 명령어를 인식하는 형태로 나뉘는데 최근에는 두 가지가 복합되어 있는 형태로 발전하고 있다. 특정인의 목소리와 단어를 인식해서 사용자가 요구하는 액션을 제공하는 대표적인 예로 애플의 시리Siri가 있다. 현재는 단어를 인식하여 관련된 요구사항을 반영하는 형태이지만 인공지능을 가진 소프트웨어로 진화하면서 스스로 생각하고 학습하여 소비자가 원하는 것을 제공하는 형태로 바뀌고 있다.

동작 인식은 게임 디바이스에서 활성화되어 스마트폰이나 티비 스마트홈에서 활용되고 있다. 사용자의 제스처와 기계의 명령어를 연결시켜 활용하는 형태로 일상에서는 많이 활용되고 있지 않다. 버튼식 명령어 입력보다 제스처를 통한 인터페이스는 일상에서 활용 가능한 범위가 많지 않고 전달할 수 있는 데이터 양도 적은 편이다. 따라서 트렁크를 발 동작으로 여는 것과 같은 '제스처 명령'의 영역 발굴이 필요하다. 동작 인식 중에서 많은 기업이 개발을 진행하는 분야는 시선 인식아이 트래킹, Eye Tracking과 손가락동작 인식핑거 트래킹, Finger Tracking이다.

시선 인식은 광고 영역에서 자주 활용되지만 사용자에게는 부담으로 다가온다. 카메라를 활용하는 탓에 사생활 침해소지가 다분하기 때문이다. 삼성전자와 애플 역시 시선인식 기술을 보유하고 있고 관련 서비스를 홍보하기도 했으나 디바이스에는 적용하지 않은 상태이다. 덴마크의 아이트리베Eye Tribe의 경우는 주변기기 형태의 개인 장비를 이미 공개했는데 이를 이용하면 일반 태블릿으로도 시선의 움직임만으로 웹서핑 및 게임을 즐길 수 있다. 국내에서도 시판되고 있으며 99달러라는 저렴한 가격 덕분에 얼리어답터빠른 기술 수용자들의 사용 후기를 쉽게 찾아볼 수 있다.

피자헛과 스웨덴의 토비Tobii 테크놀로지는 시선인식 기기를 개발해 피자 메뉴판에 적용시켰다. 주문자의 눈동자 움직임을 추적해 고객의 시선이 어떤 토핑에 오래 머물렀는지에 기초하여 선호할 만한 메뉴를 추천하는 서비스이다.

아이 트래킹이 설치된 테블릿에서

피자 토핑에 대한 시선을 분석

토핑이 적용된 피자 추천

해당 주문 실행

출처 : 토비.

동작 인식과 관련된 다양한 소프트웨어와 하드웨어들이 개발되고 있지만 주로 장애인과 사용자 행태연구 등에 활용되며, 실질적으로 일반인에게 높은 편의성을 가져다 줄 폭넓은 활용 방법은 아직 찾지 못했다.

손가락동작 인식핑거 트래킹, Finger Tracking은 가상 화면이나 가상 입력장치 등을 활용하여 정보를 입력하거나 수집하는 방식에서 주로 활용되고 있다. 대표 사례로 MIT에서 프라나브가 연구했던 식스센스를 들 수 있다. 식스센스는 손가락에 센서를 달아 이 움직임으로 가상의 스크린을 터치하는 인터페이스를 구현한다. 이 연구는 2009년 TED에서 발표되면서 전 세계적으로 주목을 받게 되었다. 리더였던 프라나브는 2012년 삼성전자의 임원으로 발탁되면서 스마트워치 및 가상현실 카메라 등의 프로젝트를 진행하고 있다.

▲ 식스센스 시연

센서 인식은 전통적인 분야인 온도 · 습도 · 열 · 가스 · 조도 · 초음파 센서부터 원격 감지 · SAR · 레이더 · 위치 · 모션 · 영상 센서 등 물리적 센서까지도 포함한다. 기존 센서들은 활용 기기마다 개별적으로 이용되었으나 현재에는 표준화된 인터페이스와 정보 처리 능력을 내장한 스마트 센서 형태로 발전되면서 사물인터넷 산업 발전에 큰 영향을 주고 있다. 또한 기존에는 온도만 측정했다고 한다면 이제는 그 온도가 미치는 영향에 대해 인지하고 이와 연관된 다른 행동을 실행하는 형태로 냉 · 난방기를 가동하거나, 창문을 열고 닫는 발전하고 있다. 나아가 생체측정기술 분야에서도 활발히 활용되고 있으며, 혈압, 혈당, 온도, 심박수 등 신체의 여러 기관에 대한 측정을 통해 의료 진단 분야와 융합해 원격 진료 등의 형태로 발전되고 있다. 하지만 의료 부분은 타 분야와는 달리 개인에 따라 많은 다양성을 내포하고 있고 업계의 높은 진입 장벽으로 인해 발전 범위의 한계가 아직 존재한다.

6. 무엇이 필요한지 알아서 예측하는 기계학습

컴퓨터 또는 기계가 사용자의 행동이나 생각을 예측하여 행동하는 보다 편리한 생활환경을 만들어내기 위해 끊임없는 시도가 이뤄졌다. 많은 업체들이 다양한 분야에서 접근해봤지만 의외로 이렇다 할 성과를 낸 플랫폼이나 인터페이스는 매우 적다. 냉장고 문에 디스플레이를 설치하여 문을 열지 않고도 식품의 신선도를 확인하고 우유나 달걀을 냉장고가 알아서 수문해 주는 서비스는 예측 기반 인터페이스의 가장 보편적인 예다. 하지만 여전히 활성화되지 않는 이유는 예측의 범위가 너무나 단편적이기 때문이다. 우유가 떨어졌다고 해서 반드시 우유를 사지는 않는다. 이제까지는 저지방 흰 우유를 먹었지만 이후로는 초코 우유나 커피 우유를 주문할 수도 있다. 그만큼 사람의 생각을 예측하는 것은 단순한 선택 분야일수록 더 어렵다. 이러한 이유로 복잡한 예측 분야에서의 성공 사례가 오히려 주목받는다. 휴렛 패커드에서 퇴사 가능성이 있는 직원들을 추출하는 예측 프로그램을 완성하여 적용했는데 결과적으로 이직 가능성의 점수가 높은 40% 중 75%가 실질적으로 퇴사했다.

우유 구매와는 달리 더 복잡한 심경이 반영된 '퇴사' 라는 사람의 행동을 어떻게 예측할 수 있었던 것일까. 방대한 데이터에서 패턴을 찾아내고 해당 패턴을 분석하여 예측하는 알고리즘을 구현한 후 다시 여러 데이터를 통해 검증 및 추가 학습하여 예측을 완성하는 기계학습머신러닝, machine learning으로 해결할 수 있었다.

결과적으로 미래의 인터페이스는 매개의 역할을 뛰어넘어 인터페이스 자체에 기계학습을 적용하여 해당 상황에 필요한 서비스나 플랫폼을 스스로 판단하여 호출하는 형태로 발전할 것이다.

기계학습 분야에서 두각을 나타내고 있는 기업은 IBM이다. IBM의 왓슨Watson 연구소에서 개발한 인공지능 컴퓨터 '왓슨' 은 미국 ABC 방송의 퀴즈쇼 '제퍼디' 에서 우승하면서 세계의 이목을 집중시켰다. 퀴즈쇼에서 승리한 게 뭐 그리 대단한가라고 되물을 수 있지만 '제퍼디' 퀴즈쇼의 질문은 추상, 은유, 말장난이 가득한 퀴즈, 즉 완벽한 인간의 언어다. 심지어 74회 연속 우승자인 켄 제닝스를 비롯해 퀴즈쇼 금액 기준 최대 우승자 브래드 루터와의 대결에서도 승리했다. 다음은 '마지막 경계' 라는 주제로 왓슨이 맞춘 퀴즈 문제이다. "물질이 빠져나올 수 없는 블랙홀의 경계인 이 '이벤트' 에는 입장권이 필요 없다Tickets Aren't needed for this 'event', a black hole's boundary from which matter can't escape." 정답은 이벤트 호라이즌event horizon. 왓슨이 퀴즈를 푸는 방식은 기존의 데이터베이스를 기반으로 검색하는 방식과는 다르다. 왓슨은 350만 개의 위키피디아 문서와 850만 개의 뉴스 기사, 사전, 성경 등의 문서 단어 등을 데이터베이스화한 후 질문에 연관된 답안을 수집했다. 그런 다음 수천 개 답안 후보에서 우선 순위를 정하고 다시 검증하는 알고리즘을 통해 가장 높은 확률의 답을 선택하는 구조로 개발되었다. 결과적으로 이 놀라운 알고리즘은 기계학습의 가장 강력한 모범 사례가 되었고 이를 바탕으로 유통, 재무, 법률, 의료, 교육, 교통 등의 산업에 7,000개 이상의 앱으로 확장되어 활용되고 있다.

출처 : IBM.

▲ 제퍼디에 출연해서 우승한 '왓슨'

페이스북, 트위터, 구글, 애플, 마이크로소프트 등에서는 이러한 기계학습기술을 미래 주요 성장 동력으로 판단하여 관련 업체를 인수하거나 직접 개발하는 등 적극적인 행태를 보여주고 있다. 최근에 구글의 알파고가 이세돌 9단과의 바둑 대결에서 승리하면서 국내에서도 이러한 기계학습machine learning과 인공지능AI 붐이 일고 있다.

7. 지금은 생각을 연결할 때!

예측분석 방식인 기계학습은 사용자가 지금 무엇을 생각하고 있는지에 대한 해답은 찾아 주지 못한다. 상황을 분석해서 이런 것이 필요할 것 같다는 추측을 전달할 뿐이다. 스스로 생각하지 못했던 것, 본인이 원하는 것을 알려주거나 많은 시간을 들여서 찾아내야 하는 것을 알아서 찾아주는 것이 미래 기계학습이 주도하는 인터페이스 세상이다.

궁극적인 미래 인터페이스의 방향은 사용자의 생각을 알아내는 것이 아닐까? TV를 보다가 어제 읽던 로빈슨 크루소를 읽기 위해 현 환경에서는 책을 찾아 펴거나 태블릿을 찾아서 북 앱을 실행시키고 로빈슨 크루소를 선택해야 한다. TV에서 바로 로빈슨 크루소를 읽기 위해서는 태블릿과 TV를 연결하는 잭을 찾거나 블루투스를 통한 연결 프로그램을 실행해야 한다.

만약 TV가 사람의 생각을 연결한다면 TV를 보다가 로빈슨 크루소 책만 떠올려도 TV 화면에 어제 읽던 부분이 보일 것이다. 또 다른 예로 현관 센서가 사람을 구별해서 인식하고 생각을 알게 된다면 그냥 문 앞에서 '문 열어' 만 떠올리면 끝이다. 키를 가방에 넣는 것을 잊지 않으려고 노력하거나 혹시 두고 나온 것이 없는지 고민하지 않아도 된다.

아직은 꿈의 단계다. 사람의 생각은 너무 빠르고 휘발성이 강하며 동시에 많은 것들을 떠올리기 때문에 명령어와 스쳐 지나가는 생각을 구분하기에는 넘어야 할 산이 많다.

앞서 잠깐 소개했던, '생각으로 기기를 제어' 하는 분야가 뇌컴퓨터 통신 BCI Brain computer interface 다. BCI는 1920년대 독일 정신과의사 한스

베르거Hans Berger가 뇌파를 발견하면서 시작되었다. 두뇌 활동에 따라 여러 종류의 뇌파가 발생한다는 것을 바탕으로 각각의 뇌파를 인식하여 일부 특성을 추출한 후 이를 기계 신호로 변환하는 시스템이다. 1970년대 후반부터 대뇌피질 사이에 전극을 넣는 방식으로 시작해 최근에는 두피 외부에서 뇌파를 측정하는 착용식 장비를 통해 신호의 정확성은 낮지만 안전성과 상용화에 중심을 두고 발달되고 있다. 대표적인 예가 미국 NeuroSky, 호주의 Emotive system 사의 헤드셋이다. 이러한 헤드셋은 게임이나 다양한 상품에 활용되고 있다.

기업/제품명	제품 이미지	특징	활용사례
NeuroSky/ MindWave		▪ 79~175달러 ▪ 무선 USB 어댑터, 패시브 센서 ▪ 10시간 배터리 지속 ▪ 가이드, App CD	▪ 교육 ▪ 게임 컨트롤러
Emotive/ EPOC		▪ 299~399달러 ▪ USB 무선연결, 자이로 센서 탑재 ▪ 12시간 배터리 지속 시간 ▪ 14개의 뇌파 센서 부착, 30여 개의 의도 및 감정 인식 & 표정 변화 감지	▪ 게임 컨트롤러 등 엔터테인먼트 ▪ 뇌파연구 등 의료연구 활용 기대

출처 : NeuroSky, Emotive.

BCI 솔루션에서 뇌파를 인식하는 부분은 이용자의 '집중'과 '이완' 상태에 따라 결과 값을 다르게 도출하는 방식으로 콘텐츠를 조작한다. NeuroSky 헤드셋을 기반으로 출시된 게임들은 이용자가 집중하면 적의 포탄이 느려지거나 아군의 속도가 빨라지는 형태로 게임 진행을 유리하게 만든다. 여전히 BCI만으로 키보드나 마우스를 대체할 수는 없지만 지속적인 모듈 개발과 다양한 뇌파 인식이 가능해진다면 실생활에서의 활용 가치는 무한할 것이다.

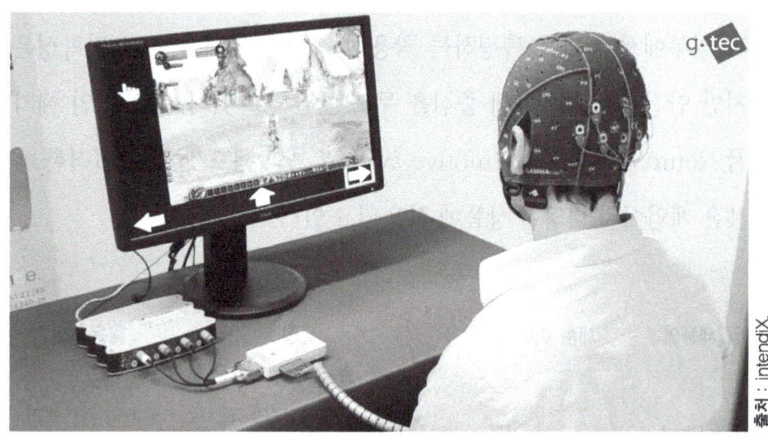

▲ 시스템을 착용하고 'World of Warcraft'를 하는 장면

애플이 주도했던 모바일 인터페이스의 혁명처럼 지금의 뇌파 인식 인터페이스는 또 다른 형태의 인터페이스 기기가 필요할 것으로 보인다. 지금과 같은 헤드셋이나 모자를 쓰는 형태로는 확산이 어려워 보인다. 이용하기에 여전히 불편하기 때문이다. 다양한 감정과 생각을 인지하는 기술의 발전도 이루어져야 하겠지만 생각을 다른 사물에 전달하는 인터페이스 분야도 지금과는 다른 형태로의 전환이 필요하다. 어떠한 인터페이스 방식이 '꿈의 영역' 이었던 생각의 정보를 연결하고 확산시킬 수 있을까? 어쩌면 터치 인터페이스처럼 우리가 늘 사용하고 있는 친숙한 방식일 수도 있을 것이다.

현실인가 가상인가, 빠르게 진화 중인 가상현실 VR

1. 가상현실과 360도 동영상은 다르다?
2. 영상 콘텐츠의 패러다임을 뒤흔든 가상현실
3. 가상현실에 관한 실리콘밸리의 '같은 듯 다른 생각'
4. 3D TV의 실패, 전화위복 혹은 전철 밟기
5. 정체 중인 미디어 산업의 새로운 방향을 제시하다
6. 가상현실 확산의 원년, 2016년

1. 가상현실과 360도 동영상은 다르다?

360도 동영상은 가상현실 경험의 시작

2015년은 주요 IT 기업들의 360도 동영상 서비스 및 제품 출시가 본격화된 한 해였다. 먼저 온라인 동영상 서비스 기업인 유튜브는 3월, 대표적 SNS 기업인 페이스북은 9월에 360도 동영상을 지원하기 시작했다. IT 기업을 대표하는 구글은 구글 카드보드를 통한 가상현실 동영상 시청 기기를 출시하고 삼성 역시 Gear VR 정식 출시와 함께 Gear 360이란 VR 촬영 장치도 함께 출시하는 등 시장의 확대 조짐이 나타나고 있다.

360도 동영상이란 어떠한 것인가? 기존 동영상은 2D 카메라를 통해 촬영한 영상 콘텐츠를 모바일, 컴퓨터 모니터 그리고 TV 등 2차원 영상을 제공하는 기기들을 통해 감상할 수 있었다. 콘텐츠 및 디스플레이 기기 특성상 사용자는 항상 고정된 자세와 시선으로 디스플레이 기기 속의 한 곳만을 바라볼 수밖에 없었다. 이는 곧 영상 콘텐츠를 수동적으로만 경험하게 되는 구조인 것이다. 예를 들어 전쟁 영화 감상 중에 주인공의 뒤편에 적이 나타나 총소리가 난다고 해도 디스플레이 기기 속 영상 콘텐츠의 시선이 바뀌지 않는 한 시청자는 결코 주인공 뒤쪽을 볼 수 없다.

360 동영상은 기존 2D 콘텐츠의 수동적 감상, 제한적인 시선 처리에서 벗어나 영상 속 주인공을 중심으로 상하좌우 전 방향을 통틀어 바라볼 수 있게 제작한 콘텐츠이다. 즉, 실제 세계의 사람처럼 원하는 방향으로 시선을 돌리는 데로 모든 것을 볼 수 있는 동영상인 것이다. 근

래 유튜브나 페이스북에 올라오는 360 동영상의 대다수는 이러한 시점을 기반으로 실사 영상을 촬영하여 만든 것으로 사용자가 마우스나 모바일의 터치를 통해 원하는 방향으로 돌려볼 수 있게끔 제작 및 제공하고 있다.

가상현실VR은 여기서 한발 더 나아가, 실사 이상의 경험을 제공하는 것을 목표로 하고 있다. 가상현실Virtual Reality란 이름처럼 가상 속 세계이지만 사용자가 바라보는 방향과 움직임에 맞춰 영상 속 주인공의 배경, 시선, 움직임이 실시간으로 달라지는 것이다. 즉, 가상현실 장치를 쓰고 바라보는 장치 속 영상을 제외한다면 실 세계에서 사람의 시선 처리, 움직임과 동일한 경험을 제공하는 것이다.

몰입감과 양방향 상호작용을 통한 현실과 가상의 경계를 허물다

가상현실의 최종 지향점은 눈 앞에 펼쳐진 영상이 사용자의 시선과 몸, 손 등의 움직임과 일치하여 이질감 없이 마치 현실 속에 있는 느낌을 주는 것이다. 이를 위해 가상현실 기술에 투자하는 업체들은 몰입감 넘치는 360 영상과 사용자 조작 경험의 혼합을 통해 단순한 360 동영상과 다른 기술우위 확보 및 차별화된 사용자 경험의 제공을 목표로 하고 있다.

2. 영상 콘텐츠의 패러다임을 뒤흔든 가상현실

영상 촬영의 새로운 시도

가상현실 영상의 제작 방식은 보통 컴퓨터그래픽, 실사 촬영, 컴퓨터그래픽 + 실사 합성으로 나뉜다. 컴퓨터그래픽은 현재까지 가장 보편적이고 작업이 용이한 방식이다. 가상현실 영상은 유저가 360도 어느 위치에서든 감상할 수 있도록 모든 영상 소스나 위치 데이터를 확보해야 하는데 컴퓨터그래픽 방식은 가상현실 환경구현에 필요한 데이터를 가장 쉽게 만들 수 있는 기법이다. 작업에서 얻어지는 데이터는 가상현실 환경을 구현하는 데 필요한 모든 데이터를 포함하고 있다. 따라서 기존 컴퓨터그래픽 기반의 1인칭 시점 슈팅게임FPS들은 가상현실 콘텐츠로 손쉽게 전환될 수 있어 많은 관심을 받고 있다.

실사 기반 가상현실 영상은 많은 촬영 장비와 고난이도의 편집작업이 요구된다. 먼저 실사 촬영을 위해 최소 3대에서 최대 16대의 촬영 카메라가 필요하다. 그리고 여러 개의 카메라를 장착한 상태에서 이동이 가능한 장치도 필요하다. 실사 촬영 후에는 카메라별로 촬영한 영상들을 합성하고 각 카메라의 위치 데이터를 종합해야 하기 때문에 전용 편집 소프트웨어도 필요하다. 컴퓨터그래픽 기반의 가상현실 영상에 비해 실사 영상 공급이 적은 것도 콘텐츠 제작의 어려움과 높은 제작비용 때문인 것이다.

현재 실사 가상현실 영상 촬영에는 액션캠의 선두 기업인 고프로GoPro 제품이 가장 많이 활용되고 있다. 가볍고 외부 충격에 강하기 때문에 움직임이 많은 영상 촬영에 많이 활용되고 있다. 촬영에는 다수의 액션캠을 장착할 수 있는 특수 촬영용 거치대Rig를 사용하게 된다. 360히어로스360Heros, 프리덤360Freedom360 등의 업체들은 고프로의 액션캠을 부착해 360도 영상 촬영이 가능한 장비를 판매하고 있다. 고프로는 6대의 액션캠을 장착할 수 있는 직육면체 모양의 장비인 스페리컬 솔루션

Spherical Solution을 개발해 판매 중이다.

▲ 촬영도구 사진 : Gopro freedom 360(좌), Gopro 360 heros(우)

구글은 가상현실에서도 스마트폰과 동일한 오픈소스 플랫폼 기반의 전략을 추진 중이다. 먼저, 구글은 제조사와 상관없이 일정 사양을 만족하는 모든 안드로이드 스마트폰에서 가상현실 영상을 이용할 수 있는 구글 카드보드Google Card board를 출시했다. 2015년 최대 16대의 카메라 장착을 지원하여 360도 가상현실 영상 촬영이 가능한 구글 점프Google Jump 플랫폼을 발표했다. 구글 점프는 촬영한 영상들의 합성 및 실사 영상을 가상현실 영상으로 전환하는 기능, 유튜브를 통한 가상현실 동영상 플레이어, 16대 카메라의 360도 배치 및 장착이 가능한 촬영 거치대로 이루어져 있다. 가장 중요한 점은 오픈소스 기반의 플랫폼이므로 모든 업체들이 하드웨어 생산 및 소프트웨어 사용이 가능하다는 것이다. 구글 점프를 이용하는 가상현실 영상 제작자들은 카메라 제조사와 상관없이 어떤 종류의 카메라라도 사용 가능하다.

이러한 오픈소스 정책을 통해, 구글은 전문 업체와 제작자들을 비롯해 개인 사용자들까지 쉽고 편리하게 가상현실 영상 제작 및 공유에

▲ 구글 I/O 2015에서 Jump 플랫폼 발표

나서도록 유도하고, 360도 동영상 서비스를 제공하는 유튜브에서 이용 가능한 콘텐츠를 확보한다는 명확한 전략을 세웠다.

단순 시청이 아닌 체험으로의 콘텐츠 소비 패러다임 전환

TV가 발명된 이후, 소비자들의 영상 콘텐츠 소비와 관련된 제품들은 더 깨끗하고 생생한 화질 구현을 통해 최대한 실물과 가까운 느낌을 표현하고 전달하는 것에 중점을 두고 발전해 왔다. 즉, 더 높은 해상도, 생생한 밝기, 화사한 색상 등 영상의 표현능력 향상에 치중해 왔고 소비자들은 수동적인 입장에서 디스플레이 기기가 전달해 주는 정보를 일방적으로 수용하고 시청하는 위치에 놓여 있었다.

하지만 가상현실 기술을 사용한 콘텐츠는 시각만을 자극한 기존의 콘텐츠와 달리 인간의 오감을 동시 자극할 뿐만 아니라 실제와 동등한 수준의 공간적 · 시간적 체험을 제공한다. 이를 통해 이용자의 콘텐츠 몰입도가 크게 향상되었고 가상현실 영상 속에서 스스로 보고자 하는 부분을 선택해서 경험할 수 있게 되었다.

특히, 오큘러스는 가상현실 기술의 특성을 활용하여 기존의 전통적인 콘텐츠 시청 경험을 혁신적으로 바꾸는 것을 연구해온 대표적인 가상현실 연구 기업이다.

오큘러스에서 처음으로 제작한 가상현실 영화 '로스트Lost' 에는 가상현실 기반의 새로운 시청 경험을 잘 느낄 수 있는 요소들이 반영되어 있다. 여러 장면들을 시간의 흐름에 따라 수동적으로만 시청 가능한 전통 영화의 기법에서 벗어나 가상 공간에 만들어진 '공간' 과 '이벤트' 를 관객이 능동적으로 선택하고 감상하는 방식을 제시했다. 시청자는

▲ 영화 "Lost"

가상현실 전용 기기인 오큘러스 리프트Oculus Rift를 착용하고 영화 속 가상 공간을 직접 움직이며 다양한 사건들을 직접 경험할 수 있다. 체험하는 식으로 진행된다. 관객의 선택에 따라 등장하는 장소와 사건들이 달라지기 때문에 한 개의 영화에서도 매번 다른 영상을 감상할 수 있다. 특히, 눈에 보이는 화면이 본인의 의도와 움직임과 일치하기 때문에 가상현실과 사용자 간 일체감이 극대화되는 것이다.

해외 방송 미디어 업계에서는 미래에는 더 이상 2차원적인 TV를 통한 시청은 사라지고 별도의 장비를 착용하고 360도 가상현실 영상을 즐길 것이란 전망들이 나오고 있다. 국내에서도 MBC, SBS 같은 지상파 방송국이 360도 가상현실 방송을 준비하고 있으며, 이미 시범 제작을 하여 모바일 등으로 제공하고 있는 추세이다.

특히 북미 스포츠채널 ESPN은 2015년 1월 세계 최초로 북미 아이스 하키 리그NHL 경기를 360도 동영상으로 실시간 중계를 했다. 아이스하키 선수들의 몸에 부착된 카메라를 통해 경기장 내부 및 경기를 1인칭 시점으로 실시간 중계를 하여 시청자들에게 획기적인 시청 경험을 제공한 것이다. NHL 및 ESPN 관계자들은 운동선수 시점의 중계 방송이 아이스하키의 현장감을 극대화하는 데 효과적이었다고 평가했다. ESPN의 시범 중계는 360도 가상현실 방송이 스포츠 중계에 새로운 시대를 열어줄 수 있음을 증명한 좋은 시도였다.

3. 가상현실에 관한 실리콘밸리의 '같은 듯 다른 생각'

페이스북, 오큘러스 인수로 포문을 열다

페이스북의 오큘러스 VR 인수 절차가 2014년 7월 마무리되었다. 총 인수금액은 약 20억 달러로, 2012년 페이스북의 인스타그램 인수가격인 10억 달러의 두 배를 넘는 규모였다. 개발자를 겨냥해 출시한 오큘러스 리프트 개발자 도구DK를 제외하면 일반소비자 대상으로 제품을 출시한 적이 없는 회사에게 페이스북은 2013년 영업이익30억 달러의 절반이 넘는 금액을 투자한 것이다.

2012년 7월 설립된 오큘러스 가상현실은 고글 형태의 헤드셋 '오큘러스 리프트'의 상품화를 목표로 하고 있었다. 당시 오큘러스 가상현실은 크라우드 펀딩 플랫폼인 Kickstarter를 통해서 2012년 9월 약 9,000명의 후원자와 약 240만 달러의 투자금을 모집했다. 이후 두 차례의 투자 라운드를 진행하여 인수 직전까지 약 9,500만 달러, 우리나라 돈으로 약 1,000억 원 가량의 투자금을 유치하는 데 성공했다. 그 당시 실리콘 밸리의 스타트업 투자가 소프트웨어 및 새로운 비즈니스 영

▲ 오큘러스 Rift 단말기(좌)와 사용 모습(우)

역을 창출하는 회사에 집중된 점을 감안하면 보기 드문 하드웨어 스타트업인 오큘러스에 대한 실리콘 밸리의 관심이 매우 뜨거웠다는 것을 반영하는 결과였다.

페이스북이 오큘러스를 인수한 직후, 마크 저커버그는 2014년 2분기 실적 발표에서 페이스북이 가상현실에 집중적으로 투자할 계획을 밝히며 "가상현실이 문자와 동영상을 잇는 차세대 콘텐츠다" 란 발언을 해 인수 결과에 대한 높은 기대감을 표출했다. IT 업계 전문가들은 페이스북이 2014년 2분기에 당초 기대를 뛰어넘어 29억 달러 매출, 7억 달러의 영업이익을 기록하는 등 막대한 현금을 끌어 모으며 급성장하고 있지만, 애플의 iOS와 아이폰, 구글의 안드로이드 같은 자체 플랫폼을 확보하지 못한 상태에서 오큘러스 인수를 향후 새로운 플랫폼 확보의 주요 발판으로 삼고자 하는 전략인 것으로 판단했다.

이로부터 1년 뒤인 2015년 페이스북의 실적을 분석해 봐도 가상현실에 관한 경영진의 여전한 의지를 파악할 수 있다. 2015년 2분기 실적은 전년도 같은 기간 대비 39% 증가한 40억 달러의 매출을 기록했다. 반면, 2분기 영업이익은 전년도 같은 기간보다 약 10% 감소한 7억 달러에 머물렀다. 데이비드 워너 페이스북 CFO는 가상현실 관련 인적 자원 확대 및 기술개발 투자로 인해 2분기 영업이익이 대폭 줄었다고 언급했다. 실제로 재무제표를 보면 2015년 2분기 가상현실 관련 연구개발에만 무려 11억 7천만 달러를 쓴 것으로 나와 있는데, 이는 전년도 같은 기간보다 2.4배 증가한 금액이다.

마크 저커버그는 페이스북의 가상현실 투자가 더욱 늘어날 수 있다는 뜻을 밝히기도 했다. 저커버그는 "가상현실이 문자와 사진, 동영상

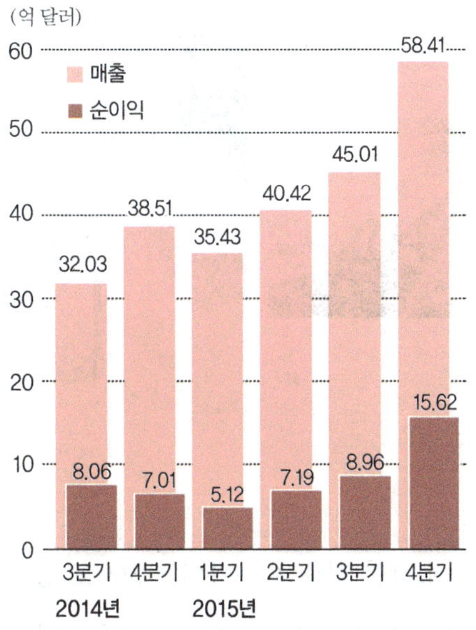

▲ 페이스북 매출, 영업이익 추세도

을 잇는 차세대 주력 콘텐츠가 되리라고 확신하며, 궁극적으로 가상현실은 사람들의 생각을 공유하는 플랫폼이 될 것이다. 따라서 오큘러스 전용 헤드셋 리프트의 성공을 위해 더 노력할 것이다"라고 2분기 실적 컨퍼런스 콜에서 발언했다.

현재 페이스북은 가상현실 전용 기기인 오큘러스 리프트 출시에 앞서 연관 콘텐츠의 조기확산에 주력하는 추세다. 페이스북은 2015년 9월부터 360도 동영상 서비스 제공을 시작했다. 페이스북 유저들이 현장감을 느낄 수 있는 동영상을 선호한다는 분석에 기반하여 360도 동영상 제공을 하게 되었다고 한다. 페이스북 유저는 페이스북에 올라온 동영상 화면의 커서를 드래그하거나 단말기를 회전시키는 방식으로도 시청 각도를 조정하여 감상할 수 있다.

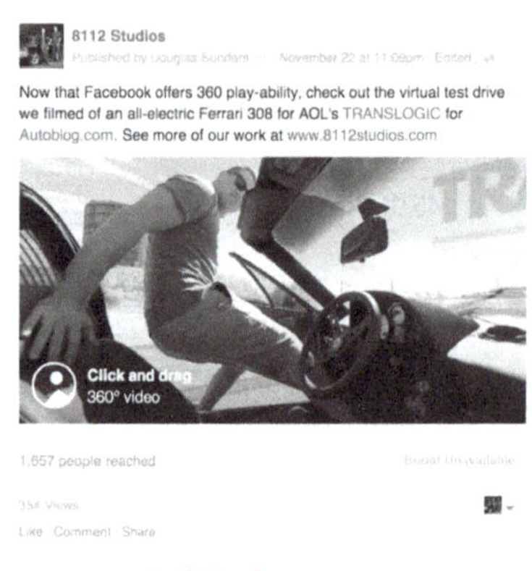

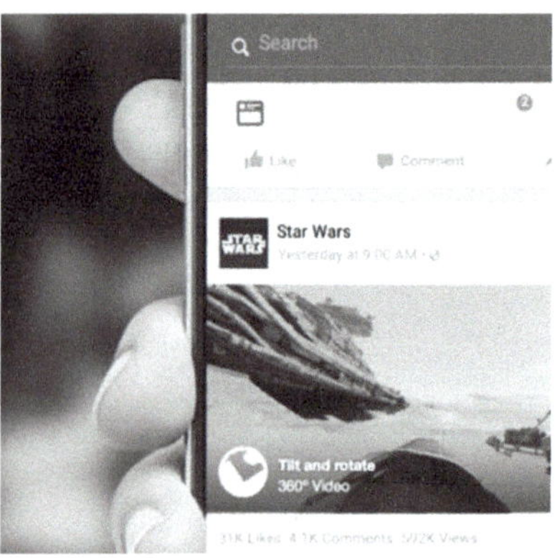

▲ 360도 동영상 광고

가상현실의 초보적인 형태로 평가되는 360도 동영상이지만 세계 최대 규모의 소셜미디어란 경쟁우위 요소를 활용하여 사용자들의 자발적이고 광범위한 360도 동영상 업로드 및 공유를 촉발시키는 페이스북의 전략은 일반 소비자 대상 가상현실 확산의 관문 역할수행에 부족함이 없어 보인다. 또한 360도 동영상 광고와 같은 새로운 마케팅 수단을 광고주 진영에 제공하는 것 역시 페이스북의 주요 수익원인 광고 시장을 더욱 강화하고 가상현실에 대한 지속 투자를 가능하게 하는 선순환 구조를 창출할 것으로 기대된다.

새로운 플랫폼 창출을 위해 오큘러스 리프트 같은 기기 보급과 콘텐츠 확보, 지속가능한 수익 모델 창출 등을 퍼즐 조각 맞추듯이 단계별로 진행해 나가고 있는 셈이다. 페이스북의 향후 미래가 더욱 궁금해지는 이유이기도 하다.

유튜브와 손잡고 시장 점유에 나선 구글

구글은 가상현실 시장에서도 오픈소스 기반의 전략을 추진하고 있다. 구글의 전략은 기존 다른 분야의 전략과 동일하다. 스마트폰의 운영체제인 안드로이드를 오픈소스 플랫폼으로 제공하는 것처럼, 가상현실 디바이스를 오픈소스 형태로 제공하는 것이다. 스마트폰에서 소프트웨어 플랫폼을 오픈소스로 제공하여 주도권을 잡은 것처럼 가상현실에서도 하드웨어 플랫폼을 오픈소스로 제공해 단기간 동안의 확산을 꾀하는 방식이다.

2014년 6월 구글이 공개한 카드보드Cardboard를 보면 구글이 생각하는 방향을 쉽게 이해할 수 있다. 오큘러스 리프트와 같이 제품 내부에 별도의 디스플레이가 존재하는 가상현실 전용 제품이 아닌, 스마트폰의 스크린 자체를 가상현실 감상을 위한 디스플레이로 활용하는 방식이다. 구글이 제안한 카드보드 타입의 헤드셋은 골판지와 플라스틱 렌즈, 접착 테이프, 자석, 고무줄 등으로 구성된다.

카드보드 도면은 누구나 해당 웹사이트를 방문하면 다운받을 수 있

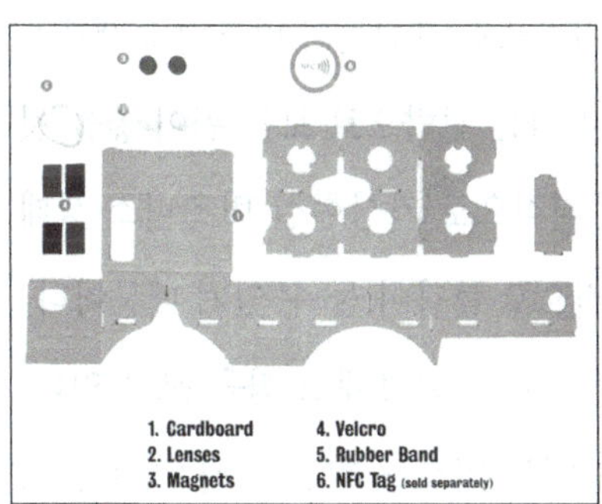

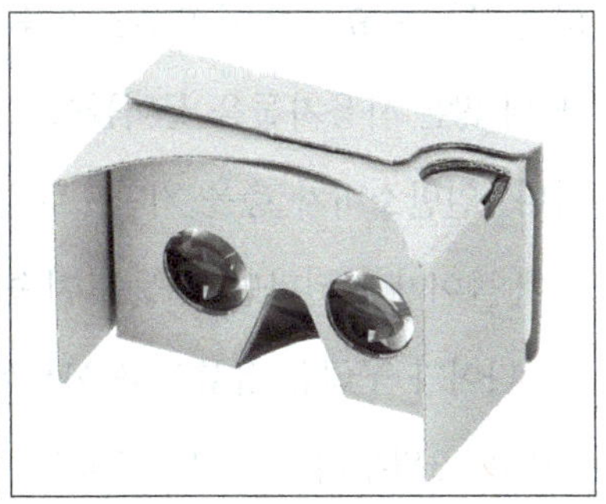

▲ 카드보드

다. 2015년 10월 기준으로 1,500만 건 이상 다운로드 건수가 기록될 만큼 반응도 좋은 편이다.

안드로이드를 바탕으로 한 스마트폰인 구글의 넥서스 시리즈와는 달리 카드보드는 아직 공식 제조사를 지정하지는 않았다. 생산을 희망하는 제조사는 'Manufacturers Kits'을 다운받아 기본 디자인을 유지한 상태에서 다양한 스타일의 카드보드 제품을 만들기만 하면 된다. 해당 키트에는 제품 구성, 제품 명칭 등 생산 · 판매와 관련된 상세한 가이드 라인이 포함되어 있다. 카드보드 웹사이트에는 다양한 제조사들의 목록이 올라와 있는데 디자인 및 재질에 따라 약 15~85달러까지 다양한 가격대에 걸쳐 평균 25달러 내외 가격으로 판매되고 있다.

나아가 구글은 카드보드 관련 서비스 확대를 위해 가상현실 콘텐츠 제작을 위한 Android SDK, Unity SDK와 같은 다양한 제작 도구를 지원하고 있으며 구글 플레이에서 'Apps for Google Cardboard' 라는 항목으로 관련 앱들을 한곳에서 모아 제공하고 있다.

품질 및 완성도 측면에서 카드보드는 타 경쟁사들의 전용 제품들에 비해 부족한 부분들이 있는 건 사실이다. 그러나 카드보드에 대한 구글의 투자는 주요 전략인 오픈소스를 기반으로 자신들의 비즈니스 생태계에 더 많은 사용자들을 끌어들이고자 하는 전략으로 보는 편이 좋을 것이다. 일반소비자 층을 기반으로 본격적으로 가상현실 비즈니스 생태계에 들어가게 된다면, 그들을 지속적으로 붙잡아 둘 수 있기 때문이다.

나아가 구글은 유튜브를 이용한 콘텐츠 확보에도 힘을 쓰고 있다. 2015년 3월부터 유튜브에 360도 동영상 업로드 지원을 시작했다. 세계 최대 동영상 플랫폼인 유튜브에서 기존 동영상과 다른 경험을 주는

360도 동영상을 본격적으로 확산하겠다는 의지다.

특히 모바일용 유튜브 앱에서 360도 동영상을 선택하면, 스마트폰이나 태플릿의 움직임에 맞춰 동영상 내부의 각도 역시 따라 움직이며 시청할 수 있을 만큼 사용자 경험에 많은 신경을 썼다. 나아가 2015년 11월부터는 구글 카드보드를 기반으로 한 360도 동영상도 유튜브에서 볼 수 있게 지원하고 있다. 카드보드에 스마트폰을 끼운 상태로 유튜브에서 가상현실 동영상을 찾은 후, 카드보드 아이콘을 클릭하면 몰입감 있는 시청을 할 수 있다. 2015년 연말에는 백악관 투어를 가상현실로 제작한 '360 홀리데이 투어 투 더 화이트 하우스360 Holiday tour to the white house'를 제공해 화제를 일으키기도 했다.

▲ YouTube 360 홀리데이 투어 투 더 화이트 하우스

물론 사용자와 기기 간 상호작용 등 능동적인 이용환경 속에서 제공되는 본격적인 가상현실 서비스와 비교하면 초보적 완성도를 보이지만, 가상현실 경험의 입문으로는 충분하다고 여겨지고 있다.

구글이 하드웨어 플랫폼에 대해 초기부터 오픈소스 플랫폼 전략을 추진하는 것은 가상현실이 처음이다. 스마트폰 비즈니스 경험을 바탕 삼아 가상현실 초기 단계부터 하드웨어-소프트웨어-콘텐츠까지 하나의 완성된 비즈니스 생태계를 구축하려는 움직임으로 보인다.

삼성과 애플, 스마트폰 비즈니스 생태계 유지를 위한 새로운 동력원

2016 모바일 월드 콩그레스 MWCMobile World Congress 발표에서 가장 스포트라이트를 받은 것은 마크 저커버그의 찬조 연설과 전시장에 설치된 5천 대의 기어VRGear VR였다. 참석자들은 삼성전자가 준비한 가상현실 기어를 착용하고 가상현실 영상을 감상하며 발표를 듣기 시작했다. 삼성전자가 모바일 월드 콩그레스에서 전달하고자 한 메시지는 가상현실 기술에 대한 큰 기대감의 표출이었고 이는 마크 저커버그의 등장으로 더욱 강렬하게 입증되었다.

삼성전자와 페이스북 간의 전략적인 파트너쉽 구축은 스마트폰 비즈니스 생태계 속 삼성과 구글의 관계를 떠올리면 쉽게 이해가 될 것이다. 구글은 안드로이드 플랫폼의 단기간 확산에 필요한 하드웨어 플랫폼이 필요했고 삼성은 아이폰을 따라 잡을 수 있는 OS 플랫폼이 필요했기 때문에 전략적 제휴가 이루어진 것이다. 사용자 수만 놓고 보면 애플을 뛰어넘는 대성공을 거두었다. 새로운 비즈니스 생태계인 가상현실에서도 구글과 삼성의 협력이 필요한 시점이 된 것이다. 오큘러스를 인수한 페이스북과 모바일 시장에서 판매대수 기준으로 세계 1위를 기록하고 있는 삼성의 만남은 서로 간의 부족한 부분을 채워주는 관계라고 할 수 있다. 특히 아직까지 컴퓨터 연결이 필요한 고가의 오큘러스 제

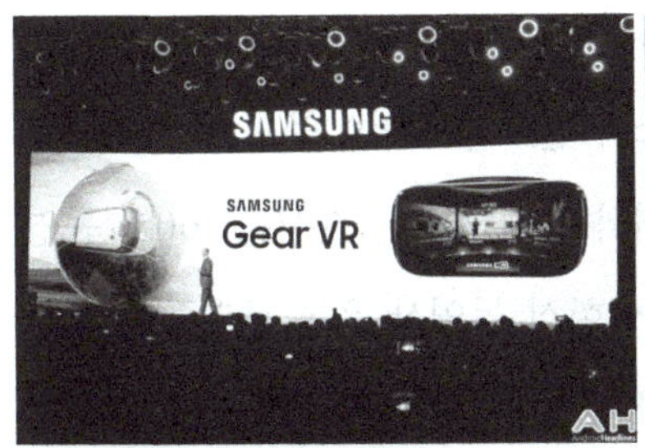

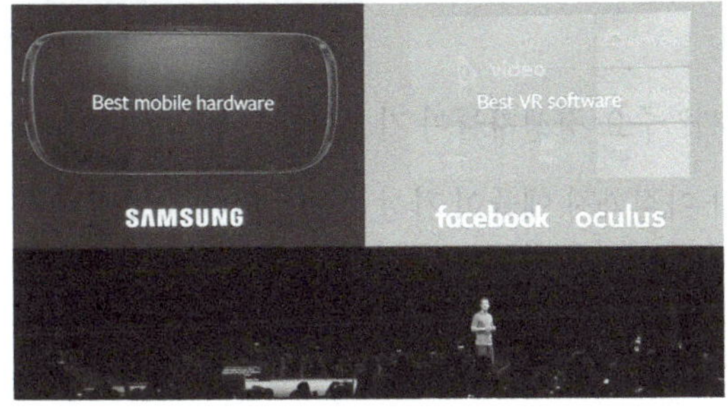

▲ MWC/VR Gear

품보다는 스마트폰 연결을 통해 쉽게 가상현실 영상 감상이 가능한 모바일 기반 가상현실 제품이 소비자들에게는 훨씬 더 매력적으로 다가오기 때문에 가상현실 플랫폼을 자처하는 페이스북에게 삼성의 중요성은 매우 크다고 할 수 있다.

마찬가지로 삼성전자는 2014년 하반기부터 영업이익이 지속적으로 하향 곡선을 그리고 있으며, 특히 중국 시장에서 판매 순위 10위까지 떨어지는 등 세계 1위 스마트폰 기업의 자리를 위협받고 있다. 스마트폰의 차별화가 점점 더 어려워지고 있는 와중에 중국 기업에서 내놓은 중저가 모델들의 등장은 스마트폰 시장이 컴퓨터 시장과 마찬가지로 가격 중심으로 움직이고 있다는 것을 나타내고 있다.

애플과 같이 자체 생태계를 완성하지 못한 삼성으로서는 스마트폰과 연동을 통해 자사 제품을 구매하고자 하는 소비자에게 새로운 가치를 줄 수 있는 새로운 제품과 서비스가 필요한 시점이었고 이에 가상현실을 첫 번째 대안으로 선택했다. 이와 함께 삼성은 손쉬운 360도 동영상 촬영이 가능한 360VR, 자체 가상현실 동영상 유통 플랫폼인 밀크VR도 출시해 콘텐츠 제작-유통-감상까지 가능한 가치 사슬의 완성을 시도하는 것으로 보인다.

애플의 경우는 어떨까? 주요 경쟁자들이 가상현실에 관심을 지속적으로 표시한 것과는 달리 아직까지 애플이 가상현실에 대해서 공식적으로 입장을 표명한 적은 없다. 다만 2015년 4분기 실적 발표에서 팀 쿡이 가상현실 시장 전망에 대한 질문에 "가상현실 단말은 매우 멋지며, 흥미로운 활용 분야가 있다고 생각한다"고 답을 한 점, 가상현실 관련 특허 출원 및 가상현실 관련 기술을 보유한 업체들을 지속적으로 인수

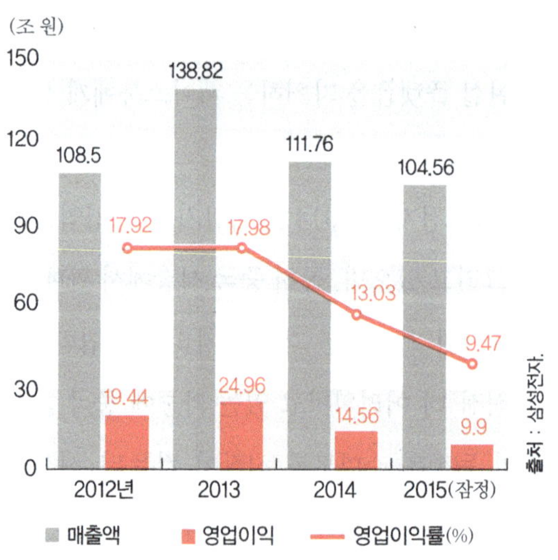

▲ 삼성전자의 최근 IM 부문 실적

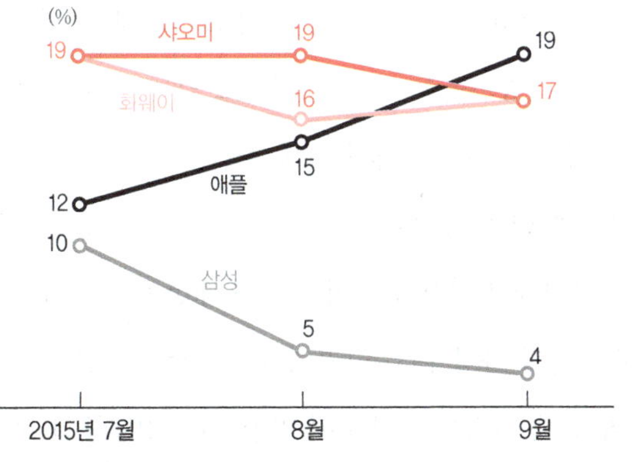

▲ 올해 중국 스마트폰 시장 점유율

하고 있는 점들을 감안하면 비공개로 개발을 하고 있는 것으로 추측된다. 실제로 2016년 1월 29일 미국 경제지 파이낸셜 타임즈는 애플이 신규 수익 확보를 위해 수백 명으로 구성된 가상현실 단말 개발팀을 조직하고 프로토 타입을 개발해 왔다는 보도를 했다.

애플의 아이폰 판매량은 매년 지속적으로 증가하고 있다. 2016년 1분기는 7,477만 대를 판매해 사상 최고치 실적이 예상되며, 스마트폰

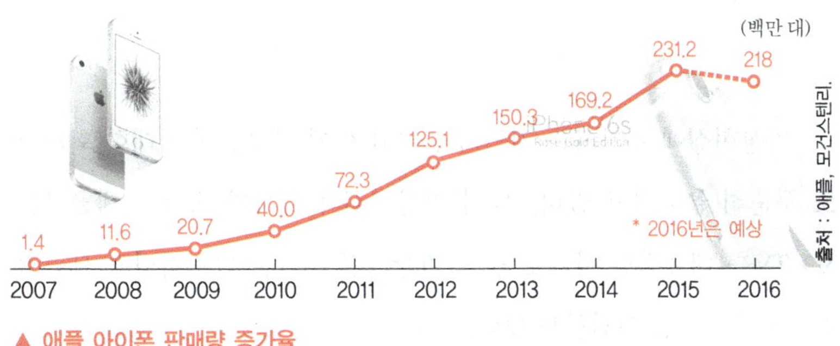

▲ 애플 아이폰 판매량 증가율

시장의 전체 이익 중 90%를 가져갈 만큼 압도적인 경쟁력을 갖고 있다. 그러나 분기별 판매 증가율은 점차 떨어지고 있는 상태로 애플의 강세인 프리미엄 스마트폰 시장이 성숙기에 돌입하면서 더 이상 폭발적인 성장을 기대하기 어려운 상태이다. 훨씬 저렴한 가격에 유사한 경험을 제공하는 중국 업체들의 성장과 위협 역시 중대한 변화요인이다.

애플 역시 자사의 가장 큰 수익영역인 스마트폰 비즈니스 생태계에 다시 한번 변화를 줄 시점이기 때문에 비공개로 개발 중인 모바일 가상현실 단말기를 조만간 출시할 것이라는 예상이 가능하다.

다만 애플만의 차별화된 서비스와 콘텐츠까지 아우르는 생태계를 만들어 온 애플의 특성상 가상현실 콘텐츠 확보를 위해 어떠한 방향으로 접근할 것인지는 매우 흥미로운 포인트이다. 콘텐츠 제작부터 유통까지 이미 앞서나가는 구글이나 페이스북과는 달리 애플에게는 아직 이렇다 할 움직임이 없는 상황이기 때문이다. 아이튠즈로 대표되는 음악 유통산업의 혁신을 만든 애플의 방정식이 가상현실에서도 동작할지 지켜볼 부분이다.

4. 3D TV의 실패, 전화위복 혹은 전철 밟기

3D TV와 같은 실패는 더 이상 없다

가상현실에 투자하는 기업의 증가와 함께 가상현실에 대한 회의론도 꾸준히 늘어나고 있다. 특히 가상현실과 유사한 경험을 제공하는 3D TV를 대표적인 사례로 들며 가상현실도 잠깐 반짝거리고 사라질 제품이라고 하는 의견들도 많다.

3D TV는 2010년 주요 TV 제조사들이 더욱 생생한 입체감을 제공하는 TV로 대대적인 홍보와 함께 출시한 제품이다. 별도의 전용 안경을 쓰면 시청 중인 TV 콘텐츠를 입체감을 느끼면서 볼 수 있다. 출시 시점부터 문제가 된 건 별도의 안경을 필히 착용해야 하고 3D 전용 콘텐츠가 미미하다는 점이었다. 당시 제조사들은 사용자 편의성을 위해 안경을 최대한 가볍게 만들거나 인체공학적 설계를 한 안경을 출시했으나 안경을 써야 하는 근본적인 불편함을 해소하지 못해 사용자들의 불편함에 대한 호소는 계속해서 발생했다. 가장 큰 문제는 기존 영화 제작사, 방송 제작사 등 콘텐츠 제공자들의 3D 전용 콘텐츠 제작 시도가 매우 낮았다는 것이다. 실사 3D 콘텐츠를 제작하기 위해서는 별도의 전용 3D 촬영 장비들이 필요했으나 기존 카메라 대비 높은 가격 등으로 인한 제작사들의 비용 부담이 많은 점이 큰 원인이었다. 기존 2D 콘텐츠를 3D로 변환해서 볼 수 있는 기술도 개발해 봤지만 전용 콘텐츠보다 입체감이 훨씬 떨어졌기 때문에 사용자들의 호평을 듣긴 어려웠다. 결정적으로 소비자들이 TV라는 한정된 크기의 디스플레이를 수동적인 자세로 바라보는 것만으로는 만족을 느끼지 못했기 때문에 더 이상 시장이 크지 못한 것으로 볼 수 있다. 가상현실 회의론자들은 3D TV의 이러한 주요 실패 요인인 콘텐츠 부족, 불편한 사용 경험 등을 들며 가상현실 역시 같은 길을 걸을 것이란 의견을 내놓고 있는 것이다.

하지만 가상현실의 경우 3D TV와 차별화되는 긍정적인 신호들이 여러 곳에서 나타나고 있다. 먼저 기술적으로 3D TV와 달리 더 성숙하고 진보됐다는 것. 3D TV는 왼쪽 눈과 오른쪽 눈으로 각기 다른 영상 정보를 보여줌으로서 원근감을 느끼게 하는 착시 현상을 유발하는 기술이었다. 매우 단순한 기술로 입체감을 느낄 수 있지만 현실 세계와 같은 사실감을 제공한다고 보기는 어려웠다. 반면 가상현실은 헤드 트래킹 기술과 접목한 전용 기기를 통해 360도 시야를 제공함과 더불어 상호작용이 가능한 이용장치까지 개발되고 있다.

현실 세계와 분리된 가상 공간 속에서 또 다른 현실 세계 속에 들어온 것처럼 느낄 수 있다는 점에서 기술적 차이가 크다고 볼 수 있다.

가상현실 콘텐츠 제작에 있어 필요한 장비 개발 · 제작 · 유통 역시 3D 촬영 카메라와 비교할 수 없을 정도로 빠르게 확산되고 있다. 3D 카메라와 달리 가상현실 촬영에 필요한 촬영장비의 기술 진입 장벽과 가격 부담이 훨씬 더 낮기 때문이다. 3D 촬영은 동일한 피사체에 대해서 좌우 영상을 따로 찍어서 다시 하나의 영상으로 만들어야 되기 때문에 동일한 사양의 카메라가 똑같이 1개 더 있어야 한다. 하지만 가상현실은 이와 달리 다양한 방식들이 존재한다. 예를 들어 상대적으로 가격이 저렴한 액션 카메라를 활용하는 방식이 대표적이다. 액션 카메라의 렌즈 화각에 따라 3～16개를 이어 붙이기만 하면 가상현실 영상을 촬영할 수 있다. 혹은 180도에 가까운 화각을 자랑하는 어안 렌즈초광각 렌즈를 앞뒤로만 붙여 촬영해도 가상현실 영상을 촬영할 수 있다. 최근에는 삼성전자의 360 기어, 엘지전자의 360 CAM 등 양질의 중저가 보

▲ 가상현실 체험

급형 가상현실 촬영 장비들이 속속들이 시장에 모습을 드러내고 있다.

콘텐츠 유통 측면에서도 전혀 다른 양상을 보이고 있다. 3D TV의 경우 TV 제조사들이 3D 콘텐츠 유통을 위한 애플리케이션을 따로 만들어 운영했다. 콘텐츠 확보 및 유통보다는 TV 제품 판매를 위한 최소한의 마케팅 목적이 더 크다 보니 콘텐츠의 지속적인 공급이 제대로 되지 않았다. 하지만 가상현실은 유튜브 및 페이스북 등 소셜 미디어 기업들이 직접 전용 콘텐츠 확보 및 유통을 위한 플랫폼을 제공하고 있다. 이미 유튜브에 360도 동영상이 400만 개 이상 올라온 사실을 보면 이미 3D TV의 사례와는 상황이 다르다고 할 수 있다.

마지막으로 가장 큰 우위요인은 3D TV와 차원이 다른 사용자 경험이다. TV라는 수동적 디바이스의 제약에서 벗어나지 못한 3D TV와 달리 가상현실은 사용자의 시선과 의도에 맞춰 콘텐츠 감상이 가능하며, 상호작용까지 결합 가능한 매우 능동적인 시청 경험을 제공한다.

가상현실 확산은 먼저 GAME부터

온라인 게임 유통 플랫폼 스팀Steam으로 유명한 밸브는 대만의 주요 스마트폰 제조사인 HTC와 제휴를 통해 스팀 가상현실 기기인 '바이브Vive'를 연내 출시할 계획이라고 밝혔다. 밸브에서 운영 중인 '스팀'은 약 4,500개의 게임과 가입자 수가 1억 명이 넘는 메이저 온라인 게임 플랫폼이다. 밸브는 자사의 강점이 가상현실 시장에서 영화 콘텐츠 진영보다 우위에 있는 것으로 판단하여, 게임 콘텐츠를 통해 주도권 확보 차원에서 가상현실 시장 진출을 선언한 것이다.

이미 밸브는 일부 개발자들에게 무료로 개발자용 바이브 기기를 제공하고 기존 보유 콘텐츠들을 가상현실 버전으로 개발하여 기존 게임 콘텐츠들을 가상현실 버전으로 다시 개발하는 등 기존 게임 제작사들의 적극적인 가상현실 게임 시장 동참을 유도하는 중이다.

특히 밸브는 오픈소스 기반의 스팀 VR을 주도해 다양한 가상현실 단말 제작사들이 쉽게 새로운 단말을 개발할 수 있도록 지원하고 있다. 결국 스팀 플랫폼에 올라온 가상현실 게임 콘텐츠를 이용할 수 있는 가상현실 기기들의 출시를 권장하고 이는 다시 가상현실 게임 콘텐츠 제작사 유인으로 이어져 스팀 VR 플랫폼의 영향력이 점차 확대될 것으로 보인다.

결국 현 시점에서 가상현실 시장은 게임 콘텐츠를 통해 빠르게 성장할 것으로 예상된다. 세계 온라인 게임 시장의 강자인 밸브를 비롯해 콘솔 게임시장의 지배자인 소니와 마이크로소프트도 진출을 선언한 상황이기 때문이다. 특히 오랜 기간 동안 게임 제작-유통-구매의 가치사슬이 탄탄한 게임 시장 특성상 가상 현실 게임 제작 및 기기 보급도 어려움 없이 기존 게이머들에게 쉽게 전파될 것으로 보인다. 또한 얼리어답터 성향이 강한 게임 소비자들을 잘 활용할 경우, 가상현실 시장의 초기 확산에 매우 도움이 될 것이다.

5. 정체 중인 미디어 산업의 새로운 방향을 제시하다

넷플릭스 및 MVPD 들의 가상현실 콘텐츠 확보 및 투자

세계 최대 온라인 비디오 스트리밍 서비스업체인 넷플릭스는 오큘러스 VR과의 제휴를 통해 2015년 9월 24일부터 가상현실 영화 콘텐츠

▲ 넷플릭스 리빙 룸

를 제공하기 시작했다. 넷플릭스는 기존의 넷플릭스 앱을 활용하지 않고 별도의 가상현실 콘텐츠 시청만을 위한 전용 앱을 출시했다. 넷플릭스 리빙 룸으로 이름 붙여진 새로운 앱은 가상현실 공간 안에서 TV 프로그램이나 영화를 감상할 수 있게 만든 것이다. 단순히 콘텐츠만을 보여 주는 것이 아니라 가상 공간 속 소파에 앉아 스크린을 볼 수 있게 만든 것이다. 다시 말하면, 집이 아닌 커다란 극장에 앉아 대 화면으로 감상하는 경험을 주기 위해 만든 것이다.

넷플릭스의 앱은 오큘러스 리프트 기기로 감상 가능하며, 2016년 상반기 오클러스 리프트 정식 출시에 맞춰 상용화될 것으로 보인다.

주요 할리우드 영화 제작사인 20세기 폭스도 오큘러스 스토어에 100개 이상의 가상현실 영화를 제공할 예정이라고 밝혔다.

특히 무엇보다 IT 기술 변화에 보수적이었던 전통적인 방송사업자들도 가상현실에 대해서 많은 관심을 보이고 있다. 케이블 TV 업계의 연구기관인 케이블랩스는 소비자 대상으로 실시한 가상현실 필드 테스트 결과 해당 기술에 대한 소비자 관심이 매우 높은 것으로 드러났다고 밝혔다. 이는 미국 유료 TV 사업자들의 가상현실에 대한 적극적인 투자배경을 잘 설명하는 내용이다.

북미 최대 케이블 TV 사업자인 컴캐스트는 2015년 11월 가상현실 방송 기술업체 NextVR에 3,050만 달러를 투자했으며, 가상현실 애니메이션 스튜디오 Baobab Studios, 가상현실 소프트웨어 스타트업 Alt space VR 등에도 투자했다. 북미 위성 TV 사업자 디렉트티비DirecTV 역시 2015년 10월 가상현실로 격투기 경기의 하이라이트를 시청할 수 있는 스마트폰 앱을 출시해 화제가 되었다.

외부 변화에 상대적으로 느린 대응을 보여온 미국 유료 TV 사업자들의 이러한 시도는 매우 이례적으로 보인다. 이는 넷플릭스와 같은 온라인 비디오 콘텐츠 사업자의 급속한 성장에 따라 기존 비즈니스 모델이 흔들리고 있기 때문인 것으로 보인다. 새로운 콘텐츠 플랫폼이 될 수 있는 가상현실에서마저 주도권을 빼앗긴다면 더 이상 사업의 성장을 기대할 수 없기 때문에 한동안 공격적인 방향으로 나설 것이 확실시된다.

뉴욕타임즈와 구글의 만남, 가상현실 저널리즘의 시작

미국 주요 언론매체인 뉴욕타임즈New York Times는 구글과의 협력관계를 구축해 구글 카드보드를 2015년 11월 7일 자사 유료구독자들에게 무료로 제공했다. 뉴욕타임즈는 구글과의 협력을 통해 가상현실 영상 콘텐츠를 제공하여 기존 가입자의 이탈방지와 신규 구독자와 신규 광고 확보 등을 추구하고자 하는 것으로 보인다. 이들은 카드보드 배포와 함께 전용 가상현실 서비스인 NYT VR 앱을 출시했다. 함께 출시한 다큐멘터리 '더 디플레이스드The Displaced'는 주요 분쟁지역인 수단 · 우크라이나 · 시리아 어린이 3명의 이야기를 담아 어린이 난민 사태의 심각성을 간접 체험할 수 있게 제작했다. 이 콘텐츠는 높은 몰입도와 생생한 감정이입을 제공해 호평이 잇따랐다.

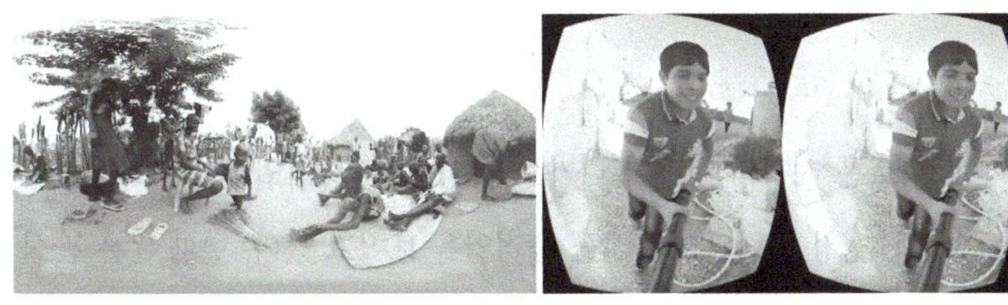

▲ 뉴욕타임즈, Vrse

언론계에서는 저널리즘에 가상현실을 덧입히는 것이 독자들을 새롭게 끌어들일 수 있는 혁신적인 수단으로 여기고 있다. 뉴욕타임즈와 함께 가상현실 콘텐츠를 제작한 업체인 Vrse 설립자 Chris Milk는 가상현실을 통해 독자들이 평소 갈 수 없었던 장소로 이동하여 그 곳의 사람들을 만날 수 있다는 점을 들며, 가상현실이 독자의 역할을 관찰자에서 참여자로 바꾸는 수단이 될 수 있다고 강조했다.

가상현실을 활용한 저널리즘에 대한 기대는 높지만 본격적인 확산을 위해서는 시간이 걸릴 것으로 예상된다. 먼저 독자들이 가상현실을 감상할 수 있는 기기의 보급률이 낮고 언론사들의 가상현실 제작을 전담할 새로운 인력 고용, 장비 투자 비용이 적지 않기 때문이다. 따라서 기존 수익 모델과 다른 새로운 형태의 수익 모델 개발 없이는 경영 환경이 점차 악화되는 언론사들에게 쉽지 않은 도전이 될 것으로 보인다.

오히려 자칫 가상현실에 적극적으로 투자하는 소셜 미디어 업체들에게 저널리즘의 주도권을 내줄 수도 있는 계기가 될 가능성도 다분히 있을 것으로 예상된다.

6. 가상현실 확산의 원년, 2016년

2016 가상현실 기기 출시 확산

스마트폰 시장의 정체가 다가오면서 주요 IT 기업들마다 가상현실을 새로운 성장 동력원으로 삼을 움직임을 보이고 있다. 한때 많은 관심을 모았던 소니의 HMD처럼 예전부터 언급된 개념이긴 하나 스마트폰 시장의 예상보다 빠른 정체와 저가의 누구나 쉽게 사용 가능한 가상현실 단말기들이 등장하면서 빠르게 성장하고 있다.

사실 가상현실 기기의 첫 판매량은 매우 미미했다. 2014년 첫해 판매량이 20만 대에 불과했고 이로 인해 언론이나 소비자들의 관심을 끌어내지 못했다. 그러나 2015년에 구글 카드보드 호환들의 출시와 삼성 Gear VR 출시 제품에 힘입어 벌써 약 270만 대가 판매되고 있고 판매량은 2016년에 더욱 늘어날 것으로 예상된다. 비슷한 시기에 조금 더 빨리 시장에 등장한 스마트워치 시장이 3년차에 폭발적으로 성장한 점에 비추어 볼 때, 가상현실 시장 역시 3년차인 2016년에는 대중화된 제품과 서비스가 나타난다면 시장에 성공적으로 안착할 수 있을 것으로 예상된다. 가상현실 단말이 아직 초기 시장임에도 불구하고 이미 다양한 곳에서 활용을 목적으로 검토하고 있는 것도 가상현실 시장 확산에 도움이 될 것으로 보인다.

가상현실 대중화를 위한 소비자-친화적 가상현실 생태계 환경 조성

시장이 빠르게 성장하기 위해서는 유튜브와 같이 일반 소비자들도 손쉽게 영상을 만들고 업로드하여 이용할 수 있는 환경이 조성되어야 한다. 하지만 현재 일반소비자가 가상현실 영상 콘텐츠를 제작하기 위해서는 360도 카메라로 촬영한 파일을 컴퓨터로 옮기고 전문 편집 소프트웨어를 이용해 영상을 통합한다. 그리고 완성된 파일을 다시 유튜브 등에 업로드해야 하는 과정을 거쳐야 한다. 즉, 촬영 후 별도의 편집 작업이 필요하기 때문에 전문인력이 아니면 쉽게 영상을 제작 · 배포하기 어렵다. 즉, 본격적인 가상현실 방송을 위해서는 대부분의 과정을 소비자가 스스로 할 수 있어야 한다.

현재 일반 동영상의 유튜브 업로드 사례를 보면 촬영에서 등록까지의 과정이 스마트폰에서 가능하다. 이러한 면에서 2015년 5월 구글이 발표한 '구글 점프' 는 일반소비자들에게 가상현실의 진입 장벽을 낮춘 의미 있는 첫 시도라 할 수 있다. 구글 점프는 촬영된 영상을 점프에 업로드하면 바로 360도 영상으로 변환해주고 유튜브 360으로 업로드할 수 있게 쉬운 편의성을 지원한다. 소비자 관점에서는 네트워크 기능이 포함된 가상현실 카메라로 촬영 및 자동 편집 후 즉시 업로드할 수 있는 플랫폼을 선호할 것이다. 따라서 이런 환경을 빠르게 조성하는 사업자가 가상현실 생태계 조성 경쟁에서 우위에 설 수 있을 것이다.

마지막으로 가상현실 생태계를 세분화하면 가상현실 콘텐츠 유통과 이를 촬영하고 감상하기 위한 기기 분야로 나눌 수 있다. 콘텐츠 유통에서는 구글의 유튜브360, 페이스북, 오큘러스 VR 등 기존 플랫폼 사업자뿐만 아니라 삼성의 밀크 VR, 밸브의 스팀 VR 등 플랫폼 경쟁력을 확보하려는 새로운 사업자들이 등장하고 있다. 여기에 넷플릭스 등 온라인 동영상 플랫폼 사업자도 속속 가상현실 환경을 지원하고 있다. 이처럼 이처럼 가상현실 콘텐츠 유통 플랫폼에서는 경쟁이 치열하지만 가상현실 기기 분야에서는 기기 보급이 느린 편이다. 하지만 삼성, 엘지를 비롯한 주요 IT 기업들이 2016년부터 보급형 가상현실 촬영/감상 기기를 출시하기 시작하였다. 스마트폰으로 사진을 찍고 바로 페이스북에 올리는 것처럼 가상현실 콘텐츠도 일반 소비자들이 직접 촬영해서 바로 페이스북이나 유튜브에 쉽게 올리는 시점이 멀지 않았다.

디스플레이

1. 평판 디스플레이 기술의 시작과 끝은 어디인가?

2. 2016년, 국내 디스플레이 산업은 왜 빨간 불?

3. 디스플레이에서 말하는 8세대 · 10.5세대, 무엇을 의미하고 왜 중요한가?

4. 후발주자, 중국기업의 추격이 만만찮다

5. LCD 디스플레이 미래기술, 신소재에 주목하라

6. 중대형 OLED TV, 휘어지는 디스플레이는 언제쯤 대중화되는가?

7. 미래의 디스플레이는 우리의 삶을 어떻게 바꿔줄까?

1. 평판 디스플레이 기술의 시작과 끝은 어디인가?

평판 디스플레이라고 표현하는 디스플레이 기술은 우리 생활 전반에서 사용되고 있다. 일반적으로 생각하는 TV, 컴퓨터, 모니터, 스마트폰, 태블릿뿐만 아니라 전자광고판, 자동차 전자계기판, 냉장고용 액정 등 우리의 주변에 디스플레이는 생활 깊숙이 자리 잡고 있다.

평판 디스플레이 기술의 역사는 1888년 액정소재의 발견 이후 1962년 RCA[Radio Corporation of America] 연구소에서 평판 전자 디스플레이에 대한 연구를 하면서 시작되었다[출처 : wikipedia Liquid Crystal]. 과거 널리 사용되었던 브라운관은 1897년에 개발되어 1930년 이후 방송 관련 기술이 접목되면서 텔레비전의 형태로 대중에게 알려지게 되었다. 2000년 이후 브라운관을 대신하여 플라즈마 디스플레이[PDP]와 액정 디스플레이[LCD]가 서로 경쟁하면서 세계 디스플레이 시장은 폭발적으로 성장했다. 최근에는 유기발광 다이오드[OLED], 휘어지는 디스플레이 등이 차세대 평판 디스플레이 기술로 각광받으며 기업과 학계에서 연구개발을 진행

출처 : LG디스플레이, 삼성디스플레이.

▲ **CRT**(브라운관) **디스플레이**(1966년)(좌)**와 Curved UHD LED TV**(2016년)(우)

중이다.

일반적으로 평판 디스플레이는 크게 스스로 빛을 낼 수 있는 발광형 디스플레이와 추가적인 광원이 필요한 비발광형 디스플레이로 나뉜다. 발광형의 대표적인 기술로는 브라운관, 플라즈마 디스플레이, 유기발광 다이오드가 있고, 비발광형의 대표적인 기술로는 액정 디스플레이LCD가 있다. 그 외에 전계방출 디스플레이FED, 진공형광 디스플레이VFD, 전기변색 디스플레이ECD, 전기영동 디스플레이EPD 등의 기술들은 잘 알려져 있진 않지만 지속적으로 연구가 진행 중인 기술들이다.

평판 디스플레이의 종류

발광형	비발광형
CRT(브라운관 디스플레이)	LCD(액정 디스플레이)
ELD(전계발광 디스플레이)	ECD(전자변색 디스플레이)
FED(전계방출 디스플레이)	EPID(전기영동 디스플레이)
PDP(플라즈마 디스플레이)	TBD(착색입자 회전형 디스플레이)
VFD(형광표시판 디스플레이)	SPD(분산입자 배향형 디스플레이)
LED(발광 다이오드 디스플레이)	

출처 : 삼성디스플레이.

다른 분야도 마찬가지지만 기술의 발전과 시장에서 소비자의 선택은 항상 유기적으로 움직이고 있다. 요즘은 시장에서 제품을 찾아보기 힘들지만 2015년 말까지도 인도에서는 브라운관 TV를 생산했고, 플라즈마 디스플레이는 기술적인 장점이 분명히 있음에도 액정 디스플레이와의 경쟁에서 밀려 시장에서 제품을 더 이상 찾아보기 어렵다. 유기발광 다이오드는 액정 디스플레이 시장을 금방이라도 대체할 것 같이 보였지만 생산수율 문제 등 여러 가지 기술안정화가 지연되면서 중대형 TV 시장 진입이 예상보다 늦어지고 있다. 휘어지는 디스플레이는 대부분의 공정이 유기발광 다이오드와 겹치기 때문에 중대형 유기발광 다이오드 기술이 안정화가 되는 시점부터 급격한 성장이 가능할 것으로 보이고, 잠시 유행하다 관심에서 사라진 3D 디스플레이 기술은 홀로그램 등을 이용한 새로운 방식으로 새롭게 시장에 선보이기 위해 기술개발이 진행 중이다.

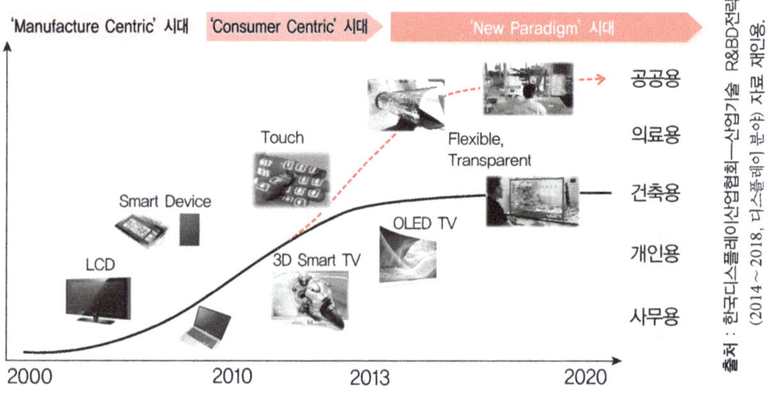

▲ 디스플레이 기술발전 로드맵

그렇다면 평판 디스플레이 기술의 끝은 어디일까? 한국디스플레이산업협회에서 작성한 '디스플레이 기술발전 로드맵'에서 평판 디스플레이 기술발전의 종착점을 대략적으로 유추해 볼 수 있는데 거기서는 휘어지는 디스플레이와 투명 디스플레이가 우리의 삶을 다양하게 변화시키는 시점까지를 일단 설명하고 있다. 이와 관련된 상세한 내용은 마지막 장에서 더 자세히 살펴보고자 한다.

2. 2016년, 국내 디스플레이 산업은 왜 빨간 불?

디스플레이 분야는 한국이 세계시장에서 기술력과 시장점유율에서 앞서 있는 중요한 산업이다. 반도체와 더불어 국내의 대표적인 장치산업으로 분류되는 디스플레이 산업은 핵심 기술을 바탕으로 대규모 시설 및 장비투자를 통해 지속적인 수익창출이 가능하다는 장점을 가지고 있다. 특히 산업 내에서 하나의 기술이 시장을 주도하는 것이 아니라 여러 가지의 기술들이 경쟁을 통해 시장에서 선택되고 도태되면서 산업성장을 꾸준히 유도하고 자동차나 건축 등 다른 산업으로의 확장성도 높아 앞으로도 지속적인 발전이 예상되는 산업이다.

디스플레이 산업은 크게 다양한 부품과 소재를 기반으로 한 후방산

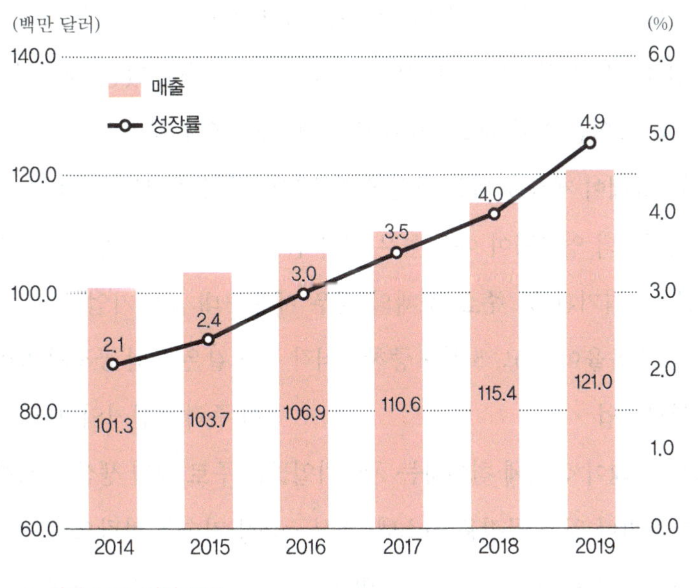

▲ 세계 LCD 시장 규모

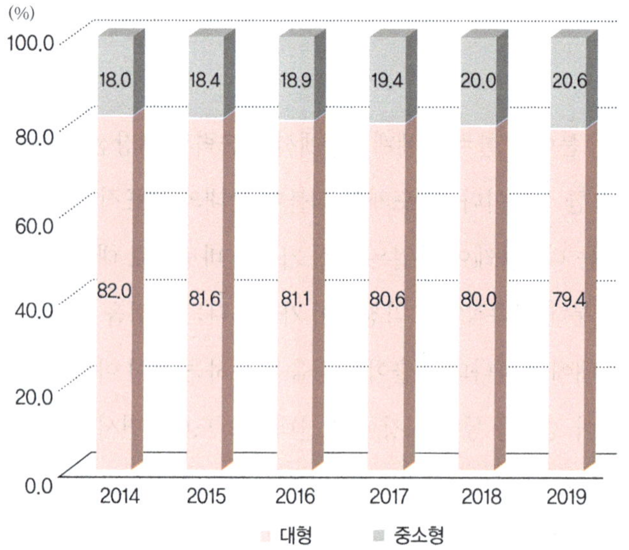

출처 : 2015~2019 Global TFT-LCD Display market(Infiniti Research, 2015)

▲ 세계 LCD 시장 매출액 기준 화면크기별 비중

업, 반제품 패널을 이용하여 TV, 모바일 기기, 모니터, 노트북 컴퓨터 등의 완제품을 생산하는 전방산업, 그리고 그 중심에 있는 생산기술을 집약하고 있는 평판 디스플레이 패널 제조산업으로 구분된다.

디스플레이 제작을 위한 핵심 소재와 장비 분야는 일본, 미국, 독일 등 해외기업의 영향력이 아직 높은 것이 현실이다. 예를 들면 액정, 광학필름, 유리기판 등 주요 소재의 경우 세계 3대 소재기업[3M, Merck, Corning]의 점유율이 높고, 노광 · 증착 · 식각 등과 같은 핵심 공정의 장비들도 해외기업[TEK, Applied Materials, CANON, Nikon 등]이 주력 생산기업이다.

디스플레이 산업에 참여하는 국내기업들은 주로 패널 생산을 위한 자동화 장비나 일부 공정용 시스템, 검사 · 측정 기술을 바탕으로 성장해 왔기 때문에 수익구조가 점차 불안해지고 있다. 그 이유는 핵심 소재나 장비를 공급하는 해외기업은 생산량에 비례하여 지속적인 매출성장이 가능하지만 공정용 보조장비를 제작하는 국내기업들의 경우 대규모 플랜트 증설 초기 납품한 기계장치들은 감가상각 내용연수5~10년 내에서 꾸준히 사용되거나 소규모 개조작업만을 거쳐 계속 사용되기 때문에 새로운 증설계획이 없으면 수익이 감소할 수밖에 없는 구조를 지니고 있기 때문이다.

실제로 디스플레이 산업의 가파른 성장세가 꺾이기 시작한 2013년 이후 국내 장비 제작업체의 매출 및 수익성은 급격하게 감소하는 경향이 보인다. 특히 단순 물류 시스템 등 비교적 기술접근이 쉬운 분야의 경우 그동안 지속 성장해 왔던 기업들도 최근 자본잠식 혹은 도산하는 경우도 발생하고 있다. 이와 같은 상황에서 일부 기업들은 추가적인 증설계획이 발표되고 있는 중국이나 대만 쪽으로 수주 방향을 전환하고 있지만 현지 내 경쟁기업들의 추격도 격화되어 말 그대로 생존에 사활을 걸고 있다.

특히 국내 대표 디스플레이 패널 제조기업인 삼성디스플레이와 LG 디스플레이는 정부지원을 등에 업은 중국기업의 추격과 기존 기술에서 낮출 수 있는 원가경쟁력이 한계에 도달하여 핵심 전 단계前 공정만 국내에서 생산을 하고 단순 부품조립 등의 후 공정은 동남아 국가로 이전하는 방안을 검토하는 것으로 알려지고 있다.

전 세계 디스플레이 시장은 당분간 성장이 지속될 것으로 예상되고 있다. 하지만 국내 디스플레이 산업은 점차 성장이 위축되고 있고 참여기업들 역시 수익구조가 불안해지고 있기 때문에 이를 극복하기 위해 기술개발, 수출구조 개선 등 다각도로 노력을 해야 할 시점이다.

3. 디스플레이에서 말하는 8세대 · 10.5세대, 무엇을 의미하고 왜 중요한가?

중국 디스플레이 대표기업인 BOE사가 7조 원을 투자하여 LCD 10.5세대현재 삼성디스플레이, LG디스플레이는 8세대 공정 운영 중 공정을 2018년 하반기 양산을 목표로 2015년 12월에 공장 착공식을 가졌다는 소식이 알려지면서 국내 디스플레이 업계가 크게 긴장하고 있다.

우선 여기서 세대로 표기되는 단위를 중요하게 살펴볼 필요가 있다. 기본적으로 LCD 패널은 유리기판이라고 하는 얇고두께 0.5mm 이하 넓은가로, 세로 길이가 2m 이상 특수유리를 TV 크기에 맞게 분판하여 제작되고 있다. 이때 어떠한 세대의 유리기판을 기준으로 공정이 운영되는가가 그 기업의 생산능력을 대변한다고 할 수 있다. 참고로 얇고 넓은 유리기판을 생산하는 기술은 굉장히 어려워서 Corning사미국, NEG사일본 등 전 세계 몇 군데 기업만이 생산할 수 있는데 유리기판은 평판 디스플레이의 시작이 되는 핵심 소재이기 때문에 원가비중이 상대적으로 높은 편이다. LCD 디스플레이 시장의 급격한 성장은 유리회사들이 유리기판을 크게 생산할 수 있는 기술을 개발하고 나서부터였는데 이러한 사실은 잘 알려져 있지 않다.

그러면 중국 BOE사에서 준비하고 있는 10.5세대가 의미하는 건 무엇일까? 아래의 표에서 알 수 있듯이 8세대 유리기판 1장은 46인치 TV 8장 크기로 분판되어 제작된다. 현재 삼성디스플레이와 LG디스플레이가 8세대 생산공정을 운영하고 있다. BOE사에서 계획하고 있는 10.5세대 유리기판 1장은 48인치 TV 12장 크기로 분판이 가능한데 면

기판유리 8세대, 10.5세대 크기 비교

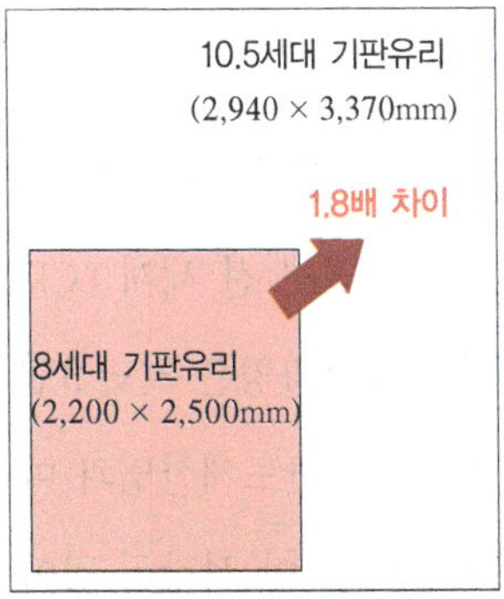

10.5세대 기판유리
(2,940 × 3,370mm)

1.8배 차이

8세대 기판유리
(2,200 × 2,500mm)

TV크기별, 세대별 매수 비교

	8세대	10.5세대
40인치	–	18장
46인치	8장	–
48인치	–	12장
52인치	6장	–
65인치	–	8장
75인치	–	6장

출처 : IHS, 디지털데일리.

적으로 비교해보면 10.5세대 유리기판이 8세대보다 1.8배나 넓기 때문에 생산량을 급격하게 늘릴 수 있다. 물론 공정을 위한 초기 투자비용은 굉장히 크고 1장이라도 불량이 발생하면 상대적 손실이 상승하는 단점도 있지만 생산공정이 안정화되면 원가경쟁력에서 우위에 설 수 있다.

그렇지만 10.5세대 패널을 생산하기 위해서는 여러 가지 해결해야 할 기술적인 난제가 남아 있다. 세계 최대 공정이기 때문에 다른 핵심 장비들도 추가적인 기술개발이 필요하고 기존 생산장비라 할지라도 생산장비의 크기가 급격히 커질 경우 예상치 못한 문제점들이 발생할 가능성이 높기 때문에 기술안정화에 얼마나 시간이 필요할지는 미지수이다. 현재까지는 일본 샤프Sharp사가 10세대 LCD 생산공정을 보유하고 있고샤프사는 2016년 4월 대만 홍하이사에 인수됨 삼성디스플레이와 LG디스플레이도 10세대 이상의 생산라인 착공을 오랫동안 검토하고 있지만 초기 투자비용과 국내 원가경쟁력 등을 고려해 쉽게 결정을 내리지 못하고 있는 상황으로 보인다.

4. 후발주자, 중국기업의 추격이 만만찮다

현재 전 세계 평판 디스플레이 시장에서는 중국기업이 세계 시장의 수요량을 고려하지 않고 생산량을 지속적으로 늘리면서 전 세계 LCD 디스플레이 공급과잉을 심화시키고 있다. 이러한 공급과잉은 지난 3년간 LCD 패널가격을 40% 이상 감소시켰고 일부에선 반도체산업과 마찬가지로 디스플레이 산업에서도 본격적인 '치킨게임' 이 시작된 것이 아니냐는 이야기도 조심스럽게 나오고 있다.

앞에서 언급한 대로 중국 BOE사는 10.5세대 공정을 준비하고 있고 이렇게 되면 당분간은 수요보다 공급이 많아지게 되는 시장의 불균형을 피할 수 없는 구조임에도 불구하고 중국기업들은 생산량 증가를 강행하고 있다. 이렇게까지 무리하게 증산전략을 펼치는 이유는 중국정부에서 앞으로 전 세계 디스플레이 산업주도권을 중국으로 가져가기 위해 막대한 지원금을 쏟아 붓고 있기 때문이다. 이러한 상황은 국내 디스플레이 산업을 점점 불안하게 만드는 요인이기도 하다.

하지만 국내 디스플레이 산업 전망이 무조건 부정적이지만은 않다. 최근 시장에서 선보이고 있는 퀀텀닷Quantum dot TV나 차세대 디스플레이 기술로 각광받는 OLED유기발광 다이오드, 휘어지는 디스플레이 등은 국내기업들이 그동안 지속적인 연구개발 투자를 통해 착실하게 기술을 개발해 왔기 때문에 일본 · 중국 · 대만 기업들이 단시간에 따라올 수 없는 뛰어난 기술을 갖고 있다.

디스플레이 역사에서 브라운관이 PDP를 거쳐 LCD로 기술흐름이 흘러갔듯이 머지않은 미래에 OLED나 휘어지는 디스플레이로 전환된

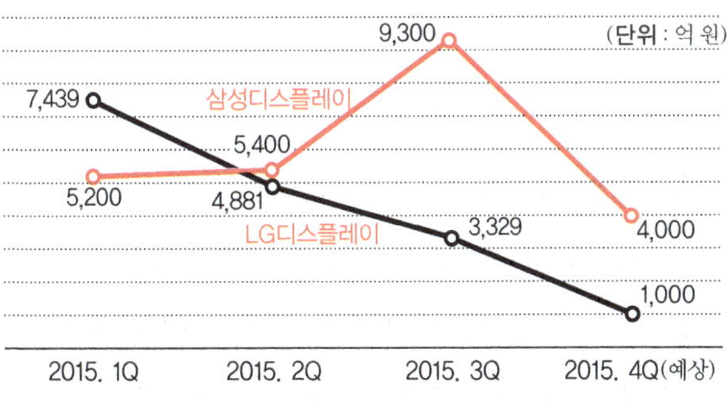

▲ 국내 주요 기업 영업이익추이(2015년)

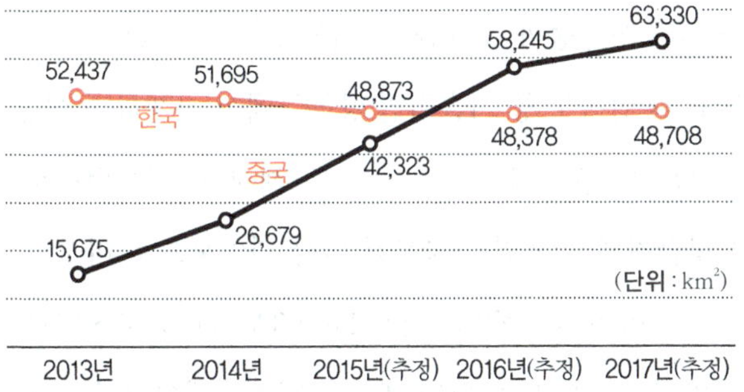

▲ 한국/중국 8세대 이상 LCD 패널 생산량 추이

출처 : 각 사, HIS, 동아일보.

다면 다시 한 번 국내 디스플레이 산업이 급격히 성장할 수 있는 계기가 될 수 있다. 어떤 산업이든 거시적인 관점에서는 기술의 발전속도에 따라 혹은 시장의 수요공급 원리에 따라 성장과 쇠퇴를 반복하면서 성장하기 마련이다. 현 시점에서는 국내 디스플레이 산업이 성숙기와 쇠퇴기에 가깝다고는 하지만 머지않아 기술적 우위를 바탕으로 새로운 성장 곡선을 그리게 될 것을 기대해 본다.

5. LCD 디스플레이 미래기술, 신소재에 주목하라

LCD는 전체 평판 디스플레이 시장의 90%를 차지하는 대표기술이다. LCD 기술을 제품의 특징별로 나누어 보면 1세대~2009년, 2세대~2013년, 3세대~2015년와 가까운 미래에 선보일 4세대 기술로 나누어 볼 수 있으며, 이를 세대별로 간략하게 정의해 보면 다음과 같다.

1세대 LCD 디스플레이1999~2009년는 비발광형 디스플레이 특성상 후면 발광을 위해 형광등과 유사한 장치를 사용했고 PDP플라즈마 디스플레이와 해상도, 응답속도 등 기술적인 항목들에서 경쟁하며 성장했다.

2세대 LCD 디스플레이2010~2013년는 고해상도, 고응답속도를 위한 기술향상이 뒷받침됐고 후면 발광부를 발광 다이오드로 바꾸면서 두께를 줄이고 해상도를 향상시켰다. 간혹 LED TV, LED 모니터로 불려지는 것들을 구매자들이 LCD가 아닌 새로운 디스플레이 기술로 오해하기도 하는데 이는 마케팅 관점에서 명칭을 다르게 사용한 것으로 LCD 기술로 이해하는 것이 맞다. 이 시기에는 3D 영상기능이나 인터넷 접속이 가능한 제품들도 함께 출시되었다.

3세대 LCD 디스플레이2014년~현재는 최근 시장에 출시되고 있는 곡면 디스플레이나 초고해상도UHD 제품에 사용되고 있으며, 평면 TV와는 달리 안쪽으로 휘어진 디스플레이는 보는 사람의 몰입도를 높일 수 있는 장점이 있다. FULL HD1,920×1,080 해상도보다 4배 이상 선명한 초고화질을 표현할 수 있는 프리미엄급 UHD 제품들도 현재 시장에서 판매되고 있다.

가까운 미래의 4세대 LCD 디스플레이는 소재가 중요한 역할을 할

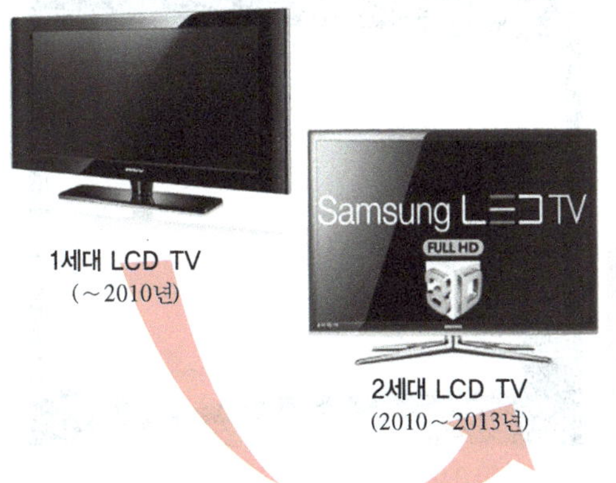

▲ 세대별 LCD TV

것으로 보인다. 국제 전자제품 박람회CES 2015에서 선보여 사람들의 눈길을 끌었던 퀀텀닷Quantum Dot TV는 이제 제품 출시를 눈앞에 두고 있다. 퀀텀닷 TV는 LED 후면 발광장치와 액정 사이에 새로운 소재인 퀀텀닷 필름을 추가하여 기존 LCD TV보다 색 재현력을 향상시킨 제품으

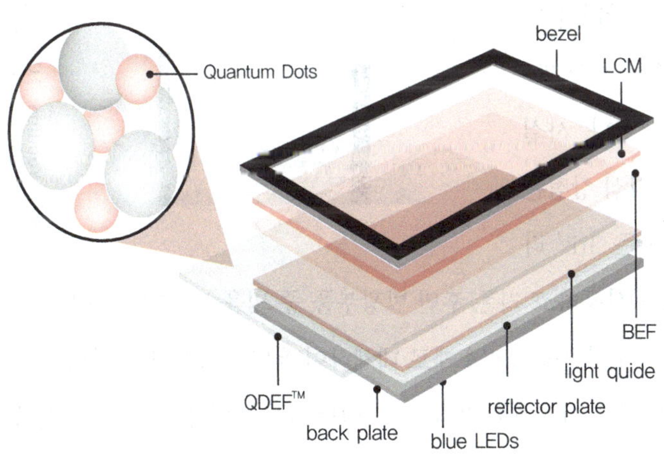

출처 : WIKIPEDIA(Nonosys)

▲ Quantum dot Film 모식도

로 S-UHD, Super 울트라 TV라는 용어를 사용하여 시장에서 마케팅되고 있다.

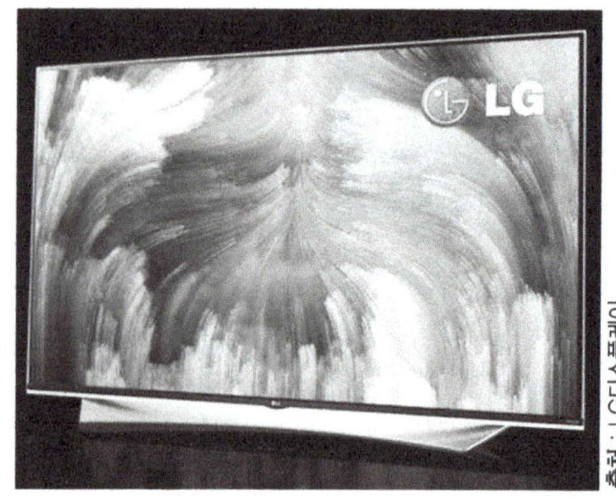

출처 : LG디스플레이.

▲ 퀀텀닷 TV

또한 퀀텀닷 나노파우더를 이용하여 OLED처럼 스스로 빛을 낼 수 있는 자체발광소자인 QLED양자점 발광다이오드 기술을 삼성전자가 국제 전자제품 박람회 2016에서 소개하면서 향후 OLED를 대체할 수 있는 기술로써 많은 주목을 받고 있다.

국제 전자제품 박람회 2016에서 또 다른 눈길을 끌었던 제품은 중국 Letv사에서 선보인 '세상에서 가장 얇은3.9mm 65인치 LCD TV' 였다. Letv사는 중국 판 넷플릭스로 알려진 미디어그룹으로 최근 TV 시장에 진출했다. 사실 이 제품의 핵심 장점은 코닝사가 만든 'Iris' 라는 신소재를 사용하고 기존 후면 발광부품 중 빛을 고르게 확산시키는 역할을 하는 도광판을 유리소재로 대체하여 패널 두께를 획기적으로 줄인 데 있다. 국제 전자제품 박람회CES 2015에서 코닝사가 'Iris' 를 선보인 후 Letv사에서 이를 이용해 65인치 LCD TV로 제작하여 국제 전자

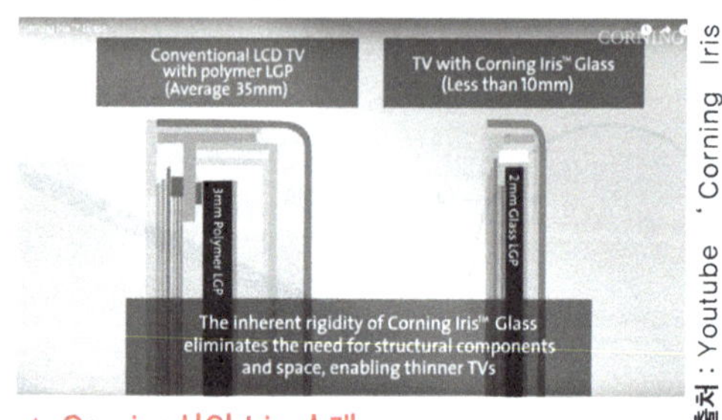

출처 : Youtube 'Corning Iris Glass', gadgets360.

▲ Corning사의 Iris 소개

Letv Launches 'World's Thinnest 65-Inch TV' at CES 2016

Indo-Asian News Service, 7 January 2016

Share on Facebook | Tweet | Share | Share | Email | Reddit

China-based Internet conglomerate Letv on Wednesday unveiled what it is calling the world's thinnest TV, Super 4 Max65 Blade at the ongoing four-day CES 2016 trade show in Las Vegas.

The sleek TV is just 3.9mm thick, which the company says is the equivalent of two coins put together.

The Super 4 Max65 Blade has a separate speaker and is the first product of company's second chain of TV series after 70-inch Super 4 Max70 and 65-inch Super 4 Max 65 Curved were launched in Beijing two weeks ago.

출처 : Indo-Asian News Service.

▲ Letv, 초박형 65인치 TV @ CES 2016

제품 박람회 2016에서 전시한 것이다.

최근 LCD 디스플레이는 신소재의 적용을 통해 기존 OLED가 LCD에 비해 우수하다고 알려진 기술적인 장점들을 따라잡고 있다. LCD와 OLED의 경쟁에서 누가 최종 승자가 될지 아직 알 수 없지만 디스플레이 산업 내에서 어느 한 쪽으로 치우치지 않고 양쪽 기술 모두 성장하는 현재 상황은 디스플레이 산업발전 관점에서는 충분히 긍정적이라고 할 수 있다.

6. 중대형 OLED TV, 휘어지는 디스플레이는 언제쯤 대중화되는가?

OELD 디스플레이는 현재 스마트폰이나 태블릿과 같은 모바일용으로 주로 사용되고 있으며, OLED TV는 현재 시장에서 제품으로 출시는 되었으나 LCD TV에 비해 판매가격이 30% 이상 높기 때문에 시장 점유율이 그렇게 높지 않다. 사실 많은 사람들은 OLED TV의 시장진입이 이렇게까지 늦어지게 될 거라고는 예상하지 않았다. 그 이유는 OLED TV가 CES 2012부터 대중에게 전시되어 선보여졌고 매년 CES에서 빠지지 않고 업그레이드된 제품으로 소개되고 있기 때문이다. 이는 중대형 OLED 디스플레이의 제작이 그만큼 까다롭고 기술적인 문제생산수율 등를 해결하기 어렵다는 사실을 반증하는 것이기도 하다.

일반적으로 OLED의 생산 방식은 크게 두 가지로 구분할 수 있다. 첫 번째 RGB 방식은 Red, Green, Blue를 개별적으로 증착하여 제작하는 방식이며 삼성디스플레이에서 채택했던 방식이다. 두 번째 W-OELDWhite-OLED는 기존 LCD 공정 중 Color filter 공정 일부를 사용하고 후면 발광부를 백색 OLED를 적용한 기술로 LG디스플레이를 비롯한 다른 많은 기업들이 채택한 방식이다.

현재 LG디스플레이는 세계 최초로 55인치 OLED TV를 시장에서 판매하고 있고 최근 한 시장조사기관의 보고서에 의하면 삼성디스플레이도 2017년경에는 OLED TV를 시장에 출시할 것이라고 예상하고 있다. 하지만 삼성디스플레이는 어떠한 OLED 생산방식을 채택할지 언제 생산할지에 대하여 확실하게 공표한 내용은 없다. 예상보다 많이 늦어지긴 했지만 수년 내로는 중대형 OLED TV를 시장에서 좀 더 쉽게 볼 수 있을 것 같고 대중화를 위해 LCD와의 가격 차이도 점차 줄어들 것으로 예상된다.

휘어지는 디스플레이는 OLED 공정을 기본으로 제작이 된다. 다양한 생산 방식이 있지만 OLED 기술이 가진 보조광원을 필요로 하지 않

OLED 제작방식 비교

	RGB(SMS) : 삼성디스플레이	WOLED : LG디스플레이
Pixel Structure	Emitting Layer RGB	Color Filter W-RGBW
Process Method	Glass Mask Linear Source Glass Scanning	Chuck Glass Open Mask Source
Merits	▪ 낮은 전력 소모, 긴 수명 ▪ 상대적으로 좋은 시야각	▪ 중대형에서 쉬운 공정운영 ▪ 높은 해상도
Demerits	▪ 상대적으로 어려운 공정 ▪ 색 혼합 문제 ▪ 고르지 않은 두께	▪ 높은 전력 소모 ▪ 시야각 문제 ▪ 낮은 수명

출처 : OLED-Display.

고 완벽한 색감구현 및 저전력 등의 장점 덕분에 최근의 휘어지는 디스플레이 대부분은 OLED 기술을 기반으로 제작된다.

휘어지는 OLED를 생산하는 방식은 기존 LCD나 OLED 디스플레이에서 유리기판을 사용하는 것과 다르게 휘어지는 플라스틱 소재를 이용하는데 고온공정에서는 열 변형 등으로 제작이 어렵기 때문에 일단 유리기판 위에 올려진 상태로 제작을 하고 나중에 레이저를 이용하여 유리기판을 떼어

출처 : 테크레이더.

▲ 18인치 Flexible OLED @CES 2016

냄으로써 휘어지는 OLED를 제작한다.

OLED TV와 마찬가지로 중·대형 크기의 휘어지는 OLED는 아직 기술적인 난제들이 있지만 OLED 기술이 안정화되는 시점과 동시에 급격한 성장이 예상된다. 이는 휘어지는 디스플레이 특성상 적용할 수 있는 분야가 워낙 다양하기 때문에 현재로선 OLED 기술이 빠르게 안정화되는 것이 중요하다. 머지않아 공상과학 영화에서 보았던 것들이 현실에서 하나씩 구현되어 우리의 삶을 즐겁게 바꿔줄 것으로 기대해 본다.

7. 미래의 디스플레이는 우리의 삶을 어떻게 바꿔줄까?

OLED기술과 함께 휘어지는 디스플레이가 좀 더 현실화가 되었다면 그 다음 우리의 삶을 변화시킬 디스플레이 기술은 무엇일까? 아마도 첫 번째 절에서 언급했듯이 투명 디스플레이가 그중 하나일 것이다. 투명전극을 기반으로 한 휘어지는 OLED 디스플레이 기술이 완성된다면 우리 주변에 적용할 수 있는 분야는 무궁무진해진다.

2013년에 마이크로소프트사가 공개한 'Technology in 2019—What the future of tech looks like!' 와 코닝사가 공개한 'A Day Made of Glass Montage' 를 보면 미래의 디스플레이가 어떻게 우리의 삶을 변화시킬 수 있는지를 좀 더 구체적으로 확인할 수 있다YouTube 참조.

우선 집 안 화장실에서 양치질을 하면서 거울에 붙어 있는 투명 디스플레이를 통해 오늘의 날씨와 메일을 확인할 수 있다. 싱크대에서 아침준비를 하면서 뉴스를 시청하고 식탁에 붙어있는 디스플레이를 통해 부모님과 영상통화를 할 수 있다.

학교에서는 칠판 전체가 투명 디스플레이로 되어 있다. 선생님은 더 이상 프로젝터 등을 이용하여 수업을 진행하지 않아도 되고 학생들 역시 무겁게 책을 들고 다닐 필요가 없어진다. 책상과 교보재도 모두 디스플레이로 되어 있어 다양한 시청각 교육 역시 가능하다.

기존 자동차 계기판이나 중앙 콘트롤 패널, 실내 유리창 등에도 휘어지는 디스플레이가 적용되면서 기존에 있던 많은 버튼이 사라지게 된다. 비행기를 탈 때 필요한 승차권도 얇은 종이 형태의 디스플레이로 제작되어 공항정보, 탑승구 위

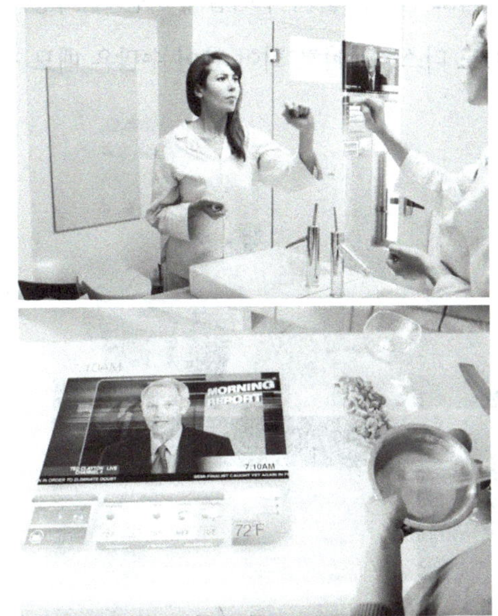

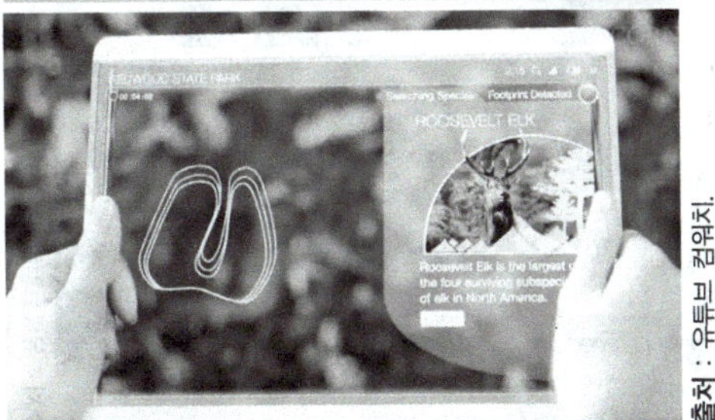

출처 : 유튜브 컴워치.

치, 비행시간 등 모든 정보를 쉽게 확인할 수 있게 된다.

건물 내 모든 창문은 투명 디스플레이로 되어 있어 커튼이나 차양막 없이도 실내를 밝거나 어둡게 하는 게 가능하다. 개인 책상에 있는 칸막이도 디스플레이로 되어 있어 수많은 메모 정보를 띄워놓을 수 있고 책상 바닥에 있는 투명 디스플레이를 통해 키보드나 마우스를 이용한다.

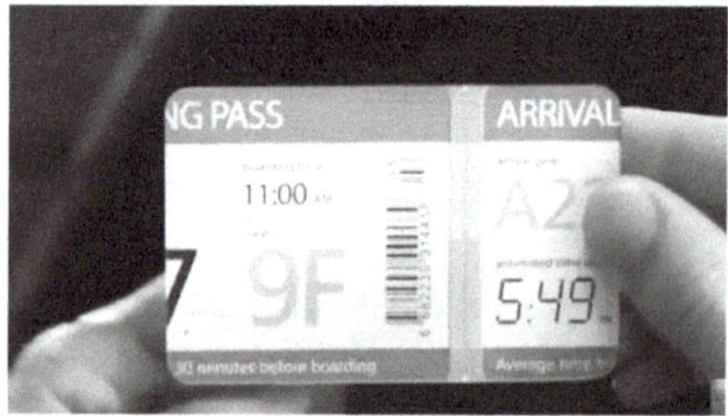

출처 : 유튜브컴워치.

이러한 기술들이 실생활에서 언제 사용될지는 현재로선 알 수 없다. 기술발전의 흐름상 우선 OLED 디스플레이 기술이 빠른 시간 내에 안정화가 되야 하고 휘어지는 디스플레이용 기판 소재, 그래핀과 같은 투명전극의 양산기술 확보 등 앞으로 해결해야 할 기술적인 난제들이 많이 남아 있다. 또한 기술난이도가 높아 대략 언제쯤 상용화가 될지 예측하기 어렵다.

디스플레이는 이제

우리 생활에 없어서는 안될 필수 요소로 하루에도 많은 시간을 함께하며 살아가고 있다. 지난 20여 년간 급격하게 성장해 왔기 때문에 최근에는 성숙기와 쇠퇴기에 와 있다고 하지만 다른 산업에 비해 기술의 발전 방향이 뚜렷한 만큼 성장가능성은 충분히 안정적이라고 할 수 있다. 그동안 디스플레이 산업이 대형화와 화질개선에 중점을 두고 발전해 왔다면 앞으로는 생활 속에서 좀 더 다양한 형태의 제품들로 다가와 우리 생활을 즐겁고 편하게 해주며 성장할 것이다.

웨어러블 : 패션 테크놀로지

1. 웨어러블을 말하다
2. 액세서리형 웨어러블 컴퓨터
3. 의류형 웨어러블 컴퓨터
4. 신체부착형 웨어러블 컴퓨터
5. 웨어러블, 결국 패션이 되다
6. 지속적인 성장예상

1. 웨어러블을 말하다

1950년대에 MIT에서 그 개념이 정립된 웨어러블 컴퓨터는 1981년 고등학생이었던 스티브 만Steve Mann이 웨어러블 컴퓨터 시스템을 제시한 이후 차세대 컴퓨팅 분야의 핵심 개념으로 주목받아 왔다.

착용형 혹은 의복 형태의 개인용 컴퓨터를 통칭하는 웨어러블 컴퓨터는 초기에는 양손을 자유롭게 사용하면서 작업 매뉴얼을 봐야 하는 비행기 정비사를 위하여 개발되었지만, 최근에는 건강관리와 같은 의료 분야, 택배 및 창고관리와 같은 물류 분야 등으로 응용 범위가 확대되고 있다.

처음에는 우스꽝스러운 모습으로 컴퓨터를 등에 매고 다니는 디자인이었기 때문에 한동안 컴퓨터를 얼마나 작게 만들어 의복 안에 감추고 활동하기 편하도록 하는가가 연구의 주요 관심사였다. 하지만 최근에는 네트워크의 비약적인 발전으로 언제 어느 곳에서나 인터넷 접속이 가능해졌고 클라우드 컴퓨팅의 등장으로 컴퓨터를 매우 얇게 만들어도 많은 기능을 구동할 수 있게 되었다.

이로 인해 일반사용자를 위한 범용 웨어러블 컴퓨터가 일반화되었다. 특히 옷이나 액세서리와 같은 형태로 자연스럽게 착용할 수 있는 형태로 디자인이 발전했고 사용자 요구를 즉각 반영하기 위해 오픈소스와 같은 범용 기술을 탑재한 상품이 다양하게 출시되고 있다. 현재의 웨어러블 기기는 사용자의 안전을 보장해야 하고 착용에 따른 생리적·문화적 이질감을 극복할 수 있어야 하며, 장치를 직접 사용하는 것보다는 장치와 융합할 수 있는 자연스러운 사용자 인터페이스가 지원되어야 한다.

이러한 기능을 구현하기 위한 웨어러블 컴퓨터 기술에는 하드웨어 플랫폼 기술, 사용자 인터페이스 기술, 상황인지 기술, 저전력 기술, 근거리 통신 기술 등이 포함된다. 특히 사용자 인터페이스 기술과 하드웨어 플랫폼 기술은 양손에 자유를 부여하고 간편하게 기기를 조작할 수 있도록 하며, 사용자의 집중을 덜 요구하는 웨어러블 컴퓨팅의 특성을 보다 잘 반영하는 필수 요소이다. 뿐만 아니라 사용자가 직접 착용하므로 안정성 · 편안함 · 패션과 같은 기술 외적인 사항이 기술 수용에 큰 영향을 미칠 수 있기 때문에 의류 · 인간공학 · 디자인 등 IT 이외의 다양한 분야와의 융합이 매우 중요하다.

초기의 웨어러블 컴퓨터 기술은 기존의 컴퓨터를 모듈별로 분해하여 사용자의 몸에 적절히 분산시키는 수준이었기 때문에 딱딱한 물체를 몸에 착용해야 하는 한계가 있었다. 특히 의복 형태 시스템의 경우 딱딱한 전자부품 형태의 소자 및 장치들이 근본적으로 유연성을 갖지 못하기 때문에 의복 본래의 기능을 제대로 발휘하지 못하는 문제점이 있었으나 최근에는 전자부품산업의 획기적인 발전으로 초소형 저전력 플랫폼 설계가 가능하게 되어 액세서리와 같은 신체착용형과 의복 형태의 시스템이 개발되고 있다. 또한 전기가 통하는 실digital yarn, 섬유, 센서 등과 같은 실제 직물에 가까운 소재 및 부품이 개발되면서 옷이 컴퓨터가 되는 세상도 한층 가까워지고 있다.

웨어러블 컴퓨터는 형태와 착용상태에 따라 분류가 가능하다. 가장 단순한 형태인 액세서리형에서 시작하여 직물 · 의류 일체형, 신체부착형, 그리고 궁극적으로는 생체이식형의 방향으로 발전해 나갈 것이다.

웨어러블 컴퓨터의 분류

구분	내용	대표 제품
액세서리형	시계, 안경, 목걸이 등 액세서리 형태	스마트 안경, 스마트워치
직물/의류 일체형	직물 혹은 의류에 일체화된 형태	직물 센서, 스마트 웨어, 의류 일체형 컴퓨터
신체부착형	신체에 부착할 수 있는 형태	스킨 패치형 센서 및 장치
생체이식형	생체에 이식할 수 있는 형태	이식형 센서 및 장치

2. 액세서리형 웨어러블 컴퓨터

초기 웨어러블 컴퓨터는 컴퓨터가 가진 고정된 디자인, 즉 커다란 본체와 모니터, 키보드, 마우스가 연결된 형태를 기반으로 디자인되었기 때문에 의류에 각각 부착하는 형태로 진화되었으나 2000년대 스마트폰이 등장하고 모빌리티 컴퓨팅mobility computing이 발전하면서 액세서리형의 컴퓨터들이 등장하게 되었다. 액세서리형 기기는 사용자의 스마트폰과 연동되어 특정 기능을 수행하는 형태도 있고 독립적인 네트워크 기능을 탑재하여 서버와 통신하면서 사용자에게 서비스를 제공하는 형태가 있다.

구글이나 애플과 같은 기술선도 업체들 역시 상용화 가능성이 높은 안경·시계형 웨어러블 기기를 우선 개발하고 있다. 안경형 웨어러블 기기는 구글 글라스, 마이크로소프트 홀로렌즈 글라스가 대표적으로 디스플레이 장치를 안경 형태의 기기에 부착하고 음성명령으로 시스템을 제어하는 방식이다. 하지만 단순히 소형 컴퓨터를 안경에 부착한 것이 아니라 거대한 클라우드를 구축한 뒤 안경 형태의 인터페이스를 통해 서버와 정보를 주고받는 방식이다. 그래서 간단해 보이는 글라스 타입 웨어러블이라도 거대 IT 기업들만이 관련 제품을 출시하고 있다.

시계형 웨어러블 기기는 소니, 나이키, 페블Pebble, 모토롤라, 구글 등 IT 기업과 스타트업 기업들이 개발하고 있다. 초기에는 소니와 같은 전통적인 IT 제품 전문 제조기업에서 제품을 출시했지만, 최근에는 전통적인 시계 제조 그룹인 스와치Swatch나 디젤Diesel 등도 스마트워치 제품을 내놓고 있다. 사용자의 움직임을 모니터링하기 위한 다양한 센서를 기본 내장하고 문자 메시지 및 이메일 확인 등의 기능에 헬스케어 진단이 가능한 기능이 포함되고 있는 추세다. 스마트워치의 기능이 한정적이고 제품마다 유사하기 때문에 기존의 시계 브랜드들이 브랜드 파워와 자사의 독창적인 디자인을 이용하여 소비자에게 다가가고 있다.

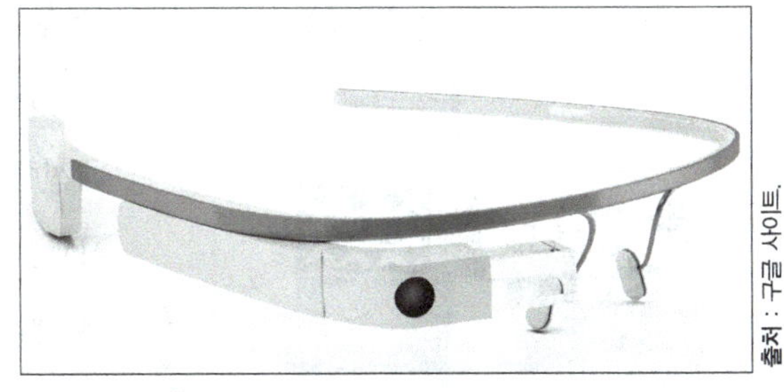
출처 : 구글 사이트

▲ 구글 글라스

또 다른 응용 제품은 목걸이, 신발, 벨트 등 다양한 액세서리 형태의 웨어러블 기기다. 인텔은 뉴욕의 유명 패션 매장인 오프닝 세레모니Opening Ceremony와 공동개발한 스마트 팔찌 '미카My Intelligent Communication Accessory ; MICA'를 출시했다. 디스플레이 화면을 탑재해 메시지 확인, 알림 등의 기능을 지원하는 새로운 팔찌 형태의 웨어러블 기기이다. 말하지 않으면 IT 기기라는 것을 눈치채지 못할 만큼 디자인에 특화된 제품으로 이처럼 많은 고급 브랜드가 IT 기업들과 스마트 웨어러블 기기를 공동개발하고 있다.

스마트폰 사용에 필수품인 이어폰 역시 하나의 웨어러블 기기가 될 수 있다. 각종 IT 액세서리를 제작하는 노베로Novero는 목걸이 펜던트 형태의 블루투스 기반 제품을 출시했다. 오픈형 목걸이 형태로 한쪽에는 이어폰이, 다른 한쪽에는 블루투스 장신구가 달려 있는 제품이다. 주로 패션에 민감한 여성을 대상으로 미적 부분을 강조한 제품이다. 전통적으로 액세서리는 심미적 이유로 몸에 부착해 왔기 때문에 착용에 거부감이 없다는 장점이 있다. 제품 자체로도 아름답기 때문에 여성들은 장신구를 고르면서 IT 기능을 부가적으로 선택하는 것이다.

출처 : connectedly.

▲ 인텔이 출시한 웨어러블 팔찌 미카(MICA)

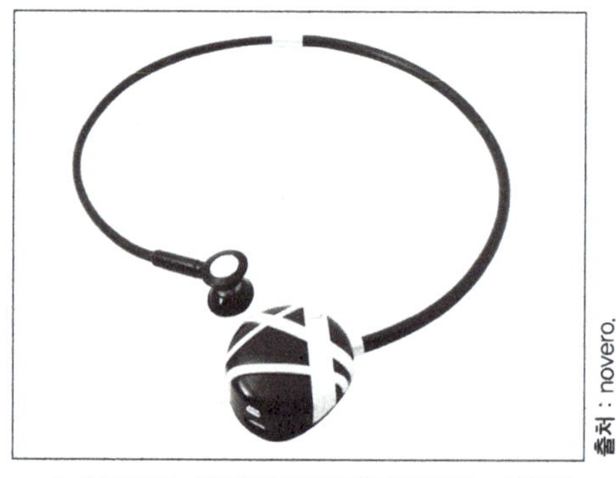

출처 : novero.

▲ 노베로에서 출시한 펜던트형 블루투스 이어폰

3. 의류형 웨어러블 컴퓨터

의류형 웨어러블 컴퓨터는 아디다스, 나이키, 리복 등 스포츠 브랜드를 중심으로 발전되었다. 스포츠 의류는 기능성이 강조되고 운동 선수의 신체 상태와 변화를 데이터로 전송하여 분석하는 요구가 이전부터 존재했다. 종목별로 특화된 응용 서비스를 발굴하고 센서들이 내장된 신발, 모자, 브라 등의 제품을 출시하여 차별화와 부가가치 향상을 시도하면서 초기 시장이 형성되었다.

하지만 대부분 선수들을 대상으로 했기 때문에 일반사용자들의 선택을 받지는 못했다. 2000년 중반 이후 섬유 센서, 섬유 회로보드 등 소재 중심의 핵심 기술이 발달했고 생체 모니터링과 같이 의료와 재난 상황에서 사용할 수 있는 특수 분야 의복에 대한 연구도 활발히 진행되면

출처 : cio.

▲ 랄프로렌에서 출시한 'Polo Tech Smart Shirt', 선수의 신체 상태를 측정하여 데이터를 전송한다.

서 많은 스마트 서비스가 발굴되었다. 현재는 스마트폰과 연동되어 애플리케이션으로 사용되는 서비스가 많아지고 직물에 완전 일체화된 제품까지 개발되면서 이런 기능성 의류들이 일반화되어 소비자들에게 팔리게 되었다.

출처 : engadget

▲ 나이키에서 출시한 'Nike+', 점프 횟수, 운동 강도 등을 추가로 기록하는 농구화

나이키는 3D 프린팅 기술을 활용하여 시제품을 즉각 개발할 수 있는 시스템과 선수 개개인에 맞춘 운동화 바닥재와 보호대 등, 그리고 센서가 부착된 신발과 의류를 지속적으로 개발하여 운동 선수들에게 제공하고 관련 기술을 상용화 제품에 적용하고 있다. 아디다스 역시 가슴 부분에 전기전도성 섬유로 구성된 심전도 전극으로 움직임, 체온, 호흡 등을 측정할 수 있는 스포츠 브라와 같은 독창적인 제품을 출시하고 있다.

기존 제품이 의류에 스마트 기기를 부착한 형태였다면 의류의 소재가 되는 직물 자체를 스마트화시킨 제품도 등장했다. 구글이 리바이스와 공동으로 개발한 자카드Jacquard 기술이다. 자카드는 스마트실을 의류에 삽입하는 형태로 원재료를 만들고 센서의 위치를 고려하여 의류를 만드는 것이다. 이미 '구글 I/O 2015' 행사에서 자카드 옷감을 이용해서 만든 양복이 공개되었다. 자카드 기술을 이용한 의류를 착용하면 착용한 사람의 육체적인 움직임과 신체

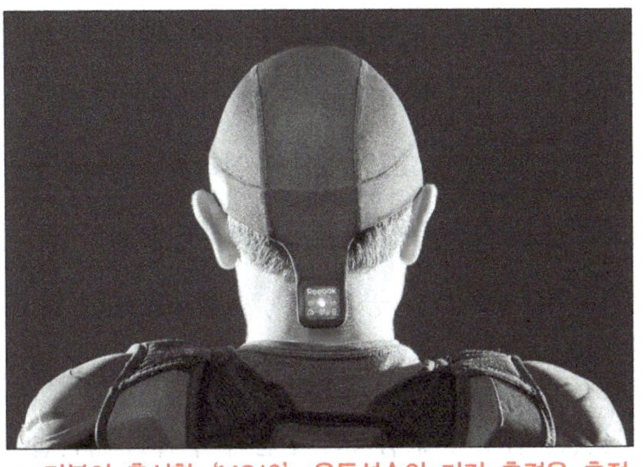

▲ 리복이 출시한 'MC10', 운동선수의 머리 충격을 측정하는 센서로 미식축구 선수 보호에 사용된다.

적인 변화를 아주 미세한 수준으로 모두 측정하여 서버로 전송한다. 뿐만 아니라 소매와 같은 특정 부위에 미리 저장된 인터페이스를 이용하여 자신의 스마트폰이나 원거리의 컴퓨터까지도 조정할 수 있다. 이제는 간단한 손동작만으로도 차문을 열고 음악을 플레이하는 세상이 된 것이다. 스마트 직물은 자신의 감정이 색깔로 표현되는 옷이나 신체의

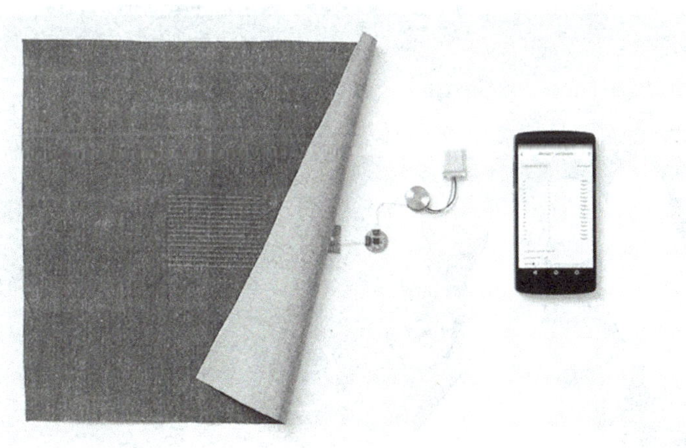
출처 : 자카드

▲ 구글이 만든 자카드(Jacquard) 기술

위급한 상태를 표시해 줄 수도 있기 때문에 사람과 사람, 사람과 동물의 대화의 방식까지도 바꿀 수 있는 기술이다.

국내에서도 고급 패션 웨어러블 제품이 출시되었다. 2015년 가을 삼성물산 패션 부문은 IFA 2015에서 웨어러블 플랫폼 브랜드인 '더휴먼핏The humanfit' 을 공개했다. 아직까지는 직접 옷에 적용한 제품이 생소하지만 곧 대부분의 의류에도 비슷한 스마트 기능이 탑재될 것이다. 휴먼핏은 남성복에 접목하여 손목 부위의 버튼을 이용하여 미팅 모드, 드라이빙 모드, 명함 전송 등과 같이 비즈니스맨을 위한 전용 기능이 조정된다. 국내 기업의 지속적인 웨어러블 신제품 출시가 기대된다.

4. 신체부착형 웨어러블 컴퓨터

신체부착형 웨어러블 컴퓨터는 말 그대로 인간의 몸에 부착해서 사용할 수 있도록 제작한 컴퓨팅 장치이다. 초기에는 인간의 피부와 같이

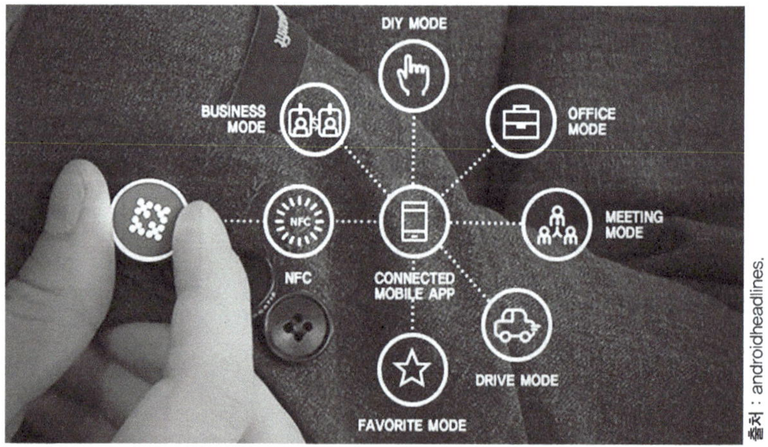

▲ 삼성 humanfit smart suit

감각을 느낄 수 있는 인공 피부를 로봇에 적용하기 위해 개발되었다. 이후 전자 피부, 스마트 피부 등과 같이 피부에 탈부착할 수 있는 장치 개발로 연구가 진행되었다. 이러한 신체부착형 웨어러블 컴퓨터는 일상생활에 불편함이 없고 인체에 무해한 소재와 접착제를 사용해야 하며, 신체의 움직임에 따라 신축성 있고 유연하게 움직이면서도 전자 기기로써의 기능을 할 수 있어야 한다. 현재까지의 연구개발 결과물은 주로 헬스케어 및 의료 서비스 분야에 집중되어 있는데 이는 대상의 신체 변화를 추적 · 관리해야 할 필요가 있고 신체에 부착하여 생체신호를 지속적으로 측정하기에 신체부착형 장치가 적합하기 때문이다.

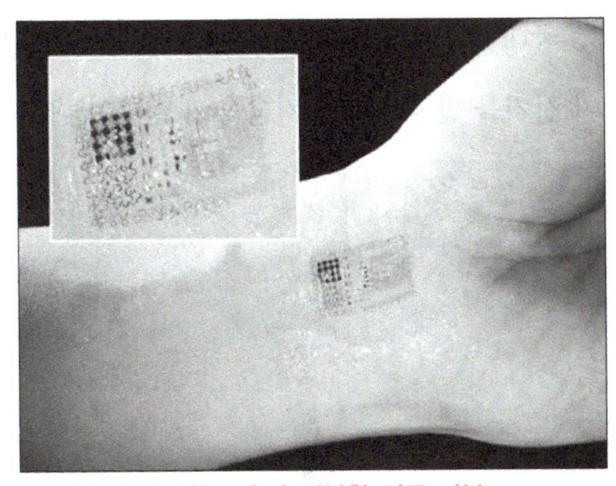

▲ 서울대 김대형 교수가 개발한 인공 피부

신체 부착형은 일상생활에 불편함이 없도록 피부에 부착하는 것이 일반적인데, 대표적인 것이 인공 피부를 이용한 스마트 칩을 부착하는 것이다. 국내에서 개발된 인공 피부는 피부의 신축성을 그대로 반영하여 늘어나거나 줄어들어도 센서의 정확도가 줄어들지 않고 전기적인 자극 신호를 뇌에까지 전달할 수 있어 향후 인공기관을 통한 외부 자극을 인지하는 용도로도 사용될 수 있다.

웨어러블 디바이스의 문제 중 하나는 가볍고 소형으로 만들어야 되기 때문에 상대적으로 작은 배터리 용량을 갖고 있다는 점이다. 이 문제를 국내 스타트업인 테그웨이TEGway는 체온과 대기의 온도차를 이용하여 전기를 발생시키는 기술을 개발하여 해결하고 있다. 피부에 자체 개발한 열전소자를 부착하면 체온과 바깥의 기온 차이에 의해 전력이 생산되는데 일반적으로 체온이 36℃이고 외부의 기온이 20℃라면 온도차에 의해 약 40mW의 전략이 만들어져 웨어러블 컴퓨터를 구동시키는 원리다. 혁신성과 기술력을 인정받아 2015년 2월에는 유네스코 지정 세상을 바꿀 10대 기술 중 그랑프리를 차지했다. 곧 몸에 걸치고 활동하면서 스스로 자가 충전되는 사물인터넷 기기와 스마트폰이 등장할 것으로 기대된다.

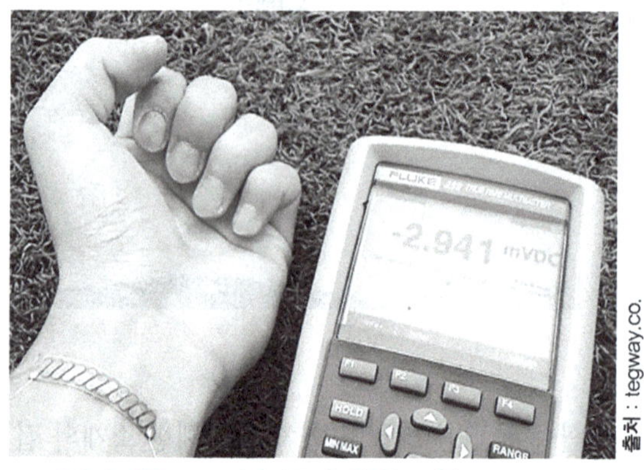

출처 : tegway.co.

▲ 사람의 체온으로 에너지를 충천하는 기술

5. 웨어러블, 결국 패션이 되다

지금까지의 웨어러블 기술 및 시장은 IT 기술 중심으로 연구개발 및 상용화가 진행되었으나 최근 들어서는 패션에 더 힘이 실리는 방향으로 변화되고 있다. 애플의 최근 행보를 보면 더 이상 신기술 중심이 아닌 디자인 중심의 패션 IT 제품 개발을 위한 움직임이 보인다.

세계 최대 IT 회사인 애플은 입생로랑, 버버리, GAP, 태그호이어 등 유명 브랜드 기업의 임직원들을 최근 영입했다. 애플 제품을 IT의 아이콘이 아닌 패션의 아이콘으로 만들기 위해서다.

▲ 애플로 영입된 입생로랑 전 CEO 'Paule Deneve'

애플이 최근에 출시한 스마트워치의 디자인 및 가격 정책을 보아도 전자제품을 파는 회사라기보다는 IT 기능이 들어간 패션 액세서리를 판매하는 회사로 분류해야 맞을 것이다. 에르메스Hermes와 손잡고 출시한 스마트워치의 가격은 1,500달러 수준이고 18K 금으로 무장한 스마트워치의 가격은 무려 17,000달러이다. 이 제품들은 더 이상 IT 제품이 아니라 패션 명품이라고 해야 할 것이다.

애플은 시계, 의류, 벨트, 신발, 안경 등 제품 관련 특허들을 지속적으로 확보하고 있으며, 이러한 노력의 결과로 시계 이후 패션 액세서리를 활용한 웨어러블 시장과 함께 사물인터넷 시장의 성장을 견인할 것으로 예측된다.

6. 지속적인 성장예상

시장조사 기관인 IDC의 연구조사결과에 의하면 2015년 전 세계 웨어러블 시장은 지속적인 성장세를 유지하고 있으며, 새로운 기업들의 참여가 늘어나고 있다.

애플이 웨어러블 시장에 본격적으로 뛰어들었으며, 파슬, 리바이스, 랄프 로렌, 태그호이어 등과 같은 패션 전문 브랜드가 웨어러블 제품을 출시했다.

제3자의 애플리케이션을 구동할 수 있는 스마트 웨어러블 기기에 대한 관심이 증가하면서 2015년 시장은 더욱 상승세를 타고 있다. 애플워치Apple Watch, 모토로라의 Moto 360, 삼성의 갤럭시 기어 등이 이에 해당한다.

밴드, 팔찌, 시계 등 손목착용형 웨어러블 기기는 2019년까지 전체 웨어러블 기기 출하량의 80% 이상을 차지할 것으로 예측되고 있다. 대부분의 기업들이 이 제품에 주력하고 있으며, IDC는 이 추세가 계속될 것으로 예측하고 있다.

의류형 웨어러블 기기에서는 셔츠, 양말, 모자 및 기타 제품에 전자기기를 내장하는 방식이 가장 빠르게 성장할 것으로 예상된다. 눈에 착용하는 웨어러블 기기는 아직은 시장 비중이 낮으며, 오디오, 건강 및 피트니스 기능을 포함하는 방향으로 확장될 것으로 예측된다.

특이한 점은 소비자들이 스마트워치보다 스마트 손목밴드를 더 선호한다는 점이다. 스마트 밴드는 피트니스용 기기의 목적에 맞게 건강 상태 및 운동량 추적 등 꼭 필요한 기능만을 구현하여 크기를 작게 하고 저렴한 가격으로 이용할 수 있는 반면, 스마트워치는 밴드보다는 다양한 기능을 포함하고 있지만 상대적으로 높은 가격에 스마트폰과 많은 기능이 겹치기 때문에 판매가 저조하다.

일반소비자 대상의 웨어러블 기기가 액세서리형이나 손목 밴드형에 집중되고 있는 반면 특수 목적의 웨어러블 컴퓨터는 활발히 개발되고 있는데 군수 분야가 대표적이다. 전쟁 상황에서 군인의 즉각적인 판단을 위해서는 많은 정보가 필요하고 몸에 부착한 많은 무기와 물품들을 전자적으로 관리할 필요가 있기 때문에 제품이 지속적으로 업그레이드되고 있다. 특히 인간의 인지능력 한계를 컴퓨터의 도움을 통해 극복한다는 점에서 실생활에도 충분히 적용될 것으로 기대된다.

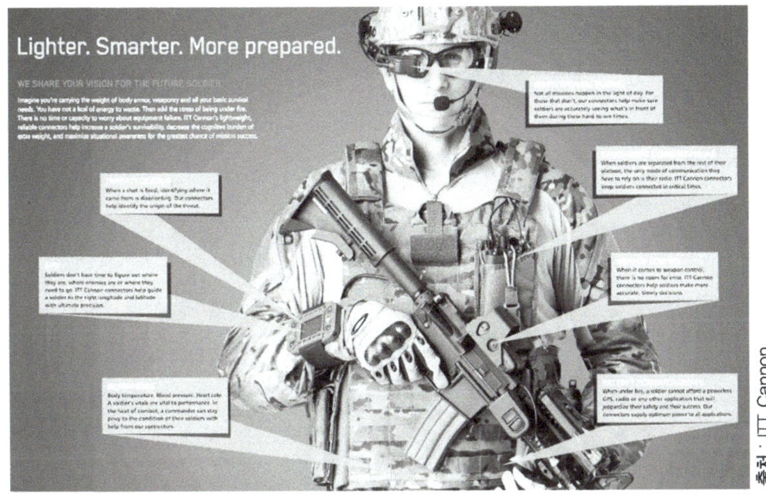

출처 : ITT Cannon.

▲ 군용 웨어러블

당분간은 IT 기업이 관련 시장을 이끌어 갈 것으로 예상되지만, 조만간 시계 · 안경 · 의류 시장에서의 브랜드 파워와 유통망, 다양한 디자인 능력 등을 앞세운 패션 전문 기업이 ICT 전문 기업과의 융합연구를 통해 새로운 시장을 이끌어 갈 것으로 예측된다.

개인 맞춤형 생산혁명, 3D 프린터

1. 3D 프린터의 등장
2. 3D 프린터의 원리와 기술
3. 3D 프린터 방식과 종류
4. 3D 프린터의 주요 소재들
5. 3D 프린터가 이끄는 제조업 혁명
6. 3D 프린터의 응용 분야

1. 3D 프린터의 등장

누구나 3D 프린터에 대해 한 번쯤은 들어봤을 것이다. 3D 프린터는 프린터가 문서를 찍어내듯 단시간에 3차원 입체 물품을 만들어내는 기기다. 설계도에 따라 가루나 액체 형태로 녹아있는 원료를 일정한 틀에 맞춰 각 층별로 반복하여 쌓고 이를 단단하게 응고시켜 3차원의 물건을 만들어낸다. 도면만 있으면 제품을 생산해 낼 수 있는 특성 때문에 많은 전문가들은 3D 프린터가 방직기와 컨베이어 벨트 시스템의 뒤를 잇는 3차 산업혁명을 주도해 나갈 것이라며 주목했다. 3D 프린터 기술은 기획, 설계부터 생산까지 디지털 방식으로 구현되므로 기존과는 차원이 다른 생산 시스템이 생겨난 것이다. 따라서 자동차나 항공우주 분야를 뛰어넘어 의료, 건축, 디자인 등 광범위한 분야에서 활용도가 급증하고 있다.

최근에는 많은 제조업체들이 3D 프린터를 제품 설계나 부품 복제 등에 활용해 이익을 얻고 있다. 의료계에서는 환자의 신체구조에 정확히 맞는 관절, 치아, 피부 등을 인공으로 만들어서 의료 서비스의 질을 높인다. 건축업계에서는 도면에 맞춘 건축 구조물을 쉽게 만들어 소비자의 요구를 다양하고 빠르게 반영하고 있다. 컵이나 장식물 등 가정에서 일상적으로 쓰이는 물건들도 실제 시판 제품과 유사한 품질로 만들 수 있는 신기한 시대가 열렸다.

시장조사기관인 가트너Gartner는 전 세계 3D 프린터 출하 대수가 2015년 6만 1661대에서 2020년 241만 7000대 수준까지 증가할 것으로 예측하고 있다. 3D 프린터가 꼭 필요한 산업현장은 물론, 개인용 구매도 늘어나면서 시장이 급속도로 커질 것이라는 이야기다.

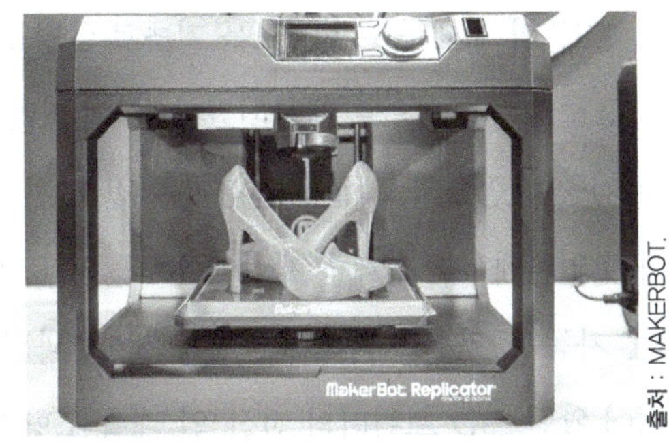

▲ 개인용 3D 프린터

3D 프린터 기술이 주목을 받고 있는 배경에는 과거 '소품종' 대량생산 방식의 제조공정이 '다품종' 소량생산 방식으로 바뀌고 있는 환경의 영향이 크다. 규모의 경제에 의존하여 원가와 효율성 등을 중요시하던 기존 컨베이어 벨트 기반의 생산 방식이 소비자들의 다양한 요구를 반영한 제품들을 생산하기 용이한 형태로 변형된 것이다. 각 기업들은 유연한 생산 시스템Flexible Manufacturing System으로 불리는 다품종 소량생산 시스템을 구현해 소비자 각자의 욕구를 만족시키는 제품을 생산하고자 하고 이에 가장 적합한 모델이 도면만으로도 제품을 만들 수 있는 3D 프린터라고 할 수 있다. 특히 이러한 면에서 3D 프린터는 개개인의 신체 특성에 맞는 제품을 생산해내야 하는 의료 분야에서 가장 격렬하게 환영받았다.

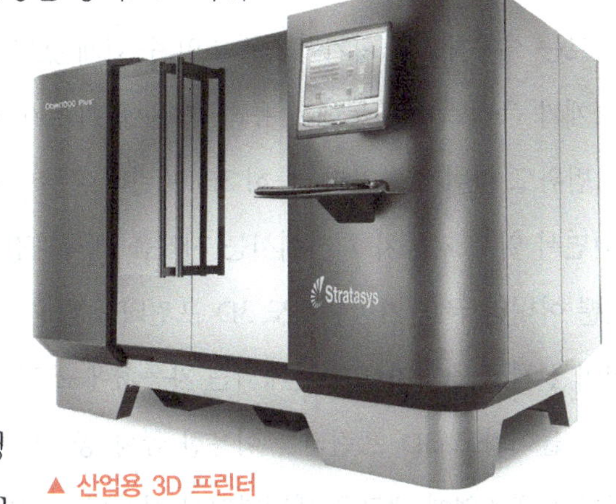

▲ 산업용 3D 프린터

기존의 시제품은 설계도를 기초로 금형을 제작하여 주물을 찍어내는 표준화된 방식으로 제작되었다. 이에 따라 개발 단계에서 많은 부품의 검증이 필요하고 설계 변경이 빈번하게 이루어지게 되는 자동차나 가전 업계에서는 시제품 제작에 3D 프린터 기술을 일찌감치 적용해 왔다. 자동차, 가전, 귀금속, 의료기기 개발과정에서 1990년대부터 활용되어 왔던 '3D 프린터의 전신' 인 쾌속 조형 방식Rapid Prototyping이 그것이다. 쾌속 조형 방식이 3D 프린터로 업그레이드되면서 한시라도 빨리 제품을 개발해야 하는 업체 입장에서는 시제품 설계와 제작 및 검증에 따르는 시행착오를 획기적으로 줄일 수 있게 됐다. 최근에는 이용되는 소재가 플라스틱 계통에서 유리, 섬유에 이르기까지 다양해지면서 활용 범위도 넓어지고 있다. 특히 3D 프린터로 금속까지 제작할 수 있게 되면서 일부 자동차 회사에서는 시제품 제작과정에서 기존의 플라스틱뿐 아니라 금속 가공품에도 3D 프린터를 활용하고 있다. 이를 뛰어넘어 실제로 소비자에게 판매되는 자동차에도 3D 프린터로 제작한 부품이 들어가고 3D 프린터를 이용한 금형 공장도 생기기 시작했다. 그야말로 제조업에 새로운 패러다임이 시작된 것이다. 이런 추세라면 3D 프린터로 제작한 자동차들이 도로에서 달리는 모습을 볼 날도 머지않았다.

3D 프린터의 장점이 또 하나 있다. 기존 대량생산체제에서 제대로 구현되지 못했던 개인의 작은 아이디어가 쉽게 시도될 수 있게 된 것이다. 특히 창조적인 아이디어가 IT 기술과 잘만 결합된다면 다품종 소량 생산을 통한 고부가가치 창출을 이룰 것이란 게 전문가들의 전망이다. 나아가 유통업체를 통해 제품을 구입했던 소비 형태도 보다 다양해질

수 있다. 생산업체에서는 설계도를 판매하고 소비자가 가정에 구비하고 있는 3D 프린터를 통해 직접 생산해서 사용하는 방법이 사용되기 시작하면 유통업 역시 새로운 패러다임을 맞게 될 것이다. 소비자에게는 제품 선택권을 완벽하게 제공하여 각자 상황에 맞는 제품을 주문생산할 수 있도록 하고, 생산자에게는 재료의 낭비를 줄이고 빠른 디자인 변경이 가능한 획기적인 생산 방식이다. 카세트테이프 혹은 CD로 만나던 음악산업이 디지털화로 인해 '음원' 이라는 전혀 새로운 산업 형태를 가지게 된 것과 같이, 3D 프린터 역시 제조업 분야를 디지털화해 인터넷을 통한 생산-유통-소비가 가능하게 해줄 것이다. 가정에서 사용하는 인테리어 소품이나 피규어 등을 소비자가 3D 프린터로 직접 제작해서 사용하는 시기를 조만간 맞이하게 되는 것이다.

2. 3D 프린터의 원리와 기술

제조업에서 제품을 제조하는 방식은 크게 세 가지로 나뉜다. 첫째는 대량생산에서 가장 많이 사용되는 주조 방식으로, 금속이나 물질을 녹여 틀에 붓고 응고시켜 제품을 만드는 방법이다. 이때 틀을 주형이라고 부르고 재질이 금속인 주형을 통해 생산하는 방식을 금형 주조, 재질이 모래인 경우를 사형 주조라고 부른다. 두 번째 방법은 공작기구를 이용해 재료를 깎아 내는 방식인 절삭 가공 방식이다. 소재를 회전시켜 깎아 내는 선반, 공구를 회전시켜 깎는 밀링 머신, 구멍을 뚫는 드릴링 머신 등을 이용해 제품을 만드는 형태다. 불규칙하고 복잡한 면을 깎거나 드릴의 홈, 기어의 이빨을 깎을 수 있는 장점이 있어 크기가 있는 자동차, 항공기 등의 부품과 정교한 가공이 필요한 부품을 제작하는 데 활용된다. 마지막은 재료를 추가하고 더하는 적층 가공 방식이다. 원료를 여러 층으로 결합시키거나 쌓아가면서 입체적인 형상을 만들어가는 방식으로 3D 프린터가 이에 해당한다. 제품을 만드는 과정에서 각각에 맞는 주형이나 공작 기구 등이 필요 없고 3D 프린터와 제품의 원료만 필요하기 때문에 제품의 제작 기간 및 비용의 효율성을 높여 준다. 수십 년 전부터 시작품 제작 등에 활용되어 왔지만 비용 등의 이유로 대중에게 관심을 받지 못한 '비운의 역사' 가 있다. 그러다 2000년대 초 주요 특허들이 만료되면서 급속도로 기술이 발달하게 돼 제조업의 새로운 혁명을 가져오고 있다.

3D 프린터를 통한 제조과정은 크게 모델링, 프린터, 후처리로 나뉜다. 가장 기본이 되는 과정은 3D 모델링, 3D 캐드와 같은 프로그램을 이용해 모델링을 하는 것이다. 물체를 스캔해 복제하는 형태로 모델링할 수도 있다. 이렇게 모델링된 이미지들은 미적분의 원리를 이용하여 층별로 쪼개진다. 이때 나뉘는 층의 개수에 따라 출력물의 해상도 차이가 발생한다. 즉, 층을 얼마나 더 잘게 쪼개고 세밀하게 표현해 내느냐에 따라 출력물의 해상도가 결정되는 것이다. 2D 프린터는 일정 단위 면적에 찍히는 점의 수와 같은 단위로 해상도를 측정하지만, 3D 프린터는 층과 입자의 두께로 해상도를 나타낸다.

3D 프린터에는 잉크 대신 합성 수지, 고무, 금속과 같은 원재료가 들어 있어 본격적인 프린팅에 들어가면 설계도에 맞게 재료들을 층층이 아주 얇게 쌓아 올려 물건의 바닥부터 꼭대기까지 완성한다. 대부분의 3D 프린터는 디자인에 따라 프린터 압출기의 움직임을 통해 위치를 조

절하여 쌓아 올린다. 이렇게 만 개 이상의 얇은 층을 잘게 쪼개서 쌓아 올리다 보니 멀리서 보면 일반 곡선처럼 부드럽게 보이지만 자세히 들여다 보면 계단 형식의 질감이 느껴진다. 성능이 낮은 프린터일수록 제품의 표면이 거칠게 나올 수 있다. 이러한 점을 보완하기 위하여 마무리 작업인 피니싱이 필요하다. 최근에는 표면을 깎는 절삭 가공 기술과 접목된 하이브리드형 3D 프린터가 출시돼 이러한 단점을 해결하고자 하는 시도도 있다.

3. 3D 프린터 방식과 종류

3D 프린터 기술을 최초로 상용화시킨 업체는 찰스 훌로가 창업한 3D시스템즈다. 액체 플라스틱을 연속적으로 층층이 쌓아 딱딱한 물체를 인쇄하는 자동화 기술로 특허를 받았다. 액체 플라스틱을 판에 레이저로 쏴서 굳히는 방식을 이용한다. 자외선 빔을 이용해 액화 상태의 광경화성 플라스틱을 경화시켜 얇은 층으로 만들고 이를 반복적으로 층층이 쌓으면서 3D 형태를 만든다. 레이저를 이용하기 때문에 정밀도가 높고 속도가 빠른 장점이 있지만 제품이 경화된 상태로 제작이 되기 때문에 강노는 약하다. 최근에는 고가의 비용과 만만치 않은 보수비 때문에 특정 분야에서만 사용되고 있다.

이후 대중적으로 상용화된 방식은 FDMFused Deposition Modeling으로서 스트라타시스Stratasys에서 개발한 FDM은 프린터 헤드를 통해 부드러운 원료를 짜내는 방식이다. 스트라타시스는 현재 3D 프린터 시장에서 세계 1위 기업이다. 열가소성 플라스틱을 노즐 속에서 녹여 적층하면서 제품을 만들기 때문에 레이저가 필요 없어 장비가 상대적으로 저렴하다. 높은 강도와 내열성을 가지고 있으나 재료를 녹여 조형물의 표면을 쌓아가기 때문에 조형물의 표면이 비교적 거칠다.

FDM 방식의 뒤를 이어 등장한 건 SLS[Selective Laser Sintering]다. '선택적 레이저 소결 조형 방식'으로, 분말 형태의 재료에 SLA에서 사용하는 자외선보다 강한 CO2 레이저를 주사하여 재료를 녹이고 굳혀 제품을 만든다. 레이저로 소결하고 난 후 롤러를 이용하여 분말 형태의 재료를 올리고 다시 레이저로 소결하는 것을 반복한다. 초창기엔 폴리스티렌이나 나일론을 주재료로 사용했으나 현재는 알루미늄, 세라믹, 금속합금 등 다양한 형태의 분말을 사용하고 있다. 특히 금속분말을 사용해 전통적인 금속 부품을 생산할 수 있는 것이 강점이다. 다품종 소량생산에 용이한 빠른 제작속도와 대량생산 역시 가능하다는 장점을 가지고 있으나, 표면이 다소 거칠고 층을 쌓으면서 예열-냉각 과정을 거쳐야 하는 맹점도 있다.

초기 3D 프린터 시장을 선도해 왔던 위 3가지 방식은 특허가 출원된 지 20년이 지나 현재 특허가 만료되었다. 위 3가지 방식을 적절히 혼합한 다양한 형태의 3D 프린터들이 개발되면서 3D 프린터 기술이 다시 주목받기 시작하게 된 것이다. 2009년 특허가 만료된 FDM 방식의 3D 프린터 기술은 이미 성숙기에 들어섰고, 2014년부터 SLS 등 레이저 소결 방식을 이용한 3D 프린터들도 다양한 형태로 개발되면서 가격 또한 낮아지고 있다.

아울러 잉크젯 프린터 헤드를 이용하여 액체에서 경화될 물질의 가루를 섞어가며 한 층 한 층 프린트 하는 프린터 방식과 헤드에서 지지대가 되는 왁스와 재료인 광경화성 수지를 동시에 분사한 뒤 자외선으로 굳혀가는 방식인 프린팅 방식도 상용화되어 있다.

4. 3D 프린터의 주요 소재들

3D 프린터가 상용화된 이후 3D 프린터에 쓰이는 원료는 형태에 따라 액체, 고체, 분말, 적층 시트 등으로 사용되어 왔다. 물성에 따라서는 플라스틱의 일종인 수지와 나일론, 왁스, 금속, 세라믹 등 다양하다.

이들 중 수지와 금속이 주로 사용되고 있다. 수지를 활용한 3D 프린터는 저가형인 가정용에 적용되고, 금속의 경우 고가형의 산업용 프린터에 주로 사용되고 있다. 아크릴로나이트릴이라는 화학물질로부터 추출되는 수지 필라멘트는 피규어 출력에 가장 많이 쓰인다. 후처리를 하기에 매우 좋지만 출력 시 냄새가 나며 수축 및 균열 현상이 잘 일어난다. 사탕수수나 옥수수로 만들어진 친환경 수지로 된 소재는 녹여도 냄새가 나지 않고 인체에 해롭지 않다.

▲ 세라믹을 소재로 하는 3D 프린터

금속의 경우 알루미늄, 티타늄이 많이 사용되어 의료, 기계 부품 등에 적용되고 있으며, 이종재료 적층, 고정밀 적층, 적층률 향상 등에 초점을 맞춘 기술개발이 활발히 진행되고 있다. 이러한 부분이 해결되면 제조업에 활용될 수 있는 범위가 더욱 넓어질 것이다. 기존 절삭 방식으로는 구현이 힘들었던 3차원 세라믹 역시 3D 프린터 기술로 가능하다. 세라믹은 우주항공 분야와 같은 기계 분야와 함께 인공 치아, 인공 관절과 같은 의료 분야, 건축 및 예술품 분야까지 활용되는 '만능 소재' 다.

3D 프린터에 관련한 소재들은 3D시스템즈, 스트라타시스, EOS 등 글로벌 프린터 제조업체들이 독점적으로 공급하고 있다. 다른 소재 업체들이 진입하기에는 기존 프린터 생산업체들의 진입장벽이 높게 형성되어 있기 때문이다. 각 프린터 제조사들이 프린터 시스템에 최적화된 소재들을 개발하면서 다른 소재의 사용을 막기도 한다. 2D 프린터 업체들이 처음에는 프린터를 판매하며 매출을 올렸으나 시장이 안정화되는 과정에서는 잉크 등의 소모품 판매를 통해 경쟁력을 가졌던 것과 비슷한 상황이라고 볼 수 있겠다. 따라서 글로벌 3D 프린터 업체들은 각 회사별로 세라믹, 알루미늄, 에폭시, 열가소성 플라스틱, 폴리에틸렌 등 그들만의 프린터 타입에 맞춘 소재 연구개발에 총력을 기울이고 있다.

5. 3D 프린터가 이끄는 제조업 혁명

3차 산업혁명은 물론 4차 산업혁명을 이끌 적임자

인류는 수천년 동안 살아오면서 채취, 농사, 수렵 등을 통해 자급자족하고 일부 필요한 물건들은 개인 단위로 물물교환을 하며 살아왔다.

인류가 지금과 같이 필요한 물건들을 구매하며 분업화를 통해 생산하기 시작한 것은 산업혁명 이후이다. 산업혁명 후 인류는 석탄 등의 원료로 동력을 더욱 쉽게 사용하게 되면서 생산설비의 기계화를 이뤘고 나아가 제조업 혁명을 이루어 내게 된다. 이후 화학, 전기, 석유 분야를 중심으로 이루어진 2차 산업혁명에서는 컨베이어 벨트 시스템이 도입되어 대량생산체제를 완성했다. 그 후로 인류는 공장에서 대량으로 생산되는 제품들을 소비하며 살아갈 수 있게 되었다. 이후 정보통신 및 전자 분야의 발전으로 ICT 및 제조업의 융합, 결합 등이 이루어지는 현재의 시기가 3차 산업혁명의 과도기라고 볼 수 있다.

IT가 몰라보게 발달하고 개인의 소비 패턴 및 성향이 다양해지면서 기존의 제조업 패러다임도 새로운 형태로 바뀌어 가고 있다. 이제까지는 기업이 제품을 개발하고 대량으로 생산해 소비자가 소비하는 방식이 일반적이었으나, 최근에는 제품 개발과정에서 소비자의 선호를 반영하기 위해 기업이 노력하고 있다. 소품종 대량생산 시스템의 대표적인 업종인 자동차업계도 제한적이긴 하지만 하나의 모델에 다양한 추가 사양을 고객이 직접 선택하여 '선주문 고객맞춤형' 방식으로 소비자의 기호에 부응하고자 노력하고 있다. 인테리어 소품 같은 경우는 소비자의 기호가 더욱 다양하게 반영되는 분야로, 형태나 색상 등 소비자의 다양한 입맛에 맞춰 제작되고 있다.

이러한 소비행태를 반영하여 3D 프린터 산업은 ICT를 활용한 다품종 소량생산을 추구하는 제4차 산업혁명을 가져올 전망이다. 기존 대량생산체제에서 수용되지 않는 개인들의 수요가 IT 기술과 결합돼 저렴한 비용으로 제품생산에 반영될 수 있게 되면서 이를 통한 고부가가치

창출이 가능해졌다.

이미 많은 제조업체들이 가치 창조 프로세스와 유통 시스템에 있어 극적인 변화를 겪었고 지금도 변화가 이루어지고 있다. 기존에는 생산자들이 공장에서 생산을 하고, 유통업체들이 배달 및 판매를 하고, 소비자들이 소비를 하는 과정이 철저하게 구분되어 있었지만 '온라인 마켓'이 등장하면서 유통이라는 중간 단계가 일부 온라인으로 흡수되어 버렸다. 이후 소셜 커머스 업체들이 유통 단계를 없애는 혁신을 이루어냈지만 여전히 생산과 소비의 단계는 존재한다. 그러나 이제는 생산마저 3D 프린터로 디지털화되면서 소비 이전의 과정은 '도면'으로 대표되는 콘텐츠의 생산으로 축약되고 소비지점에서 생산하는 것이 가능하게 되었다. 이제는 멀리 있는 곳에 가서 쇼핑을 할 필요 없이 필요할 때 바로 3D 프린터를 켜고 만들어 쓰면 되기 때문이다.

주변에서 쉽게 응용이 가능한 사례를 하나 소개한다. 외국에서 본 캐릭터 피규어를 3D 스캐닝 프로그램을 이용하여 스마트폰으로 촬영 후 한국으로 보내면 3D 프린터로 뽑아낼 수 있다. 실제로 미국과 일본의 유명 캐릭터 업체들은 수년 전부터 이런 일들을 우려하며 대비책을 기민하게 세우고 있다.

나아가 3D 프린터는 3차 산업혁명을 뛰어넘어 4차 산업혁명에서 꽃을 피울 것으로 예상된다. 제조업 4.0을 이끄는 독일을 비롯해 일본, 미국, 유럽연합 등 기존 제조업 분야의 강국들은 스마트 팩토리를 비롯한 제조업의 새로운 혁신을 이끌어 가고자 한다. 값싼 노동력이 제조업의 가장 큰 경쟁력이 되면서 제조업의 주도권은 중국이나 인도 등으로 옮겨갔다. 요즘에는 중국에 있는 공장의 수가 나머지 국가들에 있는 공장의 수보다 많다고 할 정도로 각종 산업의 핵심을 중국이 독점하고 있다. 최근 IT, 자동차 분야에서 중국의 선전은 이러한 결과를 반영한 것이라 할 수 있다. 때문에 기술 선진국들은 제조업의 핵심을 값싼 노동력에서 다시 기술로 가져오고자 한다. 제조업을 새로운 형태로 혁신하여 다양한 생산을 이루어내는 게 목표다. 이러한 면에서 3D 프린팅 기술이 전 세계 힘의 역학을 바꾸는 중대한 역할을 할 것이라고 기대한다. 3D 프린터가 많은 사람의 일을 대체할 수 있기 때문에 앞으로는 기술이 우수한 업체가 가격경쟁력까지 갖출 수 있는 것이다. 따라서 3D 프린터는 장소와 거리의 제약에서 벗어나 제조업의 새로운 모멘텀을 이끌며 혁신을 이뤄낼 것이다.

주문제조 시장의 탄생

도면 데이터와 원료만 있으면 어디서든 3D 프린터로 생산할 수 있는 장점이 있기 때문에, 3D 프린팅이 확대될수록 지역 간 물류이동이 크게 줄어들 것이다. 주변에 있는 3D 프린터 위탁생산 업체를 이용하면 별도의 시설이나 공장도 필요 없다. 도면을 직접 그리고 데이터를 세이프웨이즈와 같은 위탁생산 업체에 전송해주면 이를 제작하여 제품 배달까지 해주기 때문에 제조업 수출 방식에도 새로운 변화가 예상된다. 한국에서도 글룩이라는 3D 프린터 위탁업체가 등장했다. 글룩은 다양한 3D 프린터를 구비해두고 기업에서 의뢰한 시제품을 비롯해 예술가들의 작품 제작도 대행해주고 있다.

다양한 3D 프린터를 구비한 한곳의 제조설비에서 가전, 우주항공, 자동차 부품 및 의류, 신발, 장난감까지 생산하게 되는 시대가 왔다. 이러한 경우 초기의 생산설비 투자비 및 관리비용을 절감할 수 있어 중소기업의 생산물량을 대체하게 되고, 개인 또한 구하기 어려운 부품 등을 쉽게 주문제작하여 사용할 수 있다.

결론적으로 3D 프린터를 이용하면 고객의 주문이 있을 때만 소비지에 가까운 소형 공장에서 제품을 생산하되, 주문생산 방식을 통해 투자비는 줄이면서 사업의 수익성은 높일 수 있는 것이다.

변화를 일찌감치 감지한 미국의 IT 기업 아마존은 3D 프린터 기업인 믹시 랩스Mixee Labs 등과 업무 제휴를 맺고 제품의 색상, 디자인의 일부를 변경할 수 있는 3D 프린팅 스토어라는 서비스를 제공하고 있다. 나아가 아마존은 고객과 가장 가까운 곳에 있는 이동형 제조기기에 도면 데이터 파일을 보내고 주문된 상품을 그 자리에서 제조해서 배송할 수 있는 기기에 대한 특허를 출원했다. 아마존에 따르면 이러한 이동형 제조 기기에는 절삭 공구 등도 여러 3D 프린트와 함께 탑재된다고 한다. 이로써 아마존은 창고 내 재고를 줄일 수 있고 상품을 찾는 수고도 덜 수 있어 배송 시간도 단축하게 된다. 이러한 형태의 비즈니스 모델도 3D 프린터를 이용한 주문생산의 한 형태로 볼 수 있다.

'상품' 파는 회사에서 '설계도' 파는 회사로

3D 프린터의 가장 큰 장점은 제조공정이 단순하다는 것이다. 기존에는 제품 구상 · 시장조사 → 제품 설계 → 시제품 생산 및 성능시험 → 제품 생산 → 출하의 단계를 걸쳐 제품이 생산되었으나 3D 프린터 기술은 제품 구상 · 조사 → 3D 설계 → 제품 생산 → 디자인 데이터 판매과정으로 단순해진다. 덕분에 비용과 시간을 절약하고 그 과정에서

디자인도 쉽게 수정할 수 있다.

공장을 짓거나 외주제작을 할 필요 없이 3D 프린터를 구매하거나 임대하면 된다. 여건이 안 되면 주문제작 방식으로 제조가 가능하기 때문에 좋은 아이디어나 기술만 있다면 누구나 제조업종에 뛰어 들수 있다. 기존의 소프트웨어나 서비스 사업 위주의 벤처기업이 제조업에서도 얼마든지 성공할 수 있는 여건이 조성됐다.

따라서 획기적인 아이디어만 있으면 많은 생산설비와 인력이 없어도 충분히 제품을 판매할 수 있을 것으로 보인다. 나아가 미래학자 앨빈 토플러가 본인의 저서 『부의 미래』에서 언급한 '프로슈머'를 3D 프린터 기술이 적극적으로 이끌어 갈 수도 있다. 프로듀서생산자와 컨슈머소비자의 합성인 프로슈머는 소비자와 생산자 간의 벽이 허물어지고 생산과 소비가 동시에 이루어지는 것을 뜻한다. 앨빈 토플러는 여기에서 3차 산업혁명이 이루어진다고 예견했다. 제품이 꼭 공장에서 만들어지는 것이 아닌 사무실에서 만들어질 수 있고 심지어는 집 안의 식탁에서도 만들어질 수 있다는 것이다.

단 하나의 제품만을 생산하는 것도 가능하고 원재료 조달 및 공급에 드는 비용구조도 바뀌다 보니 이전에는 시장성이 없다고 판단되었던 틈새시상노 매력 있는 시장으로 변할 수 있다. 내가 생각하고 있는 아이디어에 대해 관심 있는 사람이 한 사람이라도 있고 수요가 단 하나라도 있으면 생산하여 판매할 수 있는 것이다.

3D 프린터로 여러 종류의 캐리커처를 만들 때 초콜릿이나 실리콘, 플라스틱 등 소재를 다양하게 구성할 수도 있다. 3D 프린터의 가격도 꾸준하게 내려가고 있기 때문에 가정에서도 소셜 3D 프린터 플랫폼을

통해 도면을 구입하고 필요한 제품들을 직접 제작해 사용할 수도 있을 것이다. 이미 세이프웨이즈라는 3D 프린터 서비스 업체는 6천여 개의 마켓과 회원 수 10만 명을 보유하고 있다. 자신만의 개성이 담긴 아이디어만 있다면 설계도를 통해 이를 구현하고 3D 프린터를 직접 생산할 수 있는 시대가 도래했다.

6. 3D 프린터의 응용 분야

1986년 처음으로 상용 3D 프린터가 출시된 이래 3D 프린터는 주로 시제품 제작에 활용되어 왔다. 기존의 생산 시스템 하에서는 디자인이 바뀔 때마다 금형 등 생산설비를 교체해야 하지만, 3D 프린터는 제품 디자인을 바꾼 후 모델링만 수정하면 즉시 새로운 제품을 제작할 수 있기 때문이다. 제품 성능을 수시로 확인하는 과정에서 디자인이 수차례 반복될 수 있다는 점을 감안할 때 3D 프린터의 효율성은 어마어마하다. 따라서 우주항공, 자동차, 가전제품 등 다양한 분야에서 시제품 제작에 3D 프린터를 도입하고 있다. 최근에는 3D 프린터의 상용화가 급속도로 이루어지면서 시제품 제작의 한계를 벗어나 차세대 생산 기술로 주목받고 있기도 하다. 출력물의 완성도 향상, 제작 속도 개선, 다양한 소재 활용 등 기술 자체가 고도화되고 있기 때문이다. IT 기술이 발달하면서 전문가들뿐 아니라 일반 사용자들도 손쉽게 제품을 디자인할 수 있게 되고 온라인상에서 디자인을 공유하는 것도 가능해졌다. 또한 의료산업, 의류, 음식 등 생활에 밀접한 분야에서도 폭넓게 쓰이게 됐다.

우주항공 · 자동차 산업

자동차나 항공기 생산업체에서 3D 프린터가 산업현장에 급속히 퍼지기 시작한 것은 최초 개발자에게 보장되는 특허 유효기간 20년이 종료돼 기술적 제약이 완전히 풀린 2000년대 중후반부터다. 글로벌 자동차업체들의 3D 프린터 도입 비율은 매년 가파르게 증가하고 있다. 스트라타시스에 따르면 자동차업계의 3D 프린터 활용도가 12%에 불과했던 2009년도에 비해 2014년에는 33%로 증가했다.

자동차업계가 신차를 개발할 때 걸리는 기간은 3~5년 정도이며 개발에 투자되는 비용은 보통 수천억 원 이상이다. 이 중 시제품을 제작하여 각종 성능들을 테스트하는 과정이 기간으로나 비용 면에서 가장 큰 비중을 차지한다.

자동차에는 수만 개의 부품이 들어간다. 따라서 일부는 공용되는 부품을 사용하지만 자동차를 새로 개발하게 되면 상당수의 부품들을 개발해야 한다. 수년간의 개발 기간 동안 여러 항목에 걸친 테스트를 수행해야 하기 때문에 상당수의 시제작 차량이 필요하다. 차체는 물론, 엔진 및 트랜스미션을 비롯한 자동차 부품 대다수가 금속으로 이루어져 주조나 절삭 등을 통하여 가공되어야 하기 때문에 시제품을 만드는 데에만 막대한 비용과 시간이 투입된다.

이러한 까닭에 자동차업계는 제품개발에 3D 프린팅 기술을 적극 활용하고자 노력해왔고 현재는 대부분의 자동차업체에서 널리 쓰이고 있다. 2000년대 이후 복합적인 소재를 사용할 수 있는 3D 프린터가 공급된 이후 더욱 다양한 부품을 3D 프린터로 완성할 수 있게 됐다. 자동차업계가 3D 프린터 기술을 일찍 도입한 덕분에 다양한 소재를 직접 요구할 수 있었고 이는 곧 3D 프린터의 기술발전이라는 선순환으로 이어졌다.

초기에 주로 시제품에 쓰였던 3D 프린터가 이제는 개발 이후 대량생산을 위한 부품을 생산하는 과정에서도 사용되기 시작되었다. 적용 분야도 기존의 플라스틱류에서 금속류 등 실제로 사용하기 힘들었던 분야로 넓혀지고 있다.

이를 뛰어넘어 자동차 전체를 3D 프린터로 제작하는 업체도 등장하기 시작했다. 미국 애리조나에 본사를 둔 전기자동차 업체 로컬모터스는 열가소성 소재로 3D 프린터를 이용해 제작한 저속력 전기차를 선보였다. 현재는 미 교통법에 따라 최고 56km/h까지만 주행할 수 있지만 조만간 고속도로를 주행하는 차량도 이어서 출시될 예정이다.

▲ 3D 프린터 전기자동차 스트라티

물론 1년에 수백만 대의 자동차를 생산하는 메이저 글로벌 자동차 업체에서 실제 양산설비에 3D 프린터 기술을 대폭적으로 적용하는 건 힘들 것이다. 새로운 형태의 소재를 사용해야 하는 부품의 경우 양산설비에 3D 프린터를 적용하여 생산할 수 있지만 일반적인 자동차 부품을 3D 프린터를 활용하는 것은 비효율적이다. 3D 프린터의 출력 방식은 비용과 속도 측면에서 소품종 대량생산으로 대표되는 자동차업계에는 적절하지 않다고 생각되기에 시제품 생산에 최적화되었다고 평가된다.

그러나 항공·우주 분야에서는 상황이 다르다. 수주를 받아서 제작을 시작하는 선박, 항공기나 우주선 제조는 자동차와는 달리 단시간에 많은 수량을 완성할 필요가 없다. 미국의 항공기 전문업체 보잉은 2015년 총 762대의 상용기를 항공사에 인도했다. 한 달에 64대 수준으로 항공산업이 다품종 소량생산에 가까운 산업이라는 것을 알 수 있게 해주는 대목이다. 항공업계가 전통적인 제조설비를 다품종 소량생산에 유리한 3D 프린터 기술로 교체하려고 노력하는 이유가 여기 있다. 특히 복합재와 같이 가벼우면서도 강도가 높은 특수한 재료를 활용한 부품제작에 있어서는 3D 프린터의 활용도가 더 높아질 것이다.

따라서 우주항공산업 분야에서는 3D 프린터가 양산에 직접 활용된다. 보잉과 GE, 록히드 마틴, 에어버스 등 글로벌 항공우주 업체는 금속 및 플라스틱 소재 등을 사용해 부품별로 3D 프린팅 기술을 활용한 부품을 생산한다. 효율성이 떨어지더라도 세밀하게 제품을 구현해낼 수 있는 3D 프린터를 활용하면 제품의 품질 및 성능 향상에 더욱 도움

출처 : Local Motors.

▲ 제작 중인 스트라티

이 되기 때문이다.

보잉은 군용기 및 민항기용으로 제작하는 부품 중 2만 2천 여종을 3D 프린터로 제작할 예정이다. 항공기 엔진을 비롯한 주요 부품을 제작하는 GE도 별도의 연구개발 센터를 설립하여 2020년까지 10만여 종의 제트 엔진 부품을 생산할 방침이라고 한다. GE는 이미 미국 알라바마 주에 항공기 부품 생산을 위한 3D 프린터 공장을 세웠고, 제트 엔진의 연료 노즐 부품을 만들었다.

3D 프린터를 통해 우주정거장 등에서 필요한 부품을 직접 제작하는 시대도 앞당길 수 있다. 지구에서 우주선에 물건을 쏘아 보내는 데 1kg 당 약 5,000만 원의 비용이 들지만 3D 프린터를 활용하면 이 엄청난 비용을 절감할 수 있는 것이다. 실제로 지난 2014년 미국 우주항공국NASA은 국제우주정거장에서 3D 프린터로 물건을 제작하는 데 성공했다.

▲ 무중력 공간(MSG)에서 3D 프린터 실험을 하는 모습

나아가 자동차보다 훨씬 오랜 기간 동안 운용하는 항공산업의 특성상, 생산한 지 오랜 기간이 지난 일부 부품의 단종으로 인하여 정비의 어려움이 있을 수 있다. 이러한 경우 관련 부품에 대한 도면만 있다면 사용자가 직접 부품을 3D 프린터로 생산하여 단종된 부품을 대체할 수 있다. 실제 우리 공군도 F-15K에 탑재된 F110 엔진의 고압터빈 덮개 등을 3D 프린터로 찍어내 정비에 사용하고 있다.

의료 · 바이오 산업

의료산업은 다품종 소량생산의 특징이 가장 뚜렷하게 나타나는 분야다. 인체의 특성이 사람마다 다르기 때문에 의족과 의수 및 두개골 모양, 인공 관절과 인공 치아의 형태를 제작하는 것이 일반 제조업 분야의 성격과는 완전히 다르다고 볼 수 있다. 이는 사람마다 정확한 대응이 이루어질 때만 효과를 볼 수 있기 때문이다.

의료 분야에 3D 프린터가 도입되자 환자의 신체 특성에 맞는 치아 및 관절, 뼈 등의 형상을 3D 모델링하여 데이터로 만들고, 크기 및 절단면과 일치하는 디자인을 스캐닝하여 출력하는 게 가능해졌다. 환자의 신체 형태를 스캐닝하여 모델링 후 환자 특성에 맞는 구조물을 제작하는 것이다. 한마디로 3D 프린터의 기본 개념을 가장 잘 활용하는 사례이다.

특히 임플란트와 같이 인공 조형물로 신체의 일부를 대체하여 치료를 해왔던 분야에서 가장 잘 활용되고 있다. 기존 방식의 제작에 수일씩 걸렸던 것에 비해 3D 프린터를 활용하면 몇 시간 만에 인공치아를 만들 수 있다. 의수, 의족, 보청기도 본인 신체에 맞게 3D 프린터를 활용하여 제작하고 있다. 장기를 만드는 재료 또한 플라스틱 등 수지 소재와 실리콘, 금속 소재 등을 넘어 실제 뼈, 세포, 조직 소재 등으로 확대되고 있다. 심지어 인공 턱, 인공 관절, 심장 보철물 등도 3D 프린터를 활용해 개개인의 특성에 맞는 신체 조직을 만들어 낼 수 있는 시대가 다가오고 있다.

최근에는 세포를 이용해 인체 장기를 출력하는 연구도 활발하다. 간이나 신장, 심장과 같은 장기뿐 아니라 화상환자의 피부를 재생하는 기술까지 개발 중이다. 미국의 웨이크포레스트 대학 연구팀은 살아있는 세포와 인체의 특성을 반영한 특수젤을 3D 프린터 재료로 주입해 실물크기의 근육 및 귀와 턱뼈를 복제했다. 미국 플로리다 대학의 엘겔리니 교수팀도 바늘처럼 가는 노즐로 생체 세포를 출력하는 3D 프린터를 개발했다. 이 프린터도 특수 젤이 담긴 프린팅 박스 안에서 출력을 하여 변형 없이 복잡한 구조의 생체 조직을 출력할 수 있다. 연구팀에 따르면 종이 2장 정도의 간격으로 생체세포를 쌓을 수 있어 혈관과 같은 복잡한 구조를 보다 정밀하게 출력할 수 있다고 한다. 연구팀은 이미 혈관 세포나 신장 세포를 사용한 프린팅에 성공했고 최근에는 실리콘과 특수 폴리머 등을 사용하여 뇌의 복제 모형 제작에도 성공했다. 기술 검증만 된다면 뇌종양 환자의 뇌를 스캔해

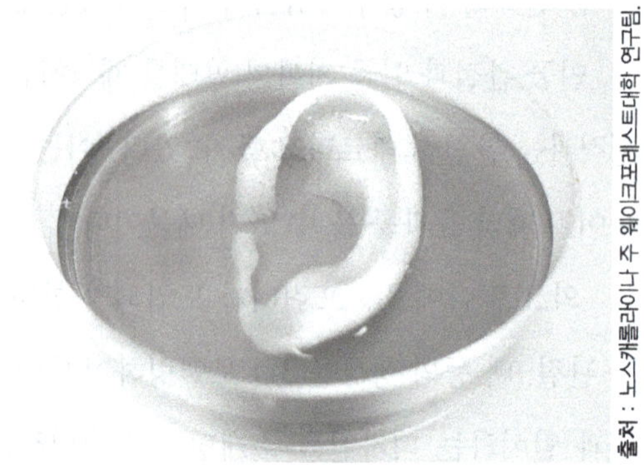

출처 : 노스캐롤라이나 주 웨이크포레스트대학 연구팀.

▲ 3D 프린터로 제작한 생체 귀

뇌를 복제, 수술을 하기 전 시험 수술을 시도할 수도 있고 위험요소들도 미리 점검해 볼 수도 있다. 향후에는 인공장기를 3D 프린터로 뽑아 사람에게 이식하는 시기도 도래할 것이다. 인체 장기를 3D 프린터로 생산하는 것이 상용화되는 시대가 온다면 방사선과처럼 전문으로 3D 프린터를 다루는 전문직종도 생길 것으로 보인다.

음식 · 의류 산업

2010년대부터는 3D 프린터로 만들어진 음식이 등장했다. 기존에는 원료 카트리지를 1개밖에 사용할 수 없었지만 기술의 발달로 원료 카트리지의 교체 및 2개 이상의 원료도 동시에 사용할 수 있게 되면서 3D 식품 프린터의 시대를 열게 된 것이다. 쉽게 생산할 수 있는 캔디, 초콜릿 등의 메뉴뿐 아니라 맛과 영양까지 고려한 음식들도 속속 출시되고 있다. 특히, 미 항공우주국과 미군이 우주에서 음식을 만들어 먹을 수 있는 기술을 개발하고자 기술연구에 돌입하면서 관련 기술들이 빠르게 성장하고 있다. 우주정거장에 정박하고 있는 우주인들이 양질의 음식을 먹을 수 있게 하고 더 나아가서는 화성 등 원거리 유인 우주탐사에 있어 식량조달 문제를 극복하고자 하는 데 3D 프린터가 가장 합리적인 해결책이라는 것이다. 재료로 쓰이는 파우더의 수분을 완벽하게 제거하여 최장 30년에 가까운 유통기한을 확보하여 심우주 유인탐사를 성공적으로 수행하도록 하겠다는 것이다.

이에 맞춰 글로벌 식품업체들도 자신들의 식품들을 개발하거나 생산하는 데 3D 프린터를 활용하고 있다. 파스타 제조업체 바릴라는 레스토랑용 3D 파스타 프린터를, 독일기업 바이오준은 노인들이 음식을 씹거나 삼키기 쉽도록 만든 식품을 3D 프린터로 생산할 계획이다. 이 식품은 기존 음식과 모양 및 맛이 유사하지만 씹을 필요가 없는 유동식 형태이다.

3D 프린터로 음식을 만드는 원리는 소재를 녹여 정해진 형태로 층층이 쌓아가면서 음식을 만들고, 액체를 이용해 층이 젖게 만드는 기술도 사용한다.

출처 : 3D Systems.

▲ 3D 음식 프린터(위)와 이를 이용해 찍어낸 호박 파이(아래)

'셰프제트'와 '셰프제트 프로' 두 종의 3D 프린터를 출시한 3D시스템즈를 비롯하여 많은 3D 프린터 제조업체들이 음식산업에 뛰어들고 있다. 향후 3D 식품 프린터가 전자레인지나 냉장고처럼 필수 가전으로 자리 잡을 수도 있지 않을까 싶다. 더 나아가 사물인터넷 및 인공지능 등의 기술과 융합하여 개개인의 입맛과 건강상태에 맞는 음식을 오차 없이 만들 수도 있다.

주문제작에 알맞은 또 다른 분야는 의류다. 미래학자 토마스 프레이 다빈치연구소장은 '3D 프린터를 이용한 의류산업이 2016년 31억 달러, 2020년 52억 달러로 성장할 것' 이라고 예상했다. 개인의 신체에 완벽하게 맞는 옷을 제작할 수 있다는 점에서 3D 프린터의 활용도가 높은 것이다. 이미 많은 업체에서 3D 프린터 기술을 이용해 의류를 제작하여 선보였다. 온라인으로 티셔츠를 디자인하면 그 디자인으로 옷을 인쇄해주고 구매할 수 있는 업체들은 이미 많이 있다. 이러한 2차원의 비즈니스 모델이 3차원 개념으로 확장되어 3D 프린터가 있다면 옷 전체의 디자인을 자신이 원하는 형태로 제작할 수 있게 된다. 더 나아가서는 온라인 스토어에서 3D 데이터를 구입하고 집이나 3D 프린터 전문업체 등에서 직접 옷을 제작하는 시기가 올 수도 있다. 사물인터넷을 활용하여 본인의 신체 특성에 완벽하게 맞는 옷도 제작할 수 있을 것이다.

스포츠 용품을 제작하는 과정에서도 3D 프린터 기술이 활용되고 있다. 아디다스는 3D 프린터를 이용해 제작한 러닝화 '퓨처크래프트 3D' 를 이미 선보였다. 이 신발은 밑창 중간 부분인 중창을 개개인의 발에 맞게 3D 프린터로 뽑아 만들었다. 나이키 또한 3D 프린터로 맞춤형 신발을 만들어내는 기술을 개발 중이다. 이전에는 일부 운동선수만 맞춤형 운동화를 이용해 최상의 컨디션을 유지했지만 이제는 3D 프린터를 이용해 개개인의 발 상태에 맞는 신발을 제작해 신는 시기를 맞이하게 될 것이다. 이러한 점에서 향후에는 90, 95, 100과 같은 옷 치수나 260mm, 265mm 등 신발 호수를 나누는 기준도 무의미해질 듯 하다.

스마트 팩토리

1. 선진국, 제조업에 길을 묻다

2. 왜 지금 스마트 팩토리인가?

3. 스마트 팩토리, 당신을 둘러싼 모든 걸 바꿀 것이다

4. 변혁의 시기, 우리는 얼마나 준비되어 있는가?

5. '스마트' 라는 환상에서 벗어나자

1. 선진국, 제조업에 길을 묻다

사물인터넷, 빅데이터, 인공지능, 기계학습 등 요즘 인터넷이나 뉴스를 보면 3~4년 전에는 접하지 못했던 새로운 기술용어들이 거의 매일같이 쏟아지고 있다. 이런 뉴스들이 언론을 통해 큰 변화를 가져올 것처럼 부각되면서 우리를 혼란스럽게 하고 있다. 그렇다면 ICT 기술 혁신에 따른 변화는 왜 최근에야 관심받기 시작했을까? 그리고 우리의 삶에는 실제로 어떤 영향을 미칠까? 본 장에서는 제조업 패러다임 변화를 상징하는 키워드, 스마트 팩토리Smart factory에 대해 알아보고자 한다.

지난 1월 스위스 다보스에서 열린 2016년 세계경제포럼WEF의 최대 화두는 '4차 산업혁명' 이었다. 포럼을 통해 발표된 '일자리의 미래The Future Jobs' 라는 보고서에 따르면 2020년까지 일자리 710만 개가 사라지고 기존에 없던 일자리 200만 개가 새로 생겨날 것이라는 전망이 나왔다. 산술적으로 약 510만 개의 일자리가 사라진다는 의미다. 18세기 증기기관의 등장과 함께 촉발된 1차 산업혁명을 시작으로 19세기 대량생산체제 구축을 통한 2차 산업혁명, 20세기 ICT 기술 활용을 통한 자동화에 따른 3차 산업혁명이 이뤄졌다. 그 뒤를 이어 로봇과 인공지능, 사물인터넷 기술로 무장한 4차 산업혁명은 세계 산업질서에 지각 변동을 일으킬 것이란 전망이 나오고 있다. 이 같은 변화는 왜 일어나는 것일까?

그간 우리 주변에서 흔히 쓰이던 대부분의 제품에는 'Made In China' 표기가 붙어 있었다. 그러나 몇 해 전부터 스마트폰, 장난감 등 주요 공산품을 중심으로 'Made In Vietnam' 이란 표기가 붙은 제품을 심심치 않게 볼 수 있게 됐다. 실제로 베트남은 중국, 미국에 이어 한국의 세 번째 수출 대상국이 되었다. 한국무역협회에 따르면 수출 품목의 92%가 베트남에 진출한 공장에서 사용되는 한국산 원료와 부품들이 차지하고 있다. 세계의 공장이던 중국 중심의 제조산업이 베트남 등으로 다각화되고 있다는 의미다. 이 같은 변화는 자유무역협정 체결과 베트남 정부의 투자유치 정책도 한몫했지만, 결국엔 인건비가 결정적인 이유로 꼽힌다. 베트남은 중국 절반 이하의 인건비 수준을 유지하고 있는 나라다.

중국도 자국의 인건비와 인프라 비용 상승에 따른 제조업 경쟁력 하락을 만회하기 위해 생산시설 자동화를 적극 추진하고 있다. 애플의 아이폰을 비롯해 소프트뱅크의 휴머노이드 로봇인 페퍼Pepper 등을 생산하는 세계 최대 전자제품 위탁생산기업인 폭스콘도 제조공장의 자동화 및 스마트화를 위한 투자를 아끼지 않고 있다.

▲ 폭스콘의 로봇자동화 시연(위) 및 제조공장 시뮬레이션 화면(아래)

미국도 2008년 리먼 브라더스

사태로 촉발된 세계 경제위기 당시 제조업 기반이 강한 독일 등의 국가가 상대적으로 타격을 덜 받고 빠른 회복세를 보이는 모습에 자극을 받아 제조업의 가치를 재조명하게 됐다. 버락 오바마 미국 대통령의 기업 유턴 지원정책으로 애플, 포드 등 150여 개의 주요 제조기업들이 미국으로 회귀했으며, 이를 통해 제조업 생산지수 증가 및 일자리 창출 등의 성과를 거뒀다.

미국은 중국의 임금 상승과 셰일가스Shale gas 개발에 따른 원가절감 등이 맞물린 상황에서 공장 이전비용 지원, 법인세 인하, 설비투자 세금 면제 등 파격적인 혜택을 제시했다. 또한 3D 프린팅, 인공지능, 사물인터넷 등 미국이 강점을 가진 소프트웨어 관련 경쟁력을 바탕으로 제조업의 새로운 패러다임을 주도할 핵심 기술 개발에 매진하고 있다. 일본 역시 엔저를 등에 업고 세금 인하, 규제 완화에 나서면서 제조업 회귀 및 경기회복 효과를 톡톡히 봤다. 이를 통해 자국의 자동화 기술과 로봇 기술 경쟁력을 무기로 스마트 제조업의 선두주자가 되기 위해 발 빠르게 나서고 있다.

미국이 벤치마킹한 독일의 경우 2011년 '하이테크 비전 2020' 계획을 발표해 ICT 융합을 통한 제조업의 혁신전략인 'Industry 4.0'을 포함시키고 관련 기술의 표준화 및 기술 선도를 강도 높게 추진하고 있다.

이처럼 세계 주요국들은 제조업의 중요성을 재인식하고 자국이 가진 산업적 장점을 십분 활용하는 정책을 펼치고 있다. 이를 통해 핵심 요소기술을 선점하고 산업경쟁력 주도권 확보를 위해 총력을 기울이고 있다.

2. 왜 지금 스마트 팩토리인가?

인류의 문명과 산업의 발전은 기술의 발명과 확산을 통해 이뤄졌다는 것이 학계의 정설이다. 그러면 4차 산업혁명의 한 형태로 꼽히는 스마트 팩토리는 왜 지금 시점에 부각되는 것일까?

시대를 막론하고 제조업이 경쟁력을 갖기 위한 핵심 과제는

① 정품하자 없이 품질이 좋은 제품을

② 정량낭비 없이 원하는 수량만큼 정확하게

③ 정시원하는 시간과 장소에 정확히에 저렴한 상품을 제공하는 것이다.

이는 어떤 기술이 도입되더라도 변치 않을 제조업의 핵심 가치다.

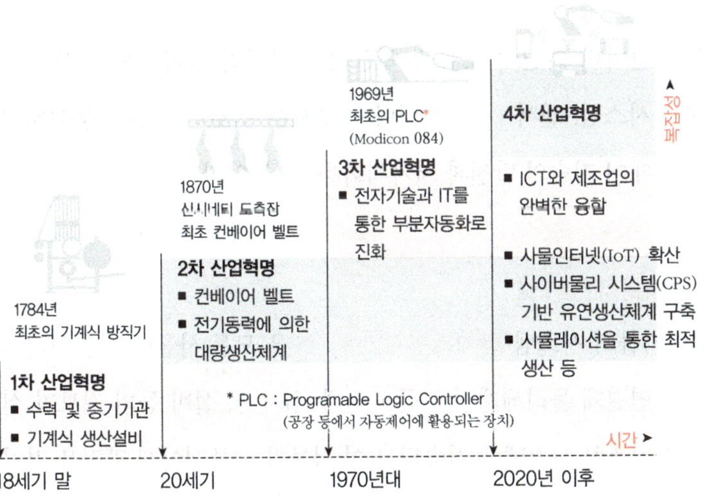

▲ 기술 변화에 따른 4단계 산업혁명(Industrial Revolution)

공장의 스마트화를 통해 이와 같은 제조업의 경쟁력이 극한으로 향상될 수 있다는 확신을 갖게 되면서 4차 산업혁명의 한 형태로 꼽히는 스마트 팩토리가 화두로 떠오르고 있다.

앞의 그림은 기술혁신에 따른 산업혁명 발전과정을 설명하고 있다. 영국은 증기기관 발명에 기인한 1차 산업혁명을 통해 산업국가로 발돋움하며 세계의 패권을 장악했다. 미국은 컨베이어 벨트와 전기동력을 활용한 대량생산체제의 확립으로 제조강국으로 도약했다. 일본의 경우 1970년대 이후 서보 모터Servo Motor와 전자기술을 활용한 자동화, 로봇기술을 통해 제조강국으로서의 지위를 오랫동안 누릴 수 있었다. 최근엔 정보통신 기술의 획기적인 발전으로 관련 하드웨어와 소프트웨어 기술의 진입장벽이 낮아졌다. 이를 제조업에 적용하면 정품, 정량, 정시, 원가절감이라는 혁신이 가능해진다.

그렇다면 스마트 팩토리를 가능하게 할 핵심 요소기술에는 무엇이 있을까?

각 기관마다 의견이 조금씩 엇갈리고 있지만 사이버물리 시스템, 인공지능 시스템, 센서 · 3D 프린팅 등 스마트 팩토리 구현을 용이하게 하는 하드웨어 기술의 발전과 저가격화를 들 수 있다.

사이버물리 시스템

사이버물리 시스템Cyber Physical System ; CPS은 모든 사물이 사물인터넷 기반으로 연결돼 물리세계의 부품 · 소재, 완제품, 설비 등의 정보가 실시간으로 컴퓨팅 시스템에 전송되고 이 정보가 시뮬레이션 과정을 거쳐 다시 물리세계에 적용돼 생산의 최적화를 추구하는 기술을 가리킨다.

자동으로 측정된 현실 데이터를 가상 세계에 입력해 시뮬레이션을 거치는 현실과 가상세계의 융합 과정이라고 정의할 수 있다. 기존에도 컴퓨터 시뮬레이션을 이용한 생산 공정의 효율화는 많이 활용됐다. 하지만 시뮬레이션을 위해 실제 물리 데이터를 수동으로 측정하거나 가정된 값을 입력해야 했으므로 정확도 저하와 효율의 문제가 꾸준히 제기됐다. 하지만 사물인터넷 세계에서는 모든 사물에 센서가 연결되면서 물리세계의 데이터가 실시간으로 측정돼 컴퓨팅 시스템에 입력된다. 이를 통해 즉각적이고 연속적인 최적화가 가능하게 되는 것이다.

인공지능 시스템

사이버물리 시스템을 통해 자동으로 측정되는 데이터가 실시간으로 분석되고 공장 운영 최적화에 즉각적으로 활용되기 위해서는 인공지능 시스템의 개발도 중요하다. 실제로 스마트 팩토리를 이루는 핵심 기술의 절반 이상이 인공지능 기술을 기반으로 하고 있다고 해도 과언이 아니다. 인공지능은 '환경을 감지하고 스스로 행동함으로서 자신의 목표를 달성할 수 있는 자동화된 시스템'으로 정의된다Artificial Intelligence, Stuart Russell 저. 이는 인간이 가진 고유 특성인 학습 · 추론 · 지각 · 이해 능력을 모사함으로써 기계가 스스로 최적화된 생산 시스템을 운영할 수 있다는 것을 의미한다. 스마트 팩토리에 스마트라는 단어가 앞서는 것도 이 같은 특성에 기인한다.

하드웨어 기술의 발전

ICT 기술의 획기적인 발전으로 인한 하드웨어의 보편화와 저가격화 또한 스마트 팩토리 시대를 여는 핵심 요소로 꼽히고 있다. 이는 크게 세 가지 부분에 영향을 미치고 있다. 먼저 실시간으로 데이터를 자동 측정하는 센서와 네트워크 인프라의 기술발전을 통해 사이버물리시스템 구현이 용이해졌다. 두 번째는 컴퓨팅 하드웨어의 고성능, 저가격화와 병렬 연산을 통해 굳이 슈퍼컴퓨터를 쓰지 않더라도 기계학습 등의 인공지능 기술을 적용할 수 있게 됐다. 세 번째, 인공지능을 통해 최적화된 분석 결과를 실제 제조·가공 공정에 적용하는 액추에이터모터 등 기술 발달과 새로운 제조 방식인 3D 프린팅의 등장과 보편화다.

이처럼 스마트 팩토리를 이루는 핵심 기술의 개발과 발전은 스마트 팩토리를 위해 탄생한 것이 아니라 ICT 기술의 혁신과정에서 이뤄졌다는 것이 업계의 공통된 의견이다.

또한, 각 개별기술들이 별도로 효과를 발휘하기보다는 스마트 팩토리에 관련 기술이 복합 적용되고 최적화되어 운영될 때 효과가 발휘되는 특성이 있다.

3. 스마트 팩토리, 당신을 둘러싼 모든 걸 바꿀 것이다

우리는 정보화 시대를 지나 스마트 시대에 살고 있다. 빅데이터 기술을 통해 엄청난 양의 데이터를 초 단위로 정밀 분석함으로써 소비자를 위한 맞춤형 제품을 생산하는 시대의 중심에 서 있다. 볼트·너트와 같이 작고 단순한 조립품 생산을 위해 시작된 3D 프린팅의 등장으로 복잡한 구조의 제품과 생활용품마저 프린팅으로 찍어낼 수 있는 시대가

왔다. 그렇다면 스마트 팩토리의 등장으로 인해 달라지는 변화는 무엇일까?

먼저 세계 제조강국의 주도권 경쟁이 심화될 것이다. 1~3차 산업혁명의 강국들이 각 시대의 국제 패권을 장악했던 사례와 같이 스마트 팩토리 경쟁력을 갖춘 나라는 새로운 제조강국으로 도약할 수 있다. 이는 세계 패권 장악을 위한 핵심 요소가 될 수 있다.

새로운 산업과 비즈니스 모델도 수면 위로 떠오를 전망이다. 스마트 팩토리 산업의 주 고객은 소비자 대상 비즈니스보다는 자동차, 휴대폰, 비행기 등 하드웨어 제품 생산을 기반으로 하는 제조 중심의 기업을 대상으로 한 비즈니스가 될 것으로 보인다. 또한 스마트 팩토리를 구현하기 위해서는 소프트웨어나 사물인터넷 같은 정보통신 기술 시스템이 필요한데 그 가운데에서도 임베디드 소프트웨어Embedded software를 기반으로 하는 기업이 급부상하고 있다. 우리나라의 경우 정부 차원에서 인재 양성을 위한 노력을 기울이고 있지만 임베디드 소프트웨어 인력은 절대적으로 부족한 실정이다. 이 산업을 키워낼 수만 있다면 인력난 해소뿐만 아니라 새로운 일자리 창출의 대안이 될 수 있다.

스마트 팩토리 기술검증, 상용화, 표준화 역시 필요한 부분이다. 특히 후방 연관 산업이 동반성장할 수 있는 인프라로 활용한다면 히든 챔피언Hidden champion이 탄생하는 블루오션으로 자리매김할 수 있을 것이다.

거의 모든 산업이 스마트 팩토리라는 새로운 패러다임의 등장을 반기고 있다. 의류산업도 그 중에 하나다. 의류산업은 정보통신 기술과 융합해 첨단화 궤도에 오르고 있는 분야이다. 최근에는 ICT를 융합해 스마트 공장을 추진하는 기업도 늘고 있다. 의류산업 가운데서도 신발 기업의 변화가 두드러진다. 나이키+아이폰 스포츠 키트를 신발에 장착한 나이키 플러스가 좋은 예다. 나이키 플러스는 신발에 내장돼 있는 센서를 통해 얼마나 운동했는지에 대한 데이터를 아이폰에 전송한다. 이 정보들을 통해 같은 서비스를 이용하는 사람들과의 기록과 코스 정보를 공유하기도 한다. 이 같은 시도는 신발과 같은 공업품이 더 이상 제조업에만 국한되는 상품이 아니란 점을 시사한다. 융합을 통해 산업의 한계를 넘어 고부가가치를 창출하고 있는 것이다.

출처 : 나이키.

▲ 나이키 달리기 앱 구동 화면

주요 선진국에서는 이와 같은 융합을 통한 스마트 팩토리가 화두로 떠오르고 있으며, 21세기 제조업 르네상스 시대의 주역이 되기 위해 총력을 기울이고 있다. 대한민국에서도 제조업은 국가경쟁력의 토대라 해도 과언이 아닐 만큼 중요한 기간산업이다. 세계적인 흐름에 따라 국내에서도 경기 회복을 위한 성장 동력으로 스마트 팩토리가 주목받고 있다. 현 정부가 제조업 혁신을 목표로 제조업 3.0 정책을 의욕적으로 추진하고 있다는 점은 긍정적인 신호다. 하지만 정책을 현실화하기 위해서는 보다 충분한 지원과 함께 지역사회, 산학연 클러스터의 협업이 요구된다. 또한 제조 기반 기업들이 글로벌 경쟁력을 확보할 수 있도록 정책적인 지원확대가 절실한 시점이다. 이제 스마트 팩토리의 도입은 선택사항이 아닌 필수전략이 된 만큼 우리 기업들이 혁신을 통해 제조업 르네상스 시대를 열 수 있기를 기대한다.

4. 변혁의 시기, 우리는 얼마나 준비되어 있는가?

한국은 제조업에 가장 많은 인력이 종사하는 명실상부한 제조업 강국이다. 하지만 최근 조선, 철강 등 기존 주력산업의 경쟁력이 급격하게 하락하면서 기나긴 경기 침체를 겪은 일본의 전철을 밟을 것이라는 우려의 목소리가 나오고 있다. 짧은 산업화 기간, 경제력의 차이, 협소한 내수시장으로 인해 일본보다 더 큰 위기를 겪을 것이라는 부정적인 전망까지 나오고 있다. 그렇다면 전 세계 제조업의 주도권 경쟁에서 대한 한국의 대응전략은 무엇일까? 과연 어떻게 변해야 살아남을 수 있을까?

한국은 세계 최고 수준의 제조업 생태계와 정보통신 기술 인프라를 갖춘 나라다. 하지만 스마트화의 핵심 기술이 되는 센서 등 요소 기술과 소프트파워는 선진국과 비교해 취약한 것이 현실이다. 또한 낡은 법령과 제도도 융합신제품의 신속한 출시에 걸림돌로 작용하고 있다. 제조업과 정보통신산업 간의 융합을 통한 스마트 혁명이 절실한 시점이다. 이른바 제조업 혁신 3.0을 통해 제조업 전반을 근본적으로 혁신하고 대도약의 기틀을 마련해야 한다.

한국은 2014년, 정부차원에서 스마트 산업혁명과 제조업 혁신 3.0 전략을 수립했다. 핵심은 IT와 소프트웨어를 활용해 신산업을 창출하고 제조업의 경쟁력을 향상시키는 데 있다. 좀더 구체적으로 제조업 혁신 3.0전략을 살펴보면 제조업 창조경제를 구현하는 것이 첫 번째 목표다. 제조업과 정보통신산업 융합을 통해 생산현장, 제품, 지역생태계 혁신도 꾀하고 있다. 또한 성공 사례를 제조업 전반으로 확대하기 위해 총력을 기울이고 있다.

▲ 제조업의 1.0~3.0 비교

생산방식 변화, 신산업 창출, 기반 조성은 스마트 팩토리 혁명에 있어 필수적인 요소다. 스마트 생산 방식을 확대 · 확산시키기 위해서는 빅데이터, 클라우드, 홀로그램, 사이버물리 시스템, 에너지절감, 스마트 센서, 사물인터넷, 3D 프린팅 등 8대 스마트 제조기술에 투자를 아끼지 말아야 한다. 이 같은 투자를 통해 스마트 팩토리의 고도화를 앞당길 수 있다. 설계역량 확보를 위한 플랜트 등 엔지니어링 개발연구센터를 확대하고 산학협력 디자인융합대학원 신설 등 고급인력 양성을 위한 노력도 필요하다. 중고설비 거래 촉진 등의 환경을 조성해 스마트 팩토리에 대한 투자유인을 강화해야 한다.

스마트 융합제품은 하루아침에 탄생할 수 없는 영역이다. 미래 성장동력에 대한 기여와 가시적인 성과 창출을 위해서는 신속한 기술개발과 대표 신산업이 창출돼야 한다. 시장수요에 기반한 단계적 사업화와 최종 개발 성공률 등을 제고하기 위한 사업을 추진해야 한다.

기반조성은 지역산업 발전과 밀접한 관련이 있다. 지역 거점 산업단지의 스마트화를 통해 지역별로 특화된 스마트 신산업이 육성될 수 있도록 힘써야 한다. 싱가포르의 경우 바이오폴리스와 같은 거점 산업단지에 대학 캠퍼스, 연구소 유치에 적극적으로 나섰다. 우리도 산학 융합지구를 확대해 어린이집, 행복주택 등 문화 · 편의 시설 확충을 위한 통합지원에 나서야 한다. 시행착오도 겪을 수 있지만 이를 통해 우리나라 제조업 경쟁력을 획기적으로 업그레이드하고 신산업 창출과 수출 확대를 달성해 경제 전반에 활력을 불어 넣어야 한다.

5. '스마트' 라는 환상에서 벗어나자

스마트폰, 스마트홈, 스마트 팩토리 등 우리는 그야말로 스마트 시대의 중심에 서 있다. 국내 IT 산업 발전의 결실인 스마트 산업은 우리의 주변뿐만 아니라 산업 전반에 깊숙이 자리 잡고 있다. 이는 제조업을 기반으로 하는 스마트 팩토리 분야에서도 마찬가지다. 스마트 공정이 이뤄지지 않는다면 글로벌 경쟁력과 노동 생산성 향상이라는 두 마리 토끼를 잡기 어렵다.

국내 제조기업들의 의지와는 별개로 산업의 미래는 스마트 팩토리라는 키워드를 명확하게 가리키고 있다. 우리는 스마트 팩토리 도입으로 모든 생산영역이 효율적으로 운영될 수 있다는 것을 알고 있다. 하지만 효과적 도입과 적용을 위해서는 고려해야 할 사항도 많다.

이전과 같은 방법론을 통해 스마트 팩토리 도입을 추진한다면 성공을 장담할 수 없다. 성공적인 도입을 위해서는 기존 제조생산 환경과 제약요인을 심도 있게 고려해야 하고 도입 방향 역시 생산 관리의 편의성보다 생산 실행의 관점에서 바라봐야 한다.

막대한 투자를 통해 스마트 시스템을 갖출 순 있지만 이를 제대로 활용하는 것은 또 다른 문제다. 기능이 유기적으로 연계되도록 더 많은 노력이 필요하고 맞춤형 솔루션으로 최적화되기까지도 적지 않은 인내심이 요구된다.

스마트 팩토리는 제조업 기반의 기업에겐 매력적일 수밖에 없는 영역이다. 하지만 성급하게 다가갈수록 실패 확률은 더 높아진다. 스마트라는 환상에 젖어 무리한 투자나 도입을 시도하기보다는 현장에서 효과적으로 응용하는 방안을 고려하는 것이 성공의 핵심 요소라 할 수 있을 것이다.

에너지 부족, 스마트 그리드가 대안

1. '스마트 그리드' 를 말하다

2. 전력 계량기도 이젠 스마트한 시대, 지능형 전력량계

3. 에너지 효율 향상의 열쇠, 에너지관리 시스템

4. 전력 부족의 구원투수, 에너지저장 시스템

5. 에너지 소비자에서 생산자로, 지능형 재생가능에너지

6. 재생가능에너지의 현재와 미래

1. '스마트 그리드'를 말하다

최근 제4차 산업혁명에 관한 기사나 뉴스를 많이 접할 수 있다. 사물인터넷, 빅데이터, 클라우드 컴퓨팅 등의 정보통신 기술을 기반으로 사람과 사물의 실시간 통신과 제어를 가능하게 하고 다양한 조직 사이의 연결과 이를 통한 협업을 극대화하는 사이버물리 시스템이 제4차 산업혁명의 핵심이다. 사이버물리 시스템은 많은 산업 분야에 영향을 미치며 인류의 삶에 혁신적 변화를 가져올 것이다.

사이버물리 시스템의 대표적인 활용 사례가 바로 스마트 그리드smart grid이다. 그리드란—송전선, 변전소, 변압기 등을 포함하는—발전소로부터 가정이나 회사로 전기를 수송하는 전력망을 지칭하며, 기존 전력망에 스마트 미터기, 에너지관리 시스템, 에너지저장 시스템, 지능형 재생가능에너지 등의 ICT 기술을 접목한 차세대 전력망이 스마트 그리드이다. 스마트폰이 우리 생활에 많은 변화를 가져왔듯이 ICT 기술로 무장한 스마트 그리드 또한 현재의 전력 시장에 큰 변화를 가져올 것이다.

스마트 그리드는 기존 전력망에 비해 많은 장점을 갖고 있다. 예를 들어, 스마트 그리드를 통해 전력 생산량과 공급량의 균형을 유지함으로써 낭비되는 에너지를 줄일 수 있고 공급자와 소비자 간 양방향 통신을 바탕으로 전력수요의 변화에 효과적으로 대응하여 전력망 과부하 문제를 예방할 수 있다. 또한 중앙 제어부에서의 전력 공급망 관리가 쉬워지기 때문에 전력 흐름의 최적화를 통한 에너지의 효율적 사용이 가능하다.

현대 사회에서는 정전 발생 시 은행, 통신, 교통, 보안 시스템 등의 마비로 인한 국가적 혼란과 큰 경제적 손실이 발생할 수 있다. 스마트 그리드는 유사시 전력망의 회복력을 증가시키고 태풍이나 지진, 홍수 등의 비상사태에 더 잘 대비할 수 있는 전력 시스템이다. 스마트 그리드의 공급자와 소비자 간 양방향 소통은 전력망의 오작동을 감소시키고 정전 상황에서 자동으로 전력을 재분배할 수 있으므로 정전 발생 빈도를 감소시킨다. 정전이 발생한 경우, 스마트 그리드는 이를 발견하는 즉

기존 전력망과 스마트 그리드의 특징

항목	기존 전력망	스마트 그리드
발전형태	중앙집중형	중앙집중형, 분산(개별 발전)형 복합
연료	화석연료 의존도 높음	재생가능에너지 이용 확대를 통한 화석연료 의존도 감소
전력의 흐름	공급자에서 소비자로의 단방향	공급자와 소비자 간 양방향
전력망 운영주체	공급자 중심	공급자와 소비자 간 정보교류를 통한 전력망 운영

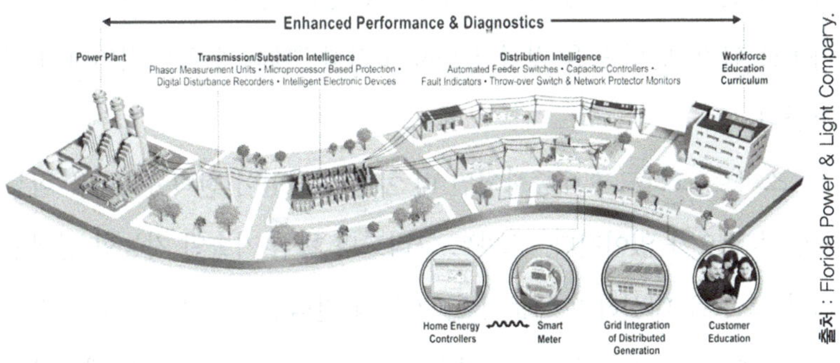

출처 : Florida Power & Light Company.

▲ 스마트 그리드 개념도

시 정전을 고립시켜 정전의 확산을 방지한다. 스마트 그리드는 전력공급량이 부족할 때 재생가능에너지 등을 통해 소비자가 생산한 전력을 이용하여 비상시 경찰서, 신호등, 전화시스템 등이 정상적으로 운용될 수 있도록 한다. 스마트 그리드는 효율성과 안정성이 향상된 에너지 시스템을 제공함으로써 진일보한 전력망 운영을 넘어 국가의 안보에 기여할 수 있을 것이다.

2. 전력 계량기도 이젠 스마트한 시대, 지능형 전력량계

우리는 매 순간 전기를 사용하고 있으며 전기 없이 일상생활이 불가능할 정도로 전기는 우리 생활과 밀접하게 연결되어 있다. 당연한 말이지만 전기는 무료가 아니기 때문에 우리는 사용하는 양만큼의 요금을 매월 지불해야 한다. 그렇다면 전력사용량은 어떻게 측정이 되며 전기요금은 어떻게 부과될까? 현재의 전기요금 부과 시스템은 가정마다 설치되어 있는 전력량계를 통해 전기사용량을 측정하고 매월 사용량만큼 요금을 부과하는 방식이다. 전력사용량은 전기 검침원이 각 가구, 아파트 단지, 빌딩 등을 직접 방문하여 전력량계의 수치를 확인하여 체크한다.

스마트 그리드가 대중화되면 더 이상 검침원이 전력사용량을 직접 확인할 필요가 없어진다. 스마트 그리드의 핵심 기술인 지능형 전력량계가 그 일을 대신하기 때문이다. 지능형 전력량계는 소비자의 전력사용량을 일정한 시간 간격으로 전력공급자에게 전달하는 통신 네트워크인 스마트 미터와 전력사용량 정보를 수신 · 저장 · 처리하는 전력사용량 관리 시스템을 지칭한다. 지능형 전력량계로부터의 전력사용량 정보는 전력공급자뿐만 아니라 빌딩의 에너지관리 시스템이나 각 가정의 관리비 요금정보 표시창, 그리고 스마트 기기로 전송될 수 있으므로 공급자와 소비자가 편리하게 전력사용 정보를 조회할 수 있다.

전력사용량을 언제 어디서나 손쉽게 확인할 수 있다는 장점 외에도 지능형 전력량계는 전력공급자에게 많은 운영상의 이점과 전력망의 효율성 향상 수단을 제공한다. 예를 들어 지능형 전력량계를 통해 정전 발생 시 실시간으로 공급자에게 알림으로써 정전을 효과적으로 관리할 수 있으며 소비자가 태양광 패널 등을 통해 자가 생산한 전력량을 측정함으로써 효과적으로 실제 전기사용량에 대한 청구가 가능하다. 또한 지능형 전력량계의 실시간 전력사용량 모니터링 기능을 활용하여 최고 사용 시간대의 전력망 과부하를 제어할 수 있고 축적된 데이터를 활용하여 전력수요를 예측할 수 있다.

지능형 전력량계는 전력망뿐만 아니라 도시가스나 상하수도 공급 시스템에 적용하여 스마트 가스미터, 스마트 워터 그리드Smart Water Grid를 구축할 수 있는데 이를 이용하면 국가 인프라 확충에 필요한 비용을 절감하면서 더 향상된 관리 방안과 서비스를 제공할 수 있다. 이 같은 이유로 우리나라를 비롯한 세계 각국에서는 지능형 전력량계의 보급을 적극적으로 추진하고 있다. 우리나라는 지능형 전력량계를 전력사용량 검침뿐만 아니라 도시가스 사용량 측정에도 사용하는 방안을 검토 중이다. 산업통상자원부 발표에 따르면 2020년까지 국내 시장에 지능형 전력량계 도입을 완료하고 2030년까지 에너지관리 시스템과 연계시스템을 구축할 계획이며, 향후 20년간 국내 스마트 그리드 시장 규모가 총 32.3조 원에 이를 것으로 전망하고 있다. 미국의 경우, 2015년 기준 약 6천 5백만 개의 스마트 미터기가 설치되어 전체 미국 전력량계의 33% 이상을 차지하는 것으로 추산된다. 미국과 유럽은 2020년까지 지능형 전력량계 보급률을 50%까지 확대하려고 계획 중이며, 중국의 경우 같은 기간 동안 7억 개의 지능형 전력량계 보급을 계획 중이다. 일본은 2016년까지 스마트 미터기의 보급률을 80%까지 올리기 위해 노력하고 있다.

지능형 전력량계의 원격 검침으로 얻어진 실시간 전력사용 정보는 지능형 전력량계 도입이 완료되면 폭발적으로 증가할 것으로 예상되므로 데이터를 실시간으로 관리하고 처리하는 기술의 중요성이 부각될 것이다. 스마트 그리드의 도입은 전 세계적인 추세이므로 내수 시장뿐만 아니라 해외 시장에서의 수익창출 가능성 또한 높으리라고 판단된다.

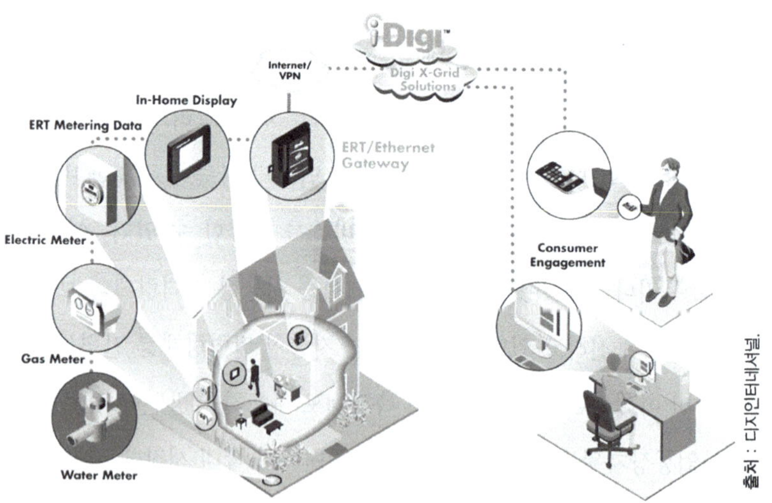

▲ 지능형 전력량계의 활용 예

3. 에너지 효율 향상의 열쇠, 에너지관리 시스템

급격한 산업화와 인구증가로 전 세계의 에너지 사용량은 지난 40년간 2배 이상 증가했다[KISTEP, 2015]. 특히 우리나라의 경우 같은 기간 동안 에너지 사용량이 12배 가까이 증가하여 OECD 국가의 에너지 사용량 평균 증가율인 1.4배를 크게 상회한다. 우리가 사용하는 에너지는 석탄, 석유, 천연 가스와 같이 대부분 재생이 불가능한 소모성 자원인 화석연료로부터 생산된다. 따라서 효율적인 에너지 사용은 피할 수 없는 전 세계적인 추세이며 각국 정부는 에너지 효율증가를 위한 다양한 정책을 시행함과 동시에 에너지 효율성 향상을 위한 신기술 개발을 위해 지속적으로 노력하고 있다.

앞서 언급한 바와 같이 스마트 그리드는 소비자에게 에너지 사용에 대한 자세한 정보와 제어 권한을 제공함으로써 에너지를 보다 효율적으로 사용할 수 있는 방안을 제공한다. 예를 들어 가정에서 지능형 전력량계를 통해 실시간으로 전력사용량과 전기요금을 확인하고 원격 컨트롤러를 이용하여 필요에 따라 에너지 사용량을 조절할 수 있다. 많은 양의 에너지를 필요로 하는 건물이나 시설물에서는 에너지관리 시스템을 이용하여 효율적으로 에너지를 활용할 수 있다.

에너지관리 시스템이란 전력공급자가 ICT 기술을 이용하여 전력 생산 · 전송 시스템을 모니터링하고 제어하며, 최적화하도록 도와주는 시스템을 지칭한다. 에너지관리 시스템은 고객의 에너지 수요에 대한 실시간 대응과 전력사용 시점에 따른 다양한 요금제의 적용, 그리고 에너지 수요 예측을 통한 최적의 에너지 생산계획 수립 등을 가능하게 한다. 결과적으로 에너지관리 시스템을 통해 소비자는 더 효율적으로 에너지를 사용할 수 있고 전력 최고사용 시간대의 전력사용량을 감소시켜 전력생산시설에 대한 추가적인 투자를 줄일 수 있다. 이는 정부의 에너지 효율성 증가 정책과 일맥상통한다.

에너지관리 시스템은 현재 주거용 전력보다 상업시설이나 산업용 전력수요를 관리하는 데 더 많이 집중되어 있으나 개별 소비자 또한 효과적인 전력사용량 제어로 전기요금 절약이 가능하기 때문에 주거용 에너지관리 시스템 또한 빠르게 발전할 것이다. 에너지관리 시스템은 지능형 전력량계의 구성요소 중 하나인 스마트 미터기 설치 후에 적용이 가능하므로 전력공급자는 소비자에게 스마트 미터기의 장점인 전력사용량 정보제공, 에너지 효율 증가, 전기요금 절약 등을 인지시켜 소비자의 스마트 미터 적용을 촉진시켜야 한다. 추가적으로 에너지관리 시스템으로부터 추출된 에너지 사용 데이터를 표준화하여 새로운 고객 서비스도 제공할 수 있다. 예를 들어 전력사용량 확인과 제어가 가능한 스마트폰 애플리케이션이나 웹 기반 온라인 제어 시스템을 개발하여 고객의 편의성을 증대시킬 수 있다. 한편, 에너지관리 시스템을 통해 개별 소비자의 전력사용 데이터에 대한 접근이 가능하기 때문에 개인정보 노출과 사생활 침해에 관한 우려 또한 적지 않다. 따라서 정부는 개인정보 보호에 관한 정책을 마련해 개인정보를 안전하게 보호하기 위해 노력해야 한다.

국내 에너지관리 시스템의 시장규모는 2030년까지 약 16조 원에 이를 것으로 예상되며 세계시장 규모는 2020년까지 약 60억 달러에 달할 것으로 예측된다. 우리나라는 2011년부터 정부의 주도로 에너지관리 시스템 보급사업을 시행해오고 있다. 주로 대형 빌딩이나 병원, 대학교 등의 에너지 소비가 많은 건물을 중심으로 에너지관리 시스템이 보급되어 활용되고 있지만 아직 시장 형성은 미약한 실정이다. 가정용 에너지관리 시스템의 경우 신축 아파트의 가정용 네트워크 서비스의 확장 개념에서 초기 도입이 이루어지고 있다.

일본의 경우 2009년부터 정부주도의 보조금 지원제도를 통해 가정용 · 건물용 · 공동주택용 에너지관리 시스템의 보급 촉진을 위한 노력을 해왔으며 2011년부터 전력생산 기업들과 전자기기 기업들이 협력해 가정용 에너지관리 시스템 시장 구축을 위한 노력을 진행 중이다.

미국의 경우 2010년부터 에너지부 주도로 에너지관리 시스템에 대한 연구개발을 수행하고 있으며, 국립표준기술연구소에서 단순화, 표준화된 전력사용 데이터의 안전한 제공을 목적으로 한 그린버튼 데이터

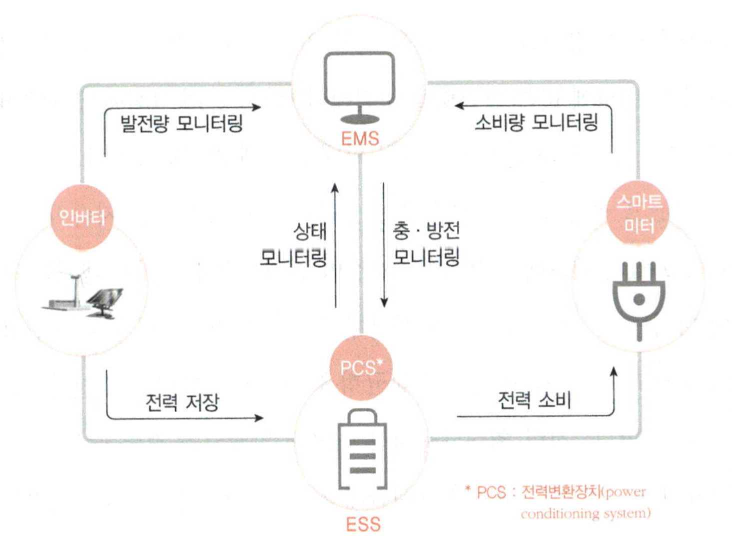

▲ 스마트 그리드에서의 에너지관리 시스템 활용 예

Green Button data를 확립하여 48개의 전력공급자가 5천 9백만의 가정과 사업자에게 그린버튼 데이터를 제공하고 있다.

유럽의 경우 주요 국가인 독일 · 영국 · 네덜란드에서 환경오염 감축, 전력수요 절감, 에너지효율 개선을 위해 정부의 주도로 에너지관리 시스템의 보급확대 노력을 하고 있으며, 스마트 시티 구축, 친환경 빌딩 구축 등의 시범사업을 실시 중에 있다.

4. 전력 부족의 구원투수, 에너지저장 시스템

일반적으로 전력은 원하면 언제든지 사용가능한 에너지라는 인식이 많다. 우리가 일상생활을 영위하는 집, 학교, 회사 등에서 전원 플러그만 꽂으면 쉽게 전력을 사용할 수 있기 때문이다. 하지만 전력은 생산과 동시에 소비되어야 하는 특성을 가지고 있기 때문에 전력 수요와 공급의 균형은 안정적인 전력공급을 위한 필수 요소이며, 지금까지는 전력의 수요 변화에 따라 발전량을 조절해야 했다. 현대 사회에서는 에어컨, 냉장고, TV 등의 전자제품 보급 확대로 인해 가구당 전력소비가 크게 증가했고 공장 등에서 사용되는 산업용 전기수요 또한 지속적으로 증가하고 있기 때문에 시간대별 · 계절별 전력수요에 차이가 생기는 경향이 나타난다. 이는 특정한 한 시점에 전력사용량이 최대가 되는 현상이 발생하고 전력수요와 공급의 불균형을 초래하여 대규모 정전사고를 유발할 수 있다. 전력 최대사용시점 대비를 위해서는 전력생산시설을 증설하면 되지만 전력 최대사용 시간대 외에는 설비 가동률이 떨어지는 결과가 발생해 경제적인 방안은 아니다. 따라서 전력의 효율적 생산과 소비를 위해서는 에너지관리 시스템 등의 기술을 통해 전력수요에 효과적으로 대응함과 동시에 재생가능에너지와 같은 대체 에너지원을 이용하여 추가적인 전력생산 능력을 확보해야 한다. 하지만 태양광이나 풍력 등의 재생가능에너지는 환경에 따라 전력생산량이 불규칙하게 변하므로 연속적인 전력공급이 불가능하다는 문제점이 있으며 필연적으로 전력의 생산 시점과 필요 시점의 차이가 발생한다.

이 같은 문제를 해결하기 위해 개발된 것이 에너지저장 시스템energy storage system ; ESS이다. 에너지저장 시스템은 생산된 에너지를 저장 후 필요한 시기에 사용함으로써 에너지수요에 효과적으로 대응하고 에너지 이용 효율을 향상시키는 시스템을 지칭한다. ICT 기술이 접목된 에너지저장 시스템은 전력수요가 낮은 시간 동안 여분의 에너지를 저장함으로써 예비 전력을 확보하고, 전력 최대사용 시간대에 사용해 전력수요에 효과적으로 대응한다. 또한 재생가능에너지와 에너지저장 시스템을 함께 사용하는 경우, 불안정한 재생가능에너지의 출력을 고품질 전력으로 변환하고 필요한 시점에 맞춰 전력을 공급할 수 있기 때문에 에너지저장 시스템은 재생가능에너지의 보급에 필수적인 요소이다.

스마트 그리드와 에너지저장 시스템이 결합되면 전력 공급자와 소비자 간 양방향 통신을 통해 전력수요가 증가하는 시점에 에너지저장 시스템에 저장된 예비전력을 공급함으로써 효과적인 전력망 운용이 가능해진다. 사용된 에너지저장 시스템의 전력은 수요량이 적은 시간대에 자동으로 재충전된다. 결과적으로 전력망의 유연성이 증가하고 전력 최대사용에 따른 정전사고를 방지함으로써 안정성이 향상되며, 효율적인 전력관리를 통한 경제성 제고 등의 이점이 생긴다.

전력저장을 위한 주요 기술로는 양수발전장치, 리튬 이차전지, 레독스 흐름 전지, 나트륨 유황 전지 등이 있다. 양수발전장치는 물리적으로 에너지를 저장하므로 대량의 에너지를 신속하게 저장할 수 있으나 초기 설비에 많은 투자비가 필요하다. 리튬 이차전지, 레독스 흐름 전지, 나트륨 유황 전지는 화학적 에너지저장 방식을 사용하는데 우리나라는 세계 최고 기술력을 보유한 리튬 이차전지를 바탕으로 에너지저장 시스템의 확대를 계획하고 있다.

국내 주요 업체인 LG화학과 삼성SDI는 기존 리튬 이차전지 생산 설비를 바탕으로 시장에 대응하고 있다. LG화학은 전력망의 효율성 향상과 재생가능에너지의 불안정한 출력 안정화에 주력하고 있으며, 삼성 SDI는 에너지저장 시스템의 안정성을 검증하는 한편, 가정용 및 산업용 에너지저장 시스템 개발을 목표로 하고 있다. 포스코의 경우 나트륨 유황 전지 사업화를 위한 연구를 수행하고 있으며 소규모 건물에 설치하여 시범사업을 계획 중에 있다. 미국은 대형 전력공급자와 정부기관이 주도하여 에너지저장 시스템 기술개발 및 시범사업을 추진 중에 있으며 노후 전력망 개선을 위한 여러 가지 기술을 적용 중에 있다. 유럽은 재생가능에너지의 안정화를 위한 시스템 개발에 중점을 두고 있는데 프랑스와 독일 양국의 태양광발전업체, 전지업체, 전력회사가 참여하여 에너지저장 시스템용 리튬 이차전지를 개발 중이다. 일본은 나트륨 유황 전지의 상용화에 성공했고 리튬 이차전지를 개발하고 있다. 현재 일본은 리튬 이차전지 및 나트륨 유황 전지 산업의 주도권을 최대한 활용하는 방향으로 기술개발을 전개하고 있다. 전기자동차의 고성장 전망에 따라 중대형 리튬 이차전지 설비에 많은 투자를 실시한 일본과 중국의 주요 업체들도 에너지저장 시스템 개발에 적극적인 움직임을 보이고 있다.

에너지저장 시스템 시장은 아직 초기 단계이나 재생가능에너지 보급확산 및 스마트그리드 시스템 구축, 고품질 전력수요 증가로 빠르게 성장할 것이다. 세계 에너지저장 시스템 시장은 2020년까지 50조 원 규모로 성장할 것으로 예상되며, 2030년에는 120조 원에 달하는 시장이 형성될 것으로 보인다. 분야별로는 가정용 및 재생가능에너지 관련 시장이 전체의 70%를 차지할 것으로 전망된다. 에너지저장용 리튬 이차전지 시장은 2012년 8억 달러에서 2015년 71억 달러, 2020년 193억 달러로 연평균 49% 성장이 예상되고, 리튬 이차전지 시장점유율은 2012년 6%에서 2020년 36%로 높아질 전망이다. 하지만 이 같은 전망은 리튬 이차전지의 제조단가의 하락을 전제로 하고 있는데 현재까지 리튬 이차전지는 높은 에너지저장비용이 필요하기 때문에 정부 시범사

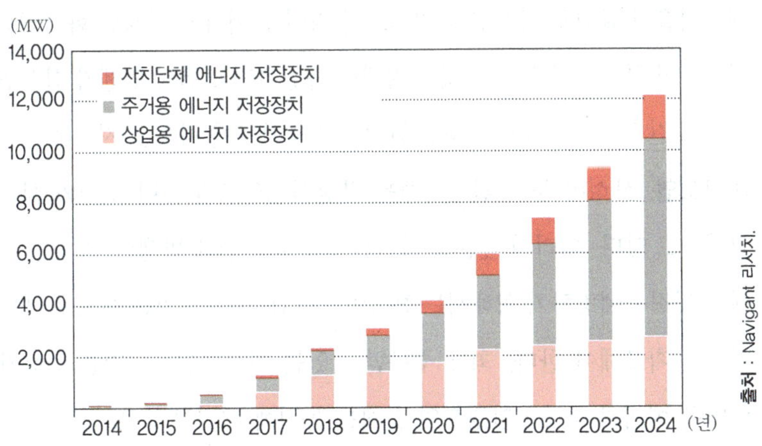

▲ 용도별 에너지저장 시스템 성장전망

업 등의 공공용도에 주로 사용되고 있을 뿐 아직 시장이 활성화되지 않은 상황이다.

우리나라는 2020년까지 세계 에너지저장 시스템 시장 점유율을 30%까지 높이고자 지속적인 투자를 실시하고 있다. 국내 에너지저장 시스템 시장은 아직 초기 단계이지만, 산업통상자원부의 예측에 따르면 전력 소비량의 증가와 재생가능에너지 보급 확산에 따른 급격한 수요 증가가 예상되므로 공격적인 투자를 계획하고 있다.

5. 에너지 소비자에서 생산자로, 지능형 재생가능에너지

우리가 매일 사용하는 에너지의 80% 이상이 석탄 · 석유 · 천연가스와 같은 화석연료로부터 생산된다. 화석연료가 없다면 전 세계가 마비될 것이며, 인류는 생존에 큰 어려움을 겪을 것이다. 비록 화석연료 채굴기술의 발달로 가용한 화석연료의 양이 늘어나고 있지만 화석연료 매장량이 한정되어 있다는 것은 명백한 사실이므로 결국 언젠가 화석연료는 고갈될 수밖에 없다. 또한 화석연료의 과도한 사용은 지구온난화, 대기오염, 산성비 등의 환경문제를 발생시킴으로써 이미 우리의 삶을 위협하고 있다. 따라서 높은 화석연료 의존도로 인해 발생할 수 있는 문제를 해결 · 예방하기 위해서는 화석연료를 대체할 수 있는 새로운 에너지원을 확보해야 한다. 최근 주목받고 있는 재생가능에너지는 인류가 당면한 에너지 부족 · 환경오염 문제를 동시에 해결할 수 있는 중요한 열쇠이다.

재생가능에너지란 화석연료와 같이 한 번 사용하면 없어지는 비재생 에너지원이 아닌 태양, 바람, 지열, 파도 등 우리 곁에 늘 존재하는 자원을 활용하여 생산되는 에너지를 의미한다. 재생가능에너지는 자원 고갈 문제가 없고 환경오염 물질을 발생시키지 않기 때문에 전 세계적으로 주목받고 있다. 현재 많은 국가에서 재생가능에너지의 도입·확산을 위해 노력하고 있으며, 이를 토대로 재생가능에너지와 관련된 기술은 빠르게 발전하고 있다. 앞서 언급된 스마트 그리드를 통해 얻을 수 있는 이점 외에 스마트 그리드가 제공하는 또 한 가지의 커다란 이점은 재생가능에너지를 전력공급원으로 사용할 수 있다는 점이다. 이는 재생가능에너지를 통한 에너지 생산을 촉진시키고 화석연료 의존도를 낮추는 데 기여할 것이다.

일반적으로 재생가능에너지를 전력공급원으로 사용하기 위해서는 해결해야 할 문제점이 있다. 먼저 재생가능에너지를 이용한 전력생산은 태양광이나 풍력 등 변동성이 심한 에너지원에 의존하므로 전력생산량 또한 변동성이 심하다. 전력공급은 언제나 소비자의 수요에 대응해야 하기 때문에 재생가능에너지를 전력공급원으로 사용하기 위해서는 출력 변동폭을 상쇄할 만큼의 추가 전력공급원이 필요하다. 또한 재생가능에너지를 이용한 전력생산은 주로 개인 소유의 시설에서 작은 규모로 이루어지는 경우가 많은데, 전력공급자는 이 같은 소규모 전력생산 시설이 그들의 전력망에 연결되는 것을 전력망의 안정성 문제, 또는 운용상의 어려움을 이유로 꺼리는 경우가 많다. 그리고 개인이 생산한 전력 가격을 책정하는 일 또한 까다롭기 때문에 재생가능에너지의 효과적인 활용을 위해서는 전력 시장에서의 새로운 비즈니스모델이 필요하다.

마지막으로 재생가능에너지를 통한 전력생산은 화석연료 기반의 전력생산에 비해 운용비용이 저렴하다는 장점이 있지만 초기 투자비용이 높은 편이다. 따라서 전력생산시설의 수명주기에 따른 전력생산 원가는 낮을 수 있어도 일부 개발도상국에서는 초기 투자비용을 감당할 만큼의 충분한 재원이 없는 경우가 많다.

스마트 그리드를 이용하면 이 같은 문제점을 해결할 수 있다. 먼저 스마트 그리드는 재생가능에너지를 다양한 전력공급원과 통합한다. 예를 들면 태양광발전 설비를 전력사용량 조절이 가능한 소비자와 연결한 후, 구름이 태양을 가려 출력이 감소했을 때 스마트 그리드의 통신 네트워크와 전력망 제어 기술을 바탕으로 소비자가 필요한 최소한의 전력만 공급하다가 구름이 걷히면 다시 전력공급량을 증가시키는 방식을 사용할 수 있다. 유사한 방식으로 밤 시간 동안 전기차를 충전해야 하는 경우, 스마트 그리드를 통해서 태양광발전 설비가 아닌 풍력발전기로부터 생산된 전기를 이용할 수 있다.

또한 스마트 그리드를 이용하면 재생가능에너지를 전통적인 발전소의 대안으로 사용할 수 있다. 각 가정 또는 빌딩의 지붕에 설치된 태양광발전 설비는 분산발전방식을 사용한 재생가능에너지 활용의 대표적인 예로 스마트 그리드를 통해 전력망 운영자는 실시간으로 각 태양광발전 설비의 정보를 제공받으며 설비를 제어한다. 이를 통해 필요에 따라 전력생산을 감소시키거나 차단시킬 수 있으며 출력의 미세조절이 가능하기 때문에 전력공급자의 재생가능에너지를 통한 전력생산이 수월해진다. 그리고 스마트 그리드는 더 정확하게 재생가능에너지로부터 생산된 전력량을 측정하고 가격을 책정할 수 있으므로 재생가능에너지

설비 소유자의 생산 전력량에 따라 적절한 비용을 지불할 수 있다.

마지막으로 스마트 그리드는 분산발전 시스템을 통한 전력생산을 허용함으로써 개인의 투자를 장려한다. 기존 전력공급자는 전력수요가 증가함에 따라 새로운 발전소를 건설해야 했지만, 분산발전을 이용하면 일반 투자자, 개인, 기업 등 누구나 전력생산 설비에 투자가 가능하다. 따라서 자금이 부족한 전력공급자에게 분산발전은 추가적인 투자 없이도 전력생산량을 늘릴 수 있는 매력적인 대안이며, 이는 스마트 그리드를 통해 수많은 개인 소유의 전력생산 설비를 전력망에 통합하고 전력공급자가 이를 제어할 수 있기 때문에 가능한 것이다.

재생가능에너지를 통한 전력생산이 보편화되면 기존의 대규모 중앙전력시스템에서 벗어나 지역별로 독자적으로 운영되는 소규모 전력망인 소형 전력 네트워크를 형성하여 해당 지역의 에너지 자립도와 효율을 높

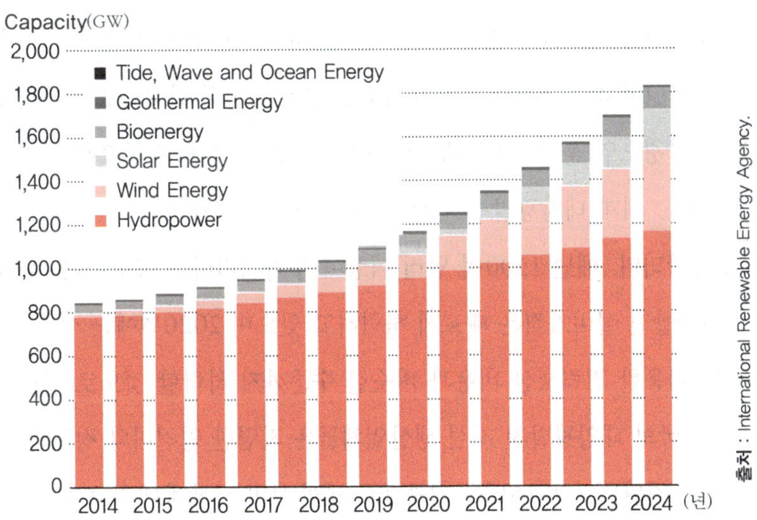

▲ 재생가능에너지 종류별 누적 전력생산 가능량

일 수 있다. 소형 전력 네트워크는 개별 소비자의 소규모 재생가능에너지 발전설비의 도입을 촉진할 것이며, 중앙 전력시스템에 문제가 발생했을 때의 영향을 최소화하는 완충 역할을 할 것으로 기대된다.

6. 재생가능에너지의 현재와 미래

스마트 그리드와 연계가 용이한 재생가능에너지인 태양광발전과 풍력발전 시장은 지속적으로 성장할 것으로 전망된다. 태양광발전의 경우 공급과잉에 의해 태양광발전 설비가격이 하락함에 따라 전체 전력 생산량에서 태양광을 이용한 전력생산량의 비중이 높아지고 있는 추세이며 2014년 말을 기준으로 전 세계 태양광 시장은 177GW 규모이다. 또한 2015년에 추가로 설치된 태양광발전 설비용량은 58GW로 전년 대비 28% 성장하여 현재는 안정기에 접어들고 있다. 중국 · 일본 · 미국의 태양광 수요가 전체 수요의 64%를 차지하고 있으며, 중국의 경우 경제 발전에 따른 전력수요량의 급격한 증가로 인한 화석연료의 대량소비로 환경오염 문제가 대두됨에 따라 태양광 수요가 큰 폭으로 증가하고 있다. 세계 태양광발전 시장은 2040년까지 3700GW에 이를 것으로 전망되며, 매년 1500억 달러 이상이 투자되리라고 예상된다. 현재 태양광발전 설비가격은 빠르게 하락하고 있으며 2020년에는 석탄, 가스를 이용한 전력생산 비용과 비슷한 수준까지 하락할 것으로 전망된다. 중국의 태양광발전 시설 생산업체들은 저렴한 인건비와 정부의 적극적인 지원으로 2015년을 기준으로 세계 설비 시장에서 약 42%의 높은 점유율을 확보하고 있으며 미국, 유럽, 일본이 주요 수출국가이다.

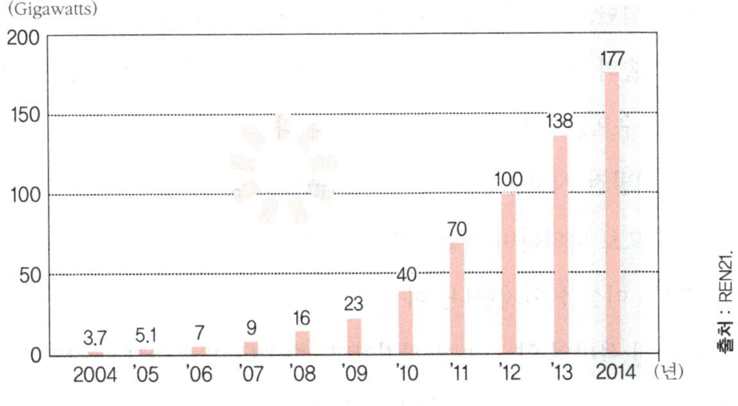

▲ 연도별 세계 태양광발전량

중국 정부는 태양광산업의 구조조정을 진행 중이며, 상위 10대 기업을 중심으로 태양광산업을 재편하여 경쟁력을 강화할 계획이다. 한편, 국내 태양광발전 설비용량은 약 3.2GW로 세계 시장의 1.4% 수준에 불과하기 때문에 산업경쟁력 확보를 위해 국가 차원의 노력이 필요하다.

국내의 협소한 태양광 시장 상황에도 불구하고 최근 대기업의 참여로 우리나라 태양광업계가 세계 시장에서 선전하고 있다. 독일 큐셀을 인수한 한화큐셀은 2014년 기준 셀 생산규모 3.7GW로 세계 최고 수준이며, 세계 주요시장에서 태양광발전 사업을 성공적으로 진행하고 있다. LG전자는 태양광 모듈의 효율을 세계 최고 수준으로 끌어올림으로써 시장 점유율을 높이고 있으며, LS산전은 태양광발전 솔루션을 제공하는 비즈니스모델로 안정적인 매출을 올리고 있다.

세계 풍력발전 시장은 안정적으로 성장하고 있는 추세이며 2014년 세계 풍력발전 시장규모 약 370GW에서 매년 12%씩 성장하여 2019년에는 약 666GW까지 증가할 것으로 전망된다. 풍력발전의 전력생산단가는 석탄, 가스 발전과 대등한 수준으로 뛰어난 경제성을 가지기 때문에 기술의 발전을 통해 생산단가가 지속적으로 감소한다면 풍력발전에 대한 수요는 더욱 커질 것으로 예상된다.

풍력발전 시설용량은 2014년 기준으로 중국, 미국, 독일, 스페인, 인도 순으로 나타나며 이들 풍력발전 선진국가의 시설용량이 전체 시장의 70% 이상을 차지한다. 아시아 풍력발전 시장의 경우 중국이 세계 풍력발전 설비의 약 31%를 차지한다. 중국은 이 분야에서 지속적으로 1위를 유지할 것으로 예상되며 중국 정부는 환경오염 문제를 해결하기 위해 2019년까지 풍력발전 설비용량을 200GW로 확대할 계획이다. 인도 정부는 2015년을 끝으로 풍력발전에 대한 지원제도를 종료했으며, 이는 풍력발전의 성장을 저해하는 요인으로 지적되고 있지만 연평균 5GW 수준의 양호한 성장세를 나타낼 것으로 전망된다.

유럽의 풍력발전 시장 또한 각국의 보조금 축소에도 불구하고 독일, 스웨덴, 터키, 폴란드 등의 안정적인 수요를 바탕으로 지속적인 성장세를 나타낼 것으로 전망된다. 유럽의 풍력발전 설비용량은 2014년 134GW에서 2019년에는 204GW에 이를 것으로 예상된다. 하지만 영국의 경우 전력 시장 개편으로 인한 풍력발전 수요의 위축이 예상되고, 스페인과 이탈리아는 재정위기로 인해 풍력발전 시장의 성장률이 1%대에 머물 것으로 보인다.

미국의 풍력발전 설비용량은 2014년 말을 기준으로 66GW이며 풍력발전 시장이 지속적으로 성장해 왔으나 세금감면제도 연장의 향방에 따라 변화가 있을 것으로 예상된다. 한편, 라틴아메리카 지역에서는 풍력발전 산업이 전성기를 맞고 있으며 멕시코와 브라질이 풍력발전 시장을 주도하고 있다.

국내 풍력발전 시장은 2014년 기준으로 0.6GW이며 75개의 발전소와 323기의 터빈이 설치되어 운영되고 있다. 2011년까지 우리나라 풍력발전 시장의 연평균성장률은 OECD 국가 중 11위로 빠르게 성장했으나 최근에는 성장 모멘텀의 부재로 다소 주춤한 상황이다. 정부는 2035년까지 전체 전력량의 13.4%를 재생가능에너지를 통해 공급할 계획을 발표했으며 이 중 18.2%의 전력을 풍력발전을 통해 조달할 예정이다.

최근의 풍력발전 시설은 GE, Vestas, Siemens 등의 글로벌 기업들에 의해 대형화되는 추세이며 풍력발전에 적합한 지역의 포화, 소음문제, 터빈날개 파손에 의한 사고 위험성 등을 이유로 깊은 수심 지대와 저풍속 지대에 설치 가능한 해상 풍력발전용 설비 시장이 부상하고 있다. 해상 풍력발전의 경우 초기 투자비용이 높다는 단점이 있으나 육상 풍력발전과 달리 규모의 제한이 없으며 설비의 대형화로 발전효율이 높기 때문에 향후 이 분야에서 지속적인 성장이 있을 것으로 예상된다.

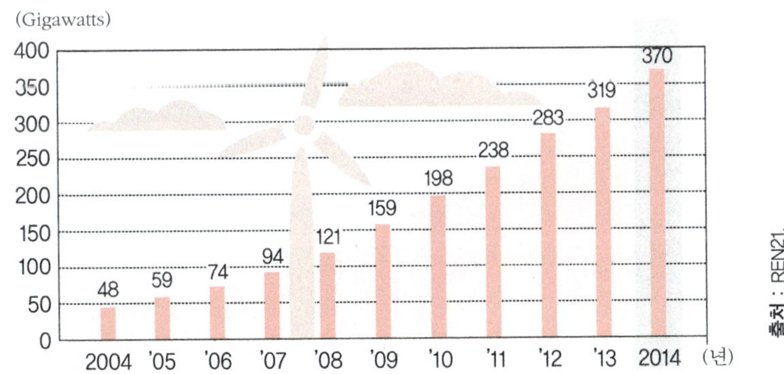

▲ 연도별 세계 풍력발전량

국내 풍력발전 기업들 또한 설비의 대형화를 추진하고 있지만 아직 연구 단계로 시제품 생산에 머물러 있다. 하지만 정부주도의 풍력발전 시범사업을 통해 지속적으로 투자가 확대되고 있으며, 이를 통해 두산중공업, 현대중공업, 삼성중공업, 효성 등의 국내 업체들은 사업실적을 축적할 수 있을 것으로 전망된다.

이제는 물 관리도 스마트하게

1. 위기의 물

2. 물도 스마트해요?

3. 해외는 물 관리를 어떻게 하나요?

4. 국내 물 관리 상황은 이렇습니다

5. 스마트 물 관리는 우리의 미래다

1. 위기의 물

60억 인류와 다양한 생물종이 공존하는 지구에서 물은 필수 불가결한 자원이다. 하지만 이렇게 소중한 물이 심각한 위기에 처해 있다. 위기의 징후들은 세계 곳곳에서 나타나고 있으며, 계속해서 악화되는 추세다. 획기적인 조치가 취해지지 않으면 결국 우리의 생존까지 위협할 수 있는 상황이다. 수자원 환경의 급격한 변화로 인해 세계 각국은 지속적이고 안정적인 물 공급을 위해 총력을 기울이고 있다. 이에 따라 공급 위주였던 정책방향도 수요관리로 바뀌었고, 관리체계 또한 순환과정에 있는 지표수와 지하수를 포함한 모든 종류의 물이 균형을 이루도록 하는 통합관리방식으로 전환되고 있다.

출처 : UN 환경계획 한국위원회

▲ 세계 물 위기(The world' s water crisis)

그러나 기존의 물 관리 시스템은 실시간 관리가 불가능해 수요와 공급의 불균형을 초래하고 시설 가동의 효율성도 떨어진다. 또한 누수 등으로 인한 물 손실과 물의 생산과 수송과정에서 드는 에너지 과다사용도 문제점으로 지적된다. 또한 다양한 종류의 수자원을 활용하지 못하고 지표수 등 한 종류의 수자원에만 의존함으로써 물 수요와 공급의 변동에 탄력적으로 대응할 수 없다는 한계에 직면해 있다.

이 때문에 수자원 환경 변화에 대한 빠른 대응과 기존 물 관리 시스템의 단점을 극복할 수 있는 스마트 물 서비스가 주목받고 있다. 스마트 물 서비스는 수자원 관리, 물의 생산과 수송, 사용한 물의 처리 및 재이용 등 물 이용 전반에 걸쳐 정보화와 지능화를 구현하는 차세대 물 관리 시스템을 일컫는다. 정보통신 기술을 기반으로 물 관리와 운영에 대한 통합적인 수자원 관리가 가능한 시스템으로 스마트 워터 그리드라고도 부른다.

2. 물도 스마트해요?

기존의 수자원 확보는 주로 하천수나 호소수 혹은 지하수를 이용하는 방식으로 이뤄졌다. 수자원 관리는 이수 및 치수, 하천 생태계 보전 등을 목적으로 진행됐다. 상하수도 시스템은 물의 생산과 공급, 사용 후 재처리 등 일련의 과정을 위한 시설로 크게 상수도와 하수도로 구성된다. 상수도는 마시는 물을 공급하기 위한 시설로 취수, 저수, 도수, 정수, 송수, 배수, 급수 등의 과정으로 이뤄져 있다. 하수도는 하수를 처리시설까지 수송해 처리한 다음 방류지점까지 운송하는 데까지 필요한 시설로 하수관거, 펌프장, 종말처리장, 배수설비 등으로 구성돼 있다.

기존의 수자원 및 상하수도 시설은 중앙집중 방식으로 단일 종류의 수원을 이용하는 시스템 위주로 가동되고 있다. 또한 각 시설에 대한 정보 역시 통합적으로 관리되지 못할 뿐만 아니라 정보의 수집과 제어도 단 방향으로만 이뤄지고 있다. 이 같은 한계로 인해 시설 운영의 비효율성, 누수에 의한 손실 등의 문제가 발생하고 있다. 또한 물의 생산과 수송에 많은 에너지가 사용되고 있으며 중앙집중 방식의 특성상 물의 사용 용도와 관계없이 일정한 수질의 물을 생산하고 처리하기 때문에 과다처리로 인한 비용손실까지 발생하고 있다. 빗물이나 재이용수, 해수 등 다양한 종류의 수원을 활용하는 데도 한계가 있다.

이를 해결하고자 미국, 호주, 유럽 등의 선진국에서는 2009년부터 스마트 물 서비스 도입에 나서고 있다. 스마트 물 서비스 혹은 스마트 워터 그리드Smart water grid는 수자원 및 상하수도 관리의 효율성 제고를 위해 첨단 정보통신 기술을 이용하는 차세대 물 관리 시스템을 가리킨다.

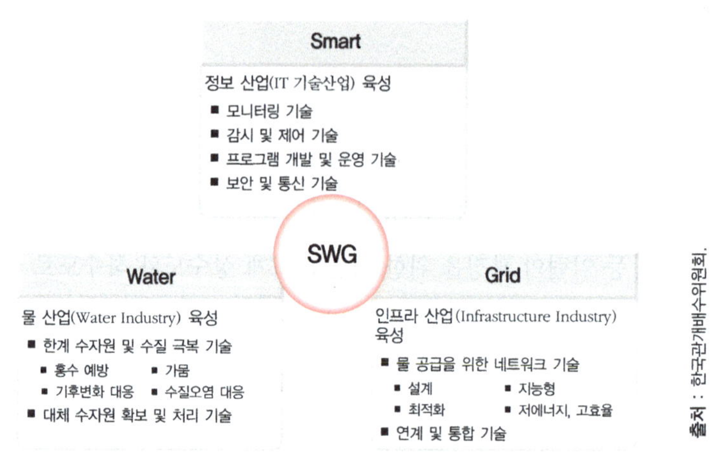

▲ Smart Water Grid 기본 개념

정보통신 기술과 물 관리 시스템의 결합은 다양한 방식을 통해 이뤄질 수 있기 때문에 전 세계적으로 스마트 물 서비스의 구현 방법에 대한 다양한 연구와 논의가 활발하게 이뤄지고 있다.

스마트 물 서비스는 물의 생산, 처리과정에서의 효율 향상과 비용 및 에너지 절감, 체계적이고 예방적인 시설 관리, 수자원 관리 및 지역 간 불균형 해소, 물 안보 확보 등을 위한 관리체계로 각 가정의 물 사용량부터 국가 수자원 관리까지 다양한 대상과 범위의 기술이 포함된다. 물 서비스에 있어 스마트가 갖는 의미는 측정, 모니터링, 모델링, 센서와 미터링을 통한 실시간 데이터 취득과 수집된 데이터를 통합해 과거 자료와 비교분석함으로써 지능적인 의사결정과정을 가시화하는 데 있다. 따라서 스마트 물 서비스란 물에 관한 모든 변화를 실시간으로 계측하고 이 정보를 통신망을 통해 제공함으로써 사용자가 물 사용을 적절하게 제어할 수 있는 기능과 그 역할을 확장하는 시스템 전반을 의미한다. 기존 물 관리 체계의 단점을 보완함으로써 물 부족 또는 기후변화에 대한 취약점을 극복하고 깨끗한 물을 만들기 위한 에너지 사용을 효율화하는 것이 주요 목적이다.

2008년 7월에 발간된 UN 보고서에 따르면 전 세계적으로 7억 명이 물 부족으로 고통받고 있으며, 2025년에는 그 수가 30억 명으로 늘어날 수 있다고 경고했다. 미국 콜로라도 주의 국립기후 조사연구원이 1948년부터 2004년까지 전 세계 주요 강 925개를 분석한 결과, 태평양으로 유입되는 강물이 매년 6%씩 감소하고 있는 것으로 밝혀졌다. 골드만삭스도 전 세계적으로 물의 수요가 20년마다 2배로 늘어날 것으로 전망하는 등 물 확보와 물 부족 문제가 심화되고 있다. 이 같은 문제를 극복하기 위해 전 세계적으로 해수담수화와 하 · 폐수의 재이용 등의 대체수자원 활용에 대한 연구 및 관심이 지속적으로 증가하고 있으며,

대체수자원의 활용도를 높이기 위한 새로운 물 관리체계 도입이 절실해지고 있다. 관리 시스템의 효율 향상을 통해 물 사용량의 최적화와 누수로 인한 손실을 최소화할 수 있다. 또한 해수담수화 플랜트와 물 재이용 시설, 기존 물 관리 시설과의 통합관리 및 최적화 방안을 마련함으로써 대체수자원 활용 효율을 극대화할 수 있다.

2007년을 기점으로 인류는 역사상 처음으로 세계 인구의 절반 이상이 도시에 거주하는 시대로 접어들었다. 2025년에는 도시 거주 인구 비율이 60%까지 늘어날 것으로 예측되면서 기존의 도시화와는 차별화되는 거대도시가 성장과 개발의 중심이 될 전망이다. 거대도시는 핵심 도시를 중심으로 일일 생활이 가능하도록 기능적으로 연결된 대도시권을 일컫는 말로 글로벌 비즈니스 창출이 가능한 경제규모를 갖춘 인구 1000만 명 이상의 도시를 가리킨다. 세계적으로 인구 1,000만 명 이상의 거대도시는 25개가 있으며, 이와 같은 도시는 미래 성장의 중심축으로 경제적 가치뿐만 아니라 개발, 고용, 번영을 위한 다양한 기회를 갖고 있기 때문에 그 수가 빠르게 늘어날 것으로 예상된다. 이러한 인구 밀집형 거대도시가 급부상하면서 상하수도 기반시설 건설 시장이 빠르게 성장하고 있지만 기존 시장은 성장 한계에 직면한 상황이다. 이에 따라 거대도시에 적합한 수자원 확보 및 대도시 내의 복잡다단한 시설을 체계적이고 효율적으로 관리하기 위해 물 관리 기술의 정보화 · 지능화에 대한 수요가 증가하고 있다.

물 생산을 위해서는 에너지가 필요하다. 에너지 생산을 위해 물이 필요한 것과 마찬가지로 이 둘은 밀접한 관계를 갖고 있다. 전 세계 전력의 7%가 상하수도 산업에 사용되고 있으며, 캘리포니아의 경우 전체 전력의 19%까지 사용하고 있다. 중대규모 상하수도 시설의 경우 0.26~0.66kWh/m³에 달하는 에너지를 쓰는 것으로 밝혀졌다. 미국의 경우 발전 분야 사용을 목적으로 취수되는 물의 양은 전체 취수량의 39%에 달한다. 대체수자원 확보 및 활용에는 더욱 많은 에너지가 필요하며, 원자력이나 바이오에탄올과 같은 대체에너지 분야 또한 많은 물이 필요하다. 물과 에너지의 연관성을 고려해 통합적으로 관리하는 스마트 물 서비스가 떠오르는 이유다. 스마트 전력그리드를 통해 물 생산과 사용과정에서 쌍방향 실시간 관리가 가능해지면서 효율을 향상시킬 수 있게 됐다. 또한 물의 생산과 수송 및 처리시설에 사용되는 에너지의 양을 최소화할 수 있게 됐다.

최근 소비자들의 인식 변화로 인해 안전하고 깨끗한 물에서 한 단계 더 나아간 고품질의 건강한 물에 대한 수요가 높아지고 있다. 이에 따라 상하수도 분야의 서비스 품질 향상을 위한 여러 가지 노력이 진행되고 있다. 그러나 고품질의 물 서비스는 기존의 상하수도 시스템 내에서 구현되기 어렵다는 한계를 갖고 있다. 취수와 송수, 생산과 공급의 전 과정에 대한 정보가 통합적으로 관리돼야 하며, 이를 바탕으로 소비자들이 원하는 맞춤형 물 서비스를 제공할 수 있는 시스템이 구축돼야 한다.

3. 해외는 물 관리를 어떻게 하나요?

그간 정보통신 기술을 응용한 물 관리 기술은 있었지만 스마트 물 서비스의 개념이 본격적으로 도입된 시기는 2009년부터다. 스마트 물 서비스는 미국을 중심으로 전 세계적으로 확산되는 추세이며, 지금까지는 주로 민간기업과 협회를 중심으로 기술이 보급되고 있다. 실제 사례로는 지능형 검침 인프라를 활용한 것이 다수지만 그 외에도 다양한 시도가 진행되고 있다. 각 국가별 연구동향을 살펴보면 다음과 같다.

미국

미국에서는 2009년 5월 민간기업으로 구성된 단체인 Water Innovations Alliance가 'Smart Water Grid Initiative'를 출범시키면서 본격적으로 스마트 물 서비스 개념이 도입됐다. 지금까지는 IBM이 주도하고 있지만 Siemens나 Suez 등 기존 물 관련 기업의 관심도 높아지고 있다. IBM은 'Smarter Planet' 계획의 일환으로 스마트 물 서비스를 추진하고 있으며, 스마트 물 서비스 기술의 3대 특성을 기능화Instrumented, 연결성Interconnected, 지능화Intelligent로 제시하고 있다.

미국의 스마트 물 서비스는 ① 지능형 검침 인프라를 중심으로 한 상수도 관리 시스템 구축, ② 스마트 물 서비스를 이용한 물 관리시설의 에너지 사용 최적화, ③ 수자원 및 수질관리를 위한 센서 네트워크 구축, ④ 국가 단위의 효율적 수자원 관리 시스템 구축 등 크게 4가지 방향에서 진행되고 있다. 특히 지능형 검침 인프라를 이용해 연간 1조 3,000갤런의 물 절약과 연간 200만MWh의 전력절감, 연간 1400만 톤의 온실가스 배출저감의 효과를 얻었다고 밝혀 세계의 이목이 쏠렸다.

지능형 검침 인프라는 일반적으로 다음과 같이 정의되고 있다.

- 물 사용량을 시간 단위로 수집하고

- 통신망을 통해 수집된 데이터를 주어진 시간 간격에 전송할 수 있으며
- 연속적인 흐름이나 역류 등의 추가적인 정보를 수집하며
- 암호화된 통신규약을 통해 데이터를 전송할 수 있는 수도계량기 및 통신모듈

지능형 검침 인프라를 이용하면 사용량에 대한 정보를 실시간으로 얻을 수 있어 수도사업자 입장에서는 요금산정과 누수탐지가 용이하다. 사용자 또한 사용량을 절감할 수 있다. 미국의 지능형 검침 인프라는 연간 17.5%가 증가하는 등 빠르게 진행되고 있으며 향후 연간 800만 대의 시스템이 도입될 것으로 전망된다. 미국 남부 캘리포니아에 위치한 Cucamonga Valley 지자체는 스마트 물 서비스 도입지역으로 2005년부터 통신망을 활용해 시행하고 있다. 현재 서비스되는 지역의 면적은 총 124km^{2}에 달하며 32,000개의 지능형 검침 인프라를 적용해 운영하고 있다. Itron사의 물 절약 시스템을 적용하면 물 사용에 대한 실시간 정보를 얻을 수 있으며, 누수탐지와 보고가 가능하고 사후대응과 사전대응을 통한 누수방지까지 다양한 기능을 활용할 수 있다. 또한 음향센서와 지능형 검침 인프라를 결합해 보다 정밀한 누수탐지가 가능하며, 물 사용시간 데이터를 확보해 물 생산의 비용과 에너지를 절감하고 효율을 향상시킬 수 있다.

호주

호주는 2004년부터 2007년까지 극심한 물 부족 문제를 겪은 나라

로 이를 계기로 스마트 물 서비스의 일종인 Water Grid 개념을 최초로 도입했다. Water Grid는 물이 남는 지역과 물이 부족한 지역을 연결하는 시스템으로 이를 통해 다양한 종류의 수자원을 다수의 시설로부터 확보할 수 있게 됐다. 특히 호주의 브리스반 지역은 2004년과 2007년 사이에 극심한 가뭄을 겪었다. 이후 수자원 관리체계 재편이 요구되면서 장기적인 수자원 관리를 위한 스마트 물 서비스 계획이 시작됐으며, 2008년부터 운영되고 있다. 스마트 물 서비스 계획은 물이 남는 지역과 부족한 지역을 연결하는 535km의 상수관망을 기본으로 댐 12개, 정수장 10개, 재이용수 고도처리시설 3개, 해수담수화 시설 1개, 저수지 28개, 펌프장 22개 등의 시설을 통해 광역 수자원의 통합관리를 추진하고 있다. 스마트 물 서비스 계획은 가뭄 대응과 지역의 장기적인 수자원 확보, 지역단위 시설통합에 의한 위험분산, 다양한 수원에 대한 효율적 활용을 목적으로 운영되고 있으며 관련 여러 기관이 역할을 분담해 시행하고 있다.

유럽

유럽은 미국에 비해 지능형 검침 인프라 도입이 다소 늦은 편이지만 최근 들어 도입속도가 빨라지고 있다. 에너지와 물 관리 분야 모두 지능형 검침 인프라 도입이 늦은 편이었던 영국은 2020년까지 각 가정에 스마트 미터를 도입하겠다는 계획을 발표했다. 프랑스와 스페인, 네덜란드 등에서도 총 1,100만 개의 스마트 미터가 도입될 전망이다. 네덜란드는 스마트 미터에 대한 표준이 제정됐으며, 독일의 Erding시는 GE사와 함께 에너지 및 물에 대한 지능형 검침 인프라 구축에 나서기로 했다. Veolia와 Suez 등 유럽의 민간 기업들까지 스마트 물 서비스에 대한 높은 관심을 드러내면서 IBM은 유럽에서도 스마트 물 서비스 관련 사업 추진에 나서기도 했다. 독일의 Siemens사의 경우 스마트 물 서비스에 대한 로드맵을 제시하기도 했다. 이탈리아 남쪽 지중해에 위치한 몰타Malta는 주요 수원을 지하수와 해수담수화에 의존하는 물 부족 국가다. 향후 지구온난화의 영향으로 물 부족이 더욱 심화될 것으로 예상되고 있다. 이 때문에 몰타에서는 물과 에너지 효율을 제고하기 위해 국가 차원에서 IBM과 함께 2009년부터 5년간 7000만 유로에 달하는 스마트 그리드 구축 사업을 시작했다. IBM은 물과 전력 관리를 위한 새로운 시스템을 구축했으며, 특히 물 관리 분야에서는 원격 관리가 가능한 수도계량계를 도입해 사용자가 인터넷을 통해 사용량을 점검할 수 있도록 했다.

싱가포르

싱가포르는 대부분의 수자원을 인접국인 말레이시아로부터 수입해 오는 나라다. 하지만 변화하는 국제정세에 따라 안정적인 수자원 확보와 수자원의 자립기반을 구축하기 위해 Smart Water Grid를 추진하고 있나. 싱가포르는 신기술을 이용해 하·폐수 재이용과 함께 식수 및 공업용수를 공급할 수 있게 돼 성공적으로 수자원 자립 기반을 마련했다. 하루 2억 900만 리터가 생산전체 물 수요의 15% 담당되는 NEWater 처리수는 산업용수, 조경수 등으로 100% 재이용되고 있다. 또한 최적화된 수자원 관리 솔루션을 위해 스마트 워터 그리드 연구개발 프로젝트 3단계 추진 계획을 수립했는데 각 단계는 다음과 같다.

▲ 싱가포르 NEWater 처리수

- **1단계**스마트 시설 구축 : 상·하수도 시설의 관련 정보 일원화, 통합시설 운영 및 데이터베이스 구축, 위기관리 대처능력 향상 매뉴얼 등을 개발한다.
- **2단계**스마트 시설 운용 : 스마트 센서 및 모델 적용, 시스템 효율 최적화, 수요반응 예측 시스템 개발, 향상된 관리 모드 유지 등을 개발하고 구현한다.
- **3단계**스마트 소비 : 소비자에게 소비정보 실시간 공유, 시간에 따른 물값 변동 홍보, 물값 현실화 계몽, 다중매체를 통한 교육 등을 추진한다.

이스라엘

이스라엘은 높은 누수율로 골머리를 앓은 나라다. 2008년 1,200km

에 달하는 예루살렘 상수관망의 누수율은 10.5%까지 이르렀다. 이에 물 관리 기반시설 감시 시스템 및 소프트웨어 전문업체인 TaKaDu사를 중심으로 스마트 물 서비스 사업을 추진해 누수율을 4% 이하로 줄였다. 또한 기존 센서의 데이터와 기상자료, 음향자료, 지리정보 시스템 자료 등을 활용해 스마트 물 서비스를 구현하는 기술과 문제를 사전에 예측해 예방할 수 있는 기술까지 개발했다. 이제는 해외 관련 기업과 협력해 해외사업 진출에도 나서고 있다.

4. 국내 물 관리 상황은 이렇습니다

한국에서도 2010년 이후 스마트 물 관리와 서비스에 대한 관심이 높아지면서 관련 기술개발을 위한 다양한 노력이 계속되고 있다. 국토교통부는 2012년부터 5년간 스마트 물 서비스 기술개발과 실용화를 위한 연구단을 운영하는가 하면, 시범사업 추진 등의 지원에 나서고 있다. 스마트 물 관리 연구단의 목표는 1과제 : 수자원 확보 및 분배관리, 2과제 : 물 수급 평가 및 통합관리, 3과제 : ICT 기반 양방향 최적운영 관리 기술 개발을 위한 융 · 복합 과제 해결로 구성돼 있다. 1과제에서는 수자원 자립율 30% 향상과 수자원 운영에너지 10% 절감을 목표로 신도시 수자원 연계 활용을 위한 지능형 수자원 확보 기술개발을, 2과제는 지역 물 부족 위험평가, 실시간 물 수급 관리 자동화 운영, 지능형 물수급 통합정보관리 등 수자원 최적 활용을 위한 지능형 유역 물 관리 플랫폼 개발을, 3과제는 ICT 기술을 활용한 양방향, 실시간 수량 · 수질 · 수압 · 원격검침 시스템 및 물 정보 서비스 개발 등 ICT 기반 물 정보관리 기술개발을 추진하고 있다. Smart Water Grid 연구단 조직은 인천대학교를 총괄로 3개의 협동기관, 10개의 공동기관, 8개의 위탁기관 등 총 44개의 참여기업으로 구성돼 있다. 한편, K-water에서도 2013년부터 스마트 물 서비스 구현을 위한 다양한 연구와 사업을 진행하고 있으며, '파주 스마트 시티' 시범사업 등을 통해 스마트 물 서비스 기술의 보급과 확산에 기여하고 있다.

물 산업은 인구증가 · 기후변화에 따른 물 부족 심화, 수질오염 등으로 21세기를 선도할 '블루골드Blue Gold' 산업으로 부각되고 있다. 이는 '생활 · 공업용수 등 각종 용수의 생산과 공급, 하 · 폐수의 이송과 처리 및 이와 연관된 산업'을 총칭하는 개념으로 상수도 사업, 하 · 폐수처리 사업, 재이용 사업 등의 서비스 · 건설 · 운영관리업과 먹는 샘물 사업, 해수담수화 사업도 이에 포함된다.

세계 물 시장 규모는 2010년을 기준으로 약 4천 828억 달러로 추정되고 있으며, 연평균 6.5%씩 성장해 2025년에는 8천 650억 달러에 이르는 시장을 형성할 것으로 전망되고 있다. Frost & Sullivan의 분석에 따르면 2010년 스마트 물 서비스 분야는 세계 시장에서 58억 달러에 그치는 수준이었으나 2015년 87억 달러, 2020년에는 222억 달러까지 증가할 것으로 예상된다. 2020년 이후에는 전체 물 시장 매출에서 29% 이상의 비중을 차지할 것으로 전망된다. 또한 지금까지의 주요 시장은 미국과 유럽이었지만 앞으로는 아시아와 중동 지역을 중심으로 성장할 것으로 예측되고 있다. 특히 스마트 상수도 미터의 도입이 활발하게 진행되고 있는 유럽에서는 2010년에 12억 달러 규모에서 2015년 26억 달러, 2030년 78억 달러의 규모로까지 성장할 것으로 예상되고 있다.

국내 물 시장 규모는 101억 달러로 세계 시장의 2.1%에 불과한 수준이며, 지속적인 성장을 위해서는 해외시장 진출이 요구된다. 국내 물 산업의 해외진출 규모는 2008년 약 15억 달러 규모로 전 세계 물 시장의 0.3% 수준에 불과하다. 이 때문에 국가 브랜드 산업으로 물 산업을 육성하기 위해서는 정보통신 기술을 결합한 융합형 물 관리 기술인 스마트 물 서비스가 핵심 전략으로 떠오르고 있다.

5. 스마트 물 관리는 우리의 미래다

스마트 물 서비스의 범위는 지속적으로 확대될 전망이다. 기존의 지능형 검침 인프라 중심에서 쌍방향 통신을 통한 수요와 공급 최적화의 개념이 유역 및 국가 수자원 관리에도 도입될 것으로 전망된다. IBM에서는 스마트 물 서비스를 접목할 경우 ▶ 누수방지 및 사전대응, ▶ 물 관련 시설의 동적 에너지 최적화, ▶ 관련 설비의 분산화, ▶ 생태계의 건전성 모니터링, ▶ 하·폐수의 자원화, ▶ 물의 재이용 활성화 ▶요금 체계의 개선 등의 효과를 거둘 수 있다고 분석하고 있다. 특히 스마트 물 서비스를 스마트 그리드와 동시에 추진하는 경우 시너지 효과가 높기 때문에 향후 건설되는 스마트 시티의 핵심 구성요소가 될 것으로 기대된다.

스마트 물 서비스의 주요 연구는 4가지 분야로 나뉘어 추진될 것으로 전망된다.

- **물 관리 정보의 고도화 분야** : 수자원 시스템과 용수관리 시설에 대한 센서네트워크 구축을 통한 정보 수집 및 관리
- **물의 효율적 생산 및 분배 분야** : 대체수자원 활용을 활성화하기 위한 시스템 구축과 물의 거래를 촉진
- **물 생산 에너지 절감 분야** : 스마트 전력그리드와 연동한 용수관리 시스템의 에너지 효율 향상
- **지능형 검침 인프라 분야** : 물 요금체계 지능화 및 누수방지 등

앞서 살펴본 바와 같이 미국이나 유럽에서의 스마트 물 서비스 사업은 주로 민간이 시장을 주도하고 있다. 그러나 우리나라의 물 관리체계를 고려할 때 국내에서는 국가주도 사업으로 진행될 것으로 전망된다. 최근에는 국토해양부와 환경부에서도 물과 정보통신 기술의 접목에 대한 관심이 높아 스마트 물 서비스 사업이 활성화될 가능성이 높은 상황이다. 우리나라는 정보통신 기술과 기반시설 구축이 세계 최고 수준에 이른 나라다. 정보통신 기술을 기반으로 한 물 관리 기술개발과 도입에 유리한 환경을 갖추고 있는 셈이다. 이 때문에 단기간에 높은 수준의 기술개발이 이뤄질 수 있으며, 최근에는 대기업의 물 산업 참여로 선진국과의 기술격차가 빠른 기간 내에 줄어들 것으로 전망되고 있다.

그러나 정보통신 분야와는 달리 우리나라의 수자원 관리나 상 · 하수도 기술은 최고 수준에 이르지 못하고 있으며, 낮은 수도요금과 관련 예산 부족 등은 신기술의 현장적용을 어렵게 만드는 요인이 되고 있다. 따라서 이를 극복하기 위한 정책적인 지원과 관련 기술 개발이 지속적으로 진행되어야 할 것으로 판단된다.

스마트 물 서비스는 기존의 물 관리 시스템의 한계를 극복하는 차세대 물 관리 시스템으로 다양한 수원을 효율적으로 배분 · 관리 · 운송함으로 지역 간의 수자원 불균형을 해소할 수 있는 미래형 물 관리 기술이다. 수자원 관리와 글로벌 물 산업의 급격한 패러다임의 변화에 대응하기 위한 필수 기술로 미래의 물 복지 문제를 해결하는 주요 대안이 될 전망이다. 나노 · 바이오 · 정보통신 분야와 융합한 혁신적인 기술개발을 통해 빠르게 성장하고 있는 세계 물 시장을 주도해야 한다. 물 산업의 새로운 패러다임으로 떠오르고 있는 스마트 물 서비스는 국내 물 산업의 해외진출이나 인프라로서의 역할에 그치는 것이 아니라 세계 물 시장 선점을 위한 첨병 역할을 할 것이다. 또한 스마트 물 서비스는 기존의 물 관리 분야와 첨단 정보통신 기술의 융 · 복합이 요구되는 분야다. 신사업 발굴과 고용창출, 미래 신 성장동력 확보가 가능한 새로운 영역으로 주목받고 있으며, 성장을 통해 새로운 시장 개척과 비즈니스모델 창출이 가능할 것으로 기대된다.

우리가 알고 싶은 이러닝의 현재, 그리고 다가올 미래

1. 이러닝은 무엇일까?
2. 이러닝의 차별화된 특성
3. 연구를 통해 바라본 이러닝의 효과
4. 국내 이러닝 동향
5. 해외 이러닝 동향 살펴보기
6. 이러닝의 미래 : 인공지능 기반 딥러닝으로

1. 이러닝은 무엇일까?

대한민국에서 '교육' 처럼 많은 이들의 입에 오르내리는 분야는 좀처럼 찾기 어렵다. 교실에서 수업을 받는 기존의 교육 방식은 진부해진지 오래다. 모바일 단말기 등 스마트폰과 테블릿 컴퓨터 등 첨단기기의 보급과 발전으로 온라인 교육은 전 세계적으로 확산되고 있다. 특히 산업통상자원부와 정보통신산업진흥원의 2015년 조사에 따르면 국내 이러닝 산업은 최근 6년간 연평균 9%대의 매출 성장률을 기록하며, 사업자 수도 4.3% 증가하는 등 꾸준한 성장세에 있다.

언론에서도 이 같은 이러닝의 성장을 연일 심도 있게 다루고 있을 정도다. 그렇다면 이러닝은 과연 무엇이고, 어떤 특성이 있을까? 이에 대한 국내 현황과 해외의 동향은 어떨까? 더 나아가 이러닝의 미래는 과연 어떤 모습일지 이 장에서 살펴보도록 한다.

이러닝 혹은 스마트러닝이라고 하면 많은 사람들이 어렵게 생각하는 경향이 있다. 이러닝은 학문적 정의를 떠나 2000년대 초기 인터넷 강의를 통해 국내에 확산됐다. 교실에서 선생님 또는 교수님의 강의를 듣는 1차원적인 방식을 벗어나 학생들이 인터넷 웹사이트에 접속해 자신이 필요로 하는 수업을 택해 듣는 방식이 바로 1세대 이러닝이라고 할 수 있다.

금융 관련 교육을 온라인 사업화한 유비온의 인터넷 강의가 이러닝의 시초와 가깝다. 또한 독자들에게 친숙한 대학 입시계의 이러닝 기업, 기업교육의 크레듀, 어학교육의 YBM 시사닷컴 등 인터넷 등에서 진행되는 온라인 교육이 이러닝의 실제 모습이라 볼 수 있다.

그렇다면 단순히 인터넷 강의로 알려져 있는 이러닝은 학문적으로 어떻게 정의되고 있을까? 정확한 정의는 인문, 사회 과학의 여타 분야와 마찬가지로 어떤 방향으로 개념을 보느냐에 따라 학자와 기관마다 조금씩 다르다. 다음은 공식적으로 학자 및 기관에서 언급하는 이러닝에 관한 개념이다.

- 전자매체를 활용하여 전달 및 활성화되는 교수 학습방식[미국 정부, 2000]
- 인터넷을 이용하여 지식과 역량을 향상시키기 위해 다양한 유형의 학습활동을 추진하고 관련 자원을 전달하는 행위[로젠버그, 2000]
- 최신 정보 및 관련 지식을 원하는 사람이 언제 어디에서나 접근할 수 있도록 시간과 공간의 장벽을 허무는 웹 기반 교육체제[시스코, 2002]

학자 혹은 기관 등에서 위와 같이 정의 내리고 있지만, 일반적으로 우리가 알고 있는 이러닝은 인터넷 강의를 통해 학생 또는 학습자가 시간과 장소에 구애받지 않고 콘텐츠를 소비하는 것을 가리킨다.

그간 인터넷 중심이었던 이러닝은 최근 모바일 체제로 발전했다. 이에 따라 단방향 수업이 아닌 쌍방향 커뮤니케이션이 가능한 다양한 학습방식을 추구하는 2세대 이러닝으로 전환되고 있다. 교육과 첨단기술이 결합한 에듀테크edutech라는 신조어까지 등장하는 등 발전을 거듭하고 있다. 교육에 대한 관심의 증가와 다양한 눈높이, 시간과 장소에 구애받고 싶지 않은 학습자의 욕구를 충족시키기 위해 탄생한 교육의 혁명이 이러닝인 셈이다. 그렇다면 이러닝의 주요 특성은 무엇이 있을까?

2. 이러닝의 차별화된 특성

이러닝의 주요 특성에는 여러 가지가 존재한다. 다만, 이를 학문적으로 하나하나 딱딱하게 나눠 다루기보다 사례를 기반으로 설명한다면 독자들이 보다 쉽게 이러닝의 특성을 이해할 수 있을 것이다.

이러닝의 특성 1 : 다양한 눈높이의 콘텐츠

사례 : A고교에 재학 중인 김OO 학생은 학교에서 진행되는 수학수업에 많은 어려움을 겪고 있다. 같은 반 친구들이 수학에 대해 이해하는 수준이 서로 다르다 보니 선생님 역시 수학수업 때마다 어디에 눈높이를 맞추어야 할지 어려움을 겪고 있다. 김OO 학생은 두려움 반, 희망 반으로 OO 이러닝 사이트에 접속했다. 자신에게 적합한 난이도와 쉬운 문제 풀이 방식으로 수업이 진행되고 있는 '행렬 A' 클래스에 접속해 학습하면서 수학에 대해 자신감을 갖기 시작했다.

이러닝은 오프라인과 달리 개인화된 교육을 제공할 수 있다. 사례와 마찬가지로 교실에서의 집단교육은 학습자의 눈높이 조정에 대한 고충이 매 순간 발생한다. 이같은 방식 탓에 학습자의 눈높이를 충족시키지 못하고 교육에 대한 불만과 무관심을 불러 일으켰던 것이 현실이다. 반면 이러닝은 학습자의 눈높이와 수준을 고려해 이에 맞는 콘텐츠를 기획하고 그들이 원하는 교육을 제공한다. 수강생 각자의 이해 수준에 맞는 개인화된 교육환경을 제공하는 것이다.

이러닝의 특성 2 : 집단지성의 상호작용

사례 : B고교에 재학 중인 윤OO 학생은 국어수업에서 모르는 점이 있을 때 선생님에게 질문을 하지 못해 속으로 애를 태우고 있다. 손을 들어 질문하면 자칫 다른 학생들의 시선을 받을까 봐 부담스럽기도 하고 혹시나 내가 엉뚱한 질문을 하는 건 아닌지 불안한 마음에 궁금한 점을 묻지 못하고 이를 지나치곤 한다. 수업에서 배운 내용에 대한 호기심을 참지 못한 윤OO 학생은 이후 OO 이러닝 사이트에 접속, 게시판 및 다른 학습자들과 함께 커뮤니케이션 할 수 있는 게시판에 자신의 ID로 질문을 남기고 다른 이의 생각을 접하는 등 더 많은 상호작용을 통해 학습에 대한 자신감을 경험했다.

기존 학교 교육과 달리 이러닝은 실시간 상호작용이 가능하다. 교실에서 집단으로 진행되는 수업은 타인의 시선이나 의견이 실시간으로 학습자들에게 전해지기 때문에 상호작용이 어렵다.

같은 반 내 학생들의 지식 수준과 이해도가 다르다 보니 질문의 내용과 이에 대한 토론과정에서 종종 어려움이 발생한다. 그러나 이러닝은 학습자들의 상호작용을 독려하기 위해 다양한 커뮤니티 제공과 실시간 게시판, Q&A를 활용한다. 집단지성을 토대로 한 상호작용은 이러닝의 장점을 더욱 부각시키고 있다.

이러닝의 특성 3 : 콘텐츠의 실시간 조직화

사례 : C대학에 재학 중인 한OO 학생은 영어수업에서 종종 지루함을 느낀다. 평소 자신이 쉽게 수업 방식에 대해 싫증을 느낀다는 것을 알고 있었지만 강의실에서 진행되는 기존과 동일한 방식의 수업에 좀처럼 흥미를 느끼지 못하고 있다. 그

러던 중, 친구의 소개로 OO 이러닝 사이트에 접속한 그는 자신의 흥미 및 이해 수준을 실시간으로 확인하고, 원하는 방식의 텍스트 및 영상 추가, 피드백 등을 빠르게 제공하는 이러닝에서 영어에 흥미를 느껴 공부에 매진하고 있다.

이러닝이 지향하는 콘텐츠 조직화는 학습 콘텐츠와 커리큘럼의 실시간 조정과 개방성을 가리킨다. 학습자의 눈높이와 이해 수준에 따라 콘텐츠를 지속적으로 조정해 그들이 원하는 다양한 콘텐츠를 제공한다. 실시간으로 급변하는 학습자의 이해력과 욕구를 만족시켜준다. 학교 교육과 달리 이러닝은 빠르게 학습자의 만족을 최적화하는 데 필요한 텍스트, 음성, 동영상, 애니메이션, 피드백을 제공하는 데 주력한다.

3. 연구를 통해 바라본 이러닝의 효과

앞서 언급했듯이 이러닝은 성장기에 접어든 최근뿐만 아니라 2000년대부터 학계에서 많은 연구가 진행됐다. 세대를 불문하고 많은 사람들이 이러닝을 활용하는 이유는 이러닝이 가진 긍정적인 효과 때문이다. 그렇다면 이러닝은 과연 어떤 장점을 가졌을까? 학문적인 부분이라 독자들에게 다소 어렵게 다가올 수 있기에 이러닝이 미치는 영향과 핵심 요인만 간략히 살펴보고 넘어가자.

기존 연구를 살펴보면 대체적으로 학습자와 선생님의 태도, 강의의 유연성 등이 학습자의 만족도를 높이는 이러닝의 중요 요인이라는 것을 알 수 있다.

이러닝의 긍정적인 효과를 입증한 국내 · 외 연구

연구	중요 요인
Arbaugh et al(2002)	강의 유연성과 실시간 상호작용
Sun et al(2008)	학습자의 태도, 가르치는 이의 태도, 강의의 유연성과 이러닝 시스템 사용 용이성
강인원 외(2010)	이러닝의 개인화, 상호작용성, 콘텐츠 조직화
이길배 외(2010)	시스템 안정성, 눈높이 콘텐츠, 학습분량의 적절성, 가르치는 이의 원활한 피드백
이종연 외(2010)	장소 및 서비스 품질과 시스템 품질
박형민 외(2011)	시스템 품질의 사용 편이성, 정보 품질의 정확성

출처 : 손맥, 조은영, 김희웅(2014) 수정 후 재인용.

그러나 이보다 중요한 것은 이러닝 시스템 사용에 관한 부분이다. 기존 연구를 살펴보면 이러닝 시스템의 품질과 정보 품질도 학습자의 재이용 및 만족도에 상당한 영향을 주는 요인으로 꼽히는데 이 연구결과는 향후 이러닝의 발전 방향에 대해 시사하는 바가 크다.

가령, 국내 연구에서 강조한 시스템 품질은 "얼마나 접속이 편리한가?", "시스템이 학습자의 요구에 맞게 유연하게 형성돼 있는가?", "시스템이 상호유기적으로 통합돼 있는가?" 등을 중심으로 측정된다. 시스템이 중요한 이유는 국내 · 외 연구에서 이용환경을 어떻게 설정하느냐에 따라 이러닝 반복구매와 이용빈도가 다르다는 점이 입증되었기 때문이다. 교사 또는 교수의 가르침에 따라 수동적인 환경에서 교육을 받는 것이 아니라 자신이 원하는 시간에 학습환경에 참여할 수 있는 것이 이러닝의 장점이고, 이 때문에 학습자들이 느끼는 시스템상의 편리성에 중점을 두고 이러닝 시스템을 구축할 수밖에 없다.

기존 연구를 정리해보면 이러닝에 관한 시사점을 찾을 수 있다. 대다수 국내 이러닝 기업들은 콘텐츠 개발을 최우선 순위로 두고 있지만, 사실 학습자들은 콘텐츠 못지 않게 학습환경의 편리성을 중요시한다. IT 기술을 기반으로 한 단순한 콘텐츠 전달은 학습자의 흥미와 기대를 충족시킬 수 없다. 향후 이러닝은 콘텐츠 개발과 콘텐츠 유통구조에 치중될 수밖에 없는데 이에 대한 선제적인 노력을 기울여야 한다. 유통방식에 있어서 일대 혁신이 일어나야 진정한 이러닝 발전이 이뤄질 수 있다.

아울러 이러닝은 학습자들이 보다 적극적으로 참여할 수 있는 학습환경을 더 많이 조성해야 한다. 오프라인 교육의 한계는 학습공동체를 학습자들이 인지하지 못하는 데 있다. 하지만 온라인에서는 학습자가 자신의 궁금증을 선생님과의 직접적인 피드백을 통해 해결할 수 있다. 나아가 이러닝의 미래에서는 인공지능 기반 시스템 또는 집단지성에 기반한 학습공동체 형성을 통해 이러닝의 혁신이 지속될 것으로 보인다.

4. 국내 이러닝 동향

앞서 이러닝의 주요 개념과 특성을 알아봤다면 이제는 국내 학습자들이 이러닝에 대해 어떤 반응을 보이고 있는지와 국내 이러닝 산업 규모는 어느 정도인지 전반적인 현황을 살펴보도록 하자. 다음은 산업통상자원부가 2015년에 밝힌 최근 6년간 이러닝 산업 규모의 변화다.

최근 6년간 이러닝 산업 규모

연도 및 주요 사항	2009	2010	2011	2012	2013	2014	연평균증가율
매출액(백만 원)	2,091,033	2,245,833	2,451,364	2,747,766	2,947,083	3,214,167	9.0%
사업자 수(개)	1,368	1,549	1,656	1,614	1,649	1,691	4.3%
종사자 수(명)	22,679	23,468	25,182	24,957	25,843	26,189	2.9%
기업당 평균 매출액(백만 원)	1,528	1,449	1,480	1,702	1,787	1,900	4.8%

출처 : 산업통상자원부 · 정보통신산업진흥원(2015) 이러닝산업 실태조사.

지난 6년간의 흐름을 살펴보면 사업자 수와 매출액, 종사자 수, 기업당 평균 매출액 모든 면에서 이러닝은 지속적인 성장을 거듭하고 있다. 많은 학생들이 교실에서 선생님, 혹은 교수님의 수업을 듣기보다 스마트폰이나 인터넷으로 자신이 원하는 시간대에 눈높이에 맞는 콘텐츠를 소비하고 있다는 의미다.

이와 같은 정보는 독자들이 언제든 인터넷을 통해 확인할 수 있으니 현황 지표는 이쯤에서 접어두도록 하자. 국내 이러닝이 어떻게 발전하고 있고 변화하는지 살펴보는 것이 더욱 중요하다. 서두에서 언급했듯이 초기 이러닝은 인터넷 강의와 동일시하는 경우가 많았다. 이에 따라 1세대 국내 이러닝은 어학과 국 · 영 · 수 등 과목별 인터넷 강의가 중심이었다. 당시만 해도 이러닝 콘텐츠의 주요 소비자는 초 · 중 · 고등학생이었고 직장인과는 다소 거리가 있었다.

그러나 이러닝이 신성장 동력, 창조경제 등과 함께 부각되면서 국내에서도 한층 발전된 형태로 곳곳에서 활용되기 시작했다. 사이버 대학 특성화 학과가 신설되는가 하면 이러닝 지원 센터가 주도적으로 교육 콘텐츠를 만들어 내고 있다. 이제는 기존 학교 교육기관의 영역을 넘나들고 있으며, 보다 다양한 연령층의 학습자들에게 교육의 문을 넓혀 주고 있다. 다음의 기사 내용을 살펴보면 다양한 연령대의 사람들이 왜 이러닝에 관심을 갖는지 엿볼 수 있다.

[2015년 11월 ○○일 기사 내용 중 일부를 각색]

"초기 태블릿 PC는 펜을 사용했지만 화면이 펜에 대해 반응하는 속도가 매우 느리고 직관적이지 못했기에 소비자들이 어려움을 많이 겪었다. 아울러, 이러닝 기업들 역시 인터페이스가 복잡하게 구성돼 젊은 학습자들만 이러닝에 대해 관심을 갖고 학습하는 경우가 많았다. 그러나 이러닝 업체 및 기술의 발전으로 현재는 직관적 터치와 유아도 사용할 수 있을 정도로 간단한 사용법으로 유아부터 노령층 인구에 이르기까지 보다 폭넓게 온라인을 통해 새로운 정보를 학습하고 있다."

이러닝은 기존 교육과 달리 개방성과 상호작용을 특징으로 수요자 중심의 교육을 지향한다. 1990년대 후반 ~ 2000년대 초기 대학 강좌는 교과목을 인터넷 공간에 옮겨 놓은 방식을 사용했다. 학습자들이 선택 가능한 시간에 콘텐츠를 학습할 수 있도록 배려하는 데 중점을 뒀다. 하지만 지금의 이러닝은 학습자 간의 실시간 상호공유 공간이 많이 만들어졌다. 이러닝이 SNS 기능을 흡수해 학습자가 다양한 사람들과 콘텐츠에 대한 생각을 실시간으로 소통할 수 있게 됐다. 또한 학습자의 눈높이에 맞게 콘텐츠의 난이도가 자동으로 조정되는 딥러닝으로 진화되고 있다.

이에 따라 최근에는 50대 이상 연령층의 이러닝 사용자 비율이 34.6%까지 늘었다. 이는 이러닝에 대한 거부감이나 진입장벽이 전 세대에 걸쳐 허물어지고 있음을 의미한다. 이는 산업통상자원부와 정보통신산업진흥원의 2015년 이러닝 실태 조사를 통해서도 확인할 수 있다.

최근 들어서는 스마트폰의 발전과 첨단 기기의 개발로 인해 모바일 러닝이라는 신조어가 탄생했다. PC가 아닌 모바일을 기반으로 신속하게 학습 콘텐츠를 제공하고 학습자는 더욱 편하게 원하는 콘텐츠를 소비할 수 있는 모바일 러닝에 대한 관심이 급증하고 있다.

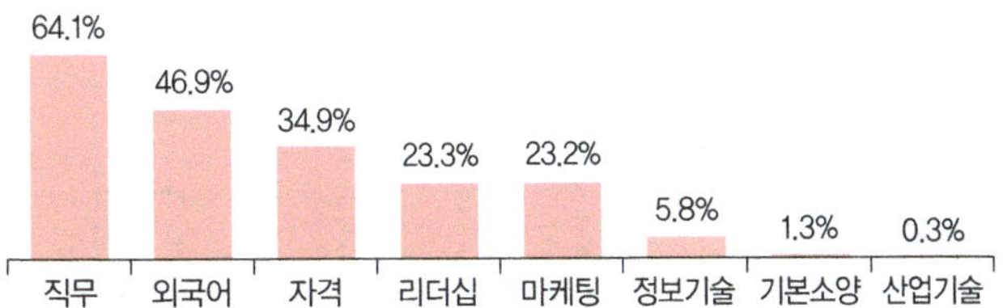

출처 : 산업통상자원부 · 정보통신산업진흥원(2015) 이러닝산업 실태조사.

▲ 모바일 러닝 선호 분야

학습자들이 모바일 러닝으로 가장 많이 활용하는 분야가 직무와 외국어라는 조사 결과는 학교에서 직장으로 이러닝의 영역이 점차 확대되고 있음을 의미한다. 이처럼 이러닝의 성장 및 발전 방향이 중 고등학교 학생에서 직장인 시장으로 점진적으로 옮겨감에 따라 콘텐츠의 다양성뿐만 아니라 학습자의 욕구를 실시간으로 충족시켜줄 수 있는 시스템적 보완이 더욱 절실해질 것으로 보인다.

정부의 창조경제 로드맵 발표 이후 신성장 동력의 한 분야인 이러닝 산업이 부각되고 있는 만큼 콘텐츠, 솔루션, 서비스에 대한 지속적인 투자 강화만이 전반적인 산업경쟁력을 이끌어낼 수 있다. 향후 이러닝의 성패는 콘텐츠 다양화와 시스템 최적화에 달려 있기 때문에 이에 대한 국내 기업들의 연구와 노력이 더욱 필요한 상황이다.

5. 해외 이러닝 동향 살펴보기

해외에서는 이러닝 산업이 막 태동기에 접어든 데다 시시각각 급변하다 보니 일관된 세계 현황이나 구체적인 통계 수치를 찾기는 쉽지 않다. 그러나 세계 현황보다 우리가 더 주목해야 할 점은 해외 이러닝 기

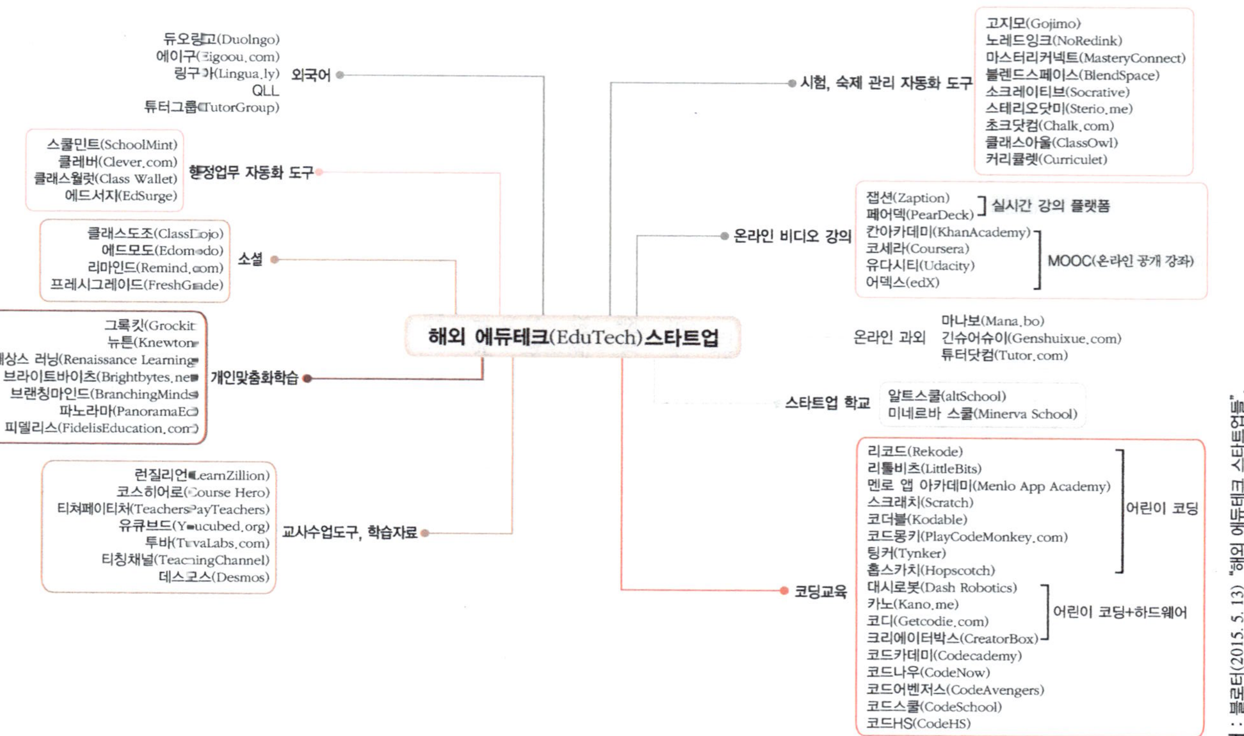

출처 : 블로터(2015. 5. 13) "해외 에듀테크 스타트업들".

▲ 해외 에듀테크 기업 리스트

업들이 어떤 식으로 발전하고 대응하고 있는지 살펴보는 것이다. 본 장을 통해 우리가 눈여겨봐야 할 해외 이러닝 기업의 전략과 주요 시장을 살펴보자.

첫째, 해외에서는 이러닝을 넘어 에듀테크edutech라는 신조어가 등장하고 벤처 캐피탈 투자 프로그램까지 생겨날 정도로 이 산업에 대한 관심이 높다. 인터넷 환경과 플랫폼이 컴퓨터에서 모바일로 변화되고 디지털 기기가 보급되면서 개인 맞춤화 학습에 총력을 기울이고 있다. 그간 교사들에게 부담이 돼 왔던 시험지채점과 숙제검사를 자동으로 처리해주는 에듀테크 기업들이 등장했으며, 해당 프로그램을 통해 교사들은 학생 개인별 콘텐츠에 대한 이해 수준을 쉽게 확인할 수 있게 됐다. 선진기업인 스테리오닷미는 숙제 및 교사의 강의부담을 덜어주기 위한 처리기술을 적극 활용하며 혁신적인 이러닝 기업으로 떠오르고 있다. 다양한 정보처리기술을 통해 학생들의 개별 데이터를 지속적으로 모으고, 이를 통해 교사는 해당 학생에게 무엇을 보완하고 어떤 부분을 추가로 설명해야 하는지 쉽게 이해할 수 있게 됐다. 또다른 기업인 뉴튼은 이미 1억 500만 달러에 달하는 투자를 받는 등 맞춤형 교육의 선두주자로 자리매김하고 있다.

둘째, 구글의 움직임은 이러닝 분야에서도 많은 기업들에게 관심의 대상이 되고 있다. 최근 들어 눈여겨볼 부분은 2015년 5월에 개최된 구글 개발자회의에서 구글과 유다시티가 안드로이드 개발 나노 학위를 제공하겠다고 발표한 점이다.

유다시티는 온라인 자격증 프로그램을 공급하는 기업으로 2014년 설립됐다. 이 업체가 구글을 통해 엔지니어링 자격증 제도를 운영할 수 있게 됐다는 점을 주목해야 한다. 통상적인 학위과정과 달리 최대 9개월 코스로 운영되는 이 과정은 학위 취득에 드는 수강료가 월 200달러, 우리 돈으로 24만원밖에 되지 않는다. 또한 우수 성적을 받은 50명은 구글 취업 아카데미에 취업할 수 있는 특전이 부여된다. 특히 기업은 자격증 취득뿐만 아니라 자기소개서 등 취업의 전문적인 영역까지 지원하겠다고 나섰다. 이러닝이 대학교육의 영역까지 깊숙이 침투한 단적인 사례라고 하겠다. 대학에서도 해내지 못한 전문적인 취업지도와 개발자에게 필요한 나노 학위를 제공한다는 점에서 구글과 유다시티가 협력한 이러닝 학위과정은 향후 일반 교육 분야에서 일대 혁신을 불러 일으킬 전망이다.

셋째, 이러닝의 미래를 인공지능에서 찾는 산업 전문가와 학자들이 주목하는 또 하나의 사건이 벌어졌다. 2015년 5월 미국 올란도에서 열린 글로벌 스킬 소프트 컨퍼런스에서 자기개발 주도학습이 집중 부각을 받은 일이다. 자기개발 주도학습은 국내에서도 빈번하게 사용된 키워드지만, 빅데이터를 통한 정보공유와 참여의 통합 플랫폼으로 향후 온라인 교육의 화두로 떠오를 전망이다.

국내 · 외 이러닝 기업과 산업이 지금까지 어려움을 겪는 분야가 바로 기술적 완성도와 산업적 활용가치가 높은 맞춤형 콘텐츠 제공이다. 학습자들이 자신에게 적합한 교육 목표와 과정을 능동적으로 설정하려면 충분한 데이터가 필요하다. 또한 각각의 학습자를 위한 최적의 학습 환경과 콘텐츠가 실시간으로 제공돼야 한다. 이러닝의 미래가 서비스와 콘텐츠의 지능화에 있기 때문에 빅데이터를 통해 학습자가 원하는 눈높이에 맞는 콘텐츠와 서비스, 시스템이 자연스럽게 구현될 수 있어야 한다. 이러닝 업계에서 자기주도 학습을 강조했다는 것은 이러닝의 미래가 인공지능과 연결될 수밖에 없음을 시사한다.

넷째, 경제적인 측면에서 살펴보면 향후 세계 이러닝 산업을 주도할 시장은 단언컨대 중국이 손꼽히고 있다. 세계적인 컨설팅 기업인 딜로이트가 2014년 중국의 정규교육 이외 시장규모를 320억 달러로, 직무교육 시장을 100억 달러로 예측했다. 또한 향후 3년간 직무교육과 정규교육 이외 콘텐츠 시장은 두 자리 수로 지속 성장할 것이라고 예측되고 있다. 교육산업의 변화와 발전은 급격히 성장하는 국가의 특징 중 하나다.

중국은 한국 못지않게 교육열이 높은 나라다. iResearch 조사에 따르면 2013년 중국의 가계지출에서 차지하는 교육비의 비중은 14.6%로 미국을 넘어서기 시작했다. 이에 따라 중국을 대표하는 BAT바이두, 알리바바, 텐센트가 온라인 교육 시장에 진출하겠다고 대내외적으로 선포했다. 시장의 중심이 미국과 유럽에서 중국으로 이동함에 따라 15억 명의 잠재적 소비자를 위한 이러닝 경쟁이 앞으로 한층 더 격화될 전망이다.

이미 중국의 대표적 이러닝 기업인 New Oriental Education and Technology, 하오 미래TAL Education 등은 미국에 상장되면서 글로벌 시장에 본격 진입했다. 국내 기업들이 서둘러 준비하지 않으면 세계 시장의 주도권 경쟁에서 밀려날 수 밖에 없다. 세계 이러닝 시장이 중국 시장과 인공지능이라는 거대한 흐름으로 발전, 진화하고 있기 때문이다.

6. 이러닝의 미래 : 인공지능 기반 딥러닝으로

향후 이러닝의 미래는 어떤 모습으로 진화될까? 다음과 같은 모습은 우리가 상상할 수 있는 영역이 아닐까?

"문OO 학생은 수학에서 미분을 가장 어려워한다. 수학 학원을 열심히 다니고 있지만 미분의 문제 유형이 너무 많고 난이도도 달라 어떻게 학습해야 할지, 어떤 유형이 시험에 가장 많이 나올지 난감한 상황이었다. 이에 문OO 학생은 자신이 즐겨 이용하는 이러닝 사이트에 접속했다. 검색창에 미분을 검색해 각각의 문제가 그간 몇 %의 비율로 출제됐고 수험생들이 주로 어떤 유형에서 많이 틀렸는지, 그리고 시간을 단축할 수 있는 보다 빠른 문제 해결법은 무엇인지를 추천받아 공부를 다시 시작하고 있다. 특히 초보자들이 주로 어디에서 실수를 하는지, 그리고 해당 분야 고수가 되려면 어떤 방법으로 학습해야 하는지 전략을 제공받아 학습을 진행하고 있다. 학습과정 전반에 대해 이러닝 사이트에서 개인 교육 컨설팅을 받은 문OO 학생은 자신의 학업성취도 향상에 최적화된 방식으로 학습을 진행하고 있다."

구글의 인공지능과 이세돌 9단과의 바둑 대국은 독자들도 익히 알고 있는 화제의 사건이다. 단순 학습을 넘어 딥러닝과 첨단 하이테크가 결합해 사람이 찾기 힘든 최적화된 방법과 묘수를 인공지능이 찾아낸다는 데서 아이디어를 얻은 이 대결은 향후 인공지능이 교육 분야에서 어떤 식으로 활용될 수 있는지 중요 단서를 우리에게 제공한다.

많은 학자들이 이러닝의 미래를 다양하게 그리고 있지만 대체적으로 빅데이터를 기반으로 한 인공지능이 한층 더 강화돼 학습자와 콘텐츠의 상호작용이 보다 빈번해질거라 전망한다.

이와 관련해 주목할만한 영화가 있어 소개하려고 한다. 2014년 5월 개봉한 'Her' 라는 영화인데, 공허함에 빠진 대필작가가 자신의 말에 귀 기울이고 상황을 이해해주는 인공지능 운영체제와 사랑에 빠지게 된다는 내용을 담았다. 이 영화가 이러닝의 미래를 예측하는 데 도움이 되는 이유는 학습자와 상호작용을 통해 완벽한 맞춤형 학습 모델로 진화한다는 내용을 그렸기 때문이다.

2016년 1월, 중앙일보의 보도에 따르면 세계 정보기술 기업들은 인공지능을 활용해 본격적으로 의료 및 전자 · 가전 시장 등에 진입하고 있다. 앞서 언급한 바와 같이 2015년 올란도 컨퍼런스가 자기개발 주도 학습을 상조한 이유는 인공지능이 선생님, 학습공간, 친구 등의 역할을 대신할 수 있어 학습자의 능력과 시간에 따라 학습과정을 스스로 조절할 수 있기 때문이다. 이 같은 영역을 기계학습이라 일컫는데, 기계가 스스로 학습해 사람보다 더 뛰어난 의사결정을 내릴 수 있도록 돕는 기술을 가리킨다. 단순 조합과 기억력, 계산력에서만 앞섰던 컴퓨터 지능이 이제는 '어떤 방식으로 진행하는 것이 더욱 효과적인지' 등의 의사

결정영역까지 넘보게 됐다.

요즘 주목을 받고 있는 빅데이터 역시 기계학습과 무관하지 않다. 이미 국내·외 포털 사이트들은 단순 지식을 탐색하고 문의했던 기존 영역에서 벗어나 해당 사용자가 원하는 유형, 선호하는 순서를 조합해 최적의 결과물을 내놓을 수 있도록 유도하고 있다. 정보제공에서 그치지 않고 사용자의 취향과 성격, 성향, 검색하는 용어 등을 모두 파악해 '나도 모르는 내 속'을 누구보다 철저하게 확인할 수 있는 기술이 바로 기계학습이다. 이에 따라 기계학습 기반으로 진화할 것으로 전망되는 이러닝의 미래는 다음과 같은 기술이나 콘텐츠의 변화가 바탕이 될 것으로 보인다.

첫째, 인터페이스 측면에서 지능적·감성적 인터페이스가 지금보다 더 이러닝의 핵심이 될 가능성이 크다. 학습자가 학습 공간에 머무는 시간과 탐색하는 횟수를 데이터화해 콘텐츠의 난이도와 선호도가 높은 인터페이스를 찾아낸 후 각각의 학습자에 최적화된 인터페이스를 제공하는 것이다.

즉, 교육의 내용과 난이도에 따라 실시간으로 인터페이스가 학습자가 생각하고 원하는 방향으로 변화되면서 학습자의 심리적 동기를 유발할 가능성이 높다. 연구 중심 대학과 정보기술 선도기업들은 증강현실을 활용해 멀티 인터페이스를 학습자에게 제공하는 가상의 시뮬레이션 개발에 나서고 있다. 향후 학습공간과 콘텐츠가 학습자와 상호작용할 날이 머지않아 도래하게 될지도 모른다.

둘째, 이러닝 최대 변화의 핵심은 지능화다. 언론을 통해 인공지능이 체스 챔피언을 누르고 세계 최고 바둑 기사까지 제압했다는 소식이 전해지고 있다. 이는 인공지능이 수많은 빅데이터 처리를 통해 상황에 따라 가장 적합한 전략 방향을 제시하고 있음을 시사한다. 이 때문에 전문가들은 인공지능이 향후 교육 · 의료 · 가전 등의 분야에 가장 활발하게 적용될 것이라고 강조하고 있다. 지금은 교육용 콘텐츠가 정적인 상태에 머물고 있지만 이러닝은 궁극적으로 학습자의 이해력, 특성에 따라 자동적으로 변화하고 다양화된 모습으로 진화할 전망이다. 교육에서 인공지능 활용의 핵심은 사용자의 요구사항 및 특성에 따라 그 사람에게 가장 적합한 콘텐츠를 제공한다는 점에 있다. 초일류 정보기술 기업들은 이 같은 이러닝 기술을 활용해 학습자의 학습 내용, 속도, 교육 목표, 이해력, 배경, 지식, 나이, 성별, 감정 상태 등을 종합해 해당 학습자가 원하는 콘텐츠와 그 사람의 내재적 동기에 최적화된 콘텐츠를 제공하기 위해 노력하고 있다.

셋째, 학습자뿐만 아니라 교사와 교수에게 최적화된 코칭 방식의 구현이다. 빅데이터 학습을 실현화한 뉴턴과 같은 미국 벤처 기업은 최근 초등학생부터 대학생에 이르기까지 약 100만 명에 달하는 학습자들에게 참신한 학습방식을 적용시키고 있다. 핵심은 바로 개인에게 최적화된 학습환경을 제공하는 것이다. 적응학습이라고 불리는 이 용어는 각종 관련 데이터 및 학습자의 성적향상도, 공부시간, 심리성향 등을 모두 데이터화해 그래프 등으로 수치화시키고 있다. 이 기술을 활용할 경우 교사나 교수 역시 학생들을 가르치면서 겪게 되는 시간과 자원의 한계를 벗어나고 한 명 한 명의 학생에게 보다 맞춤화된 지도를 할 수 있다. 교사나 교수가 이해하지 못했던 학습자의 세심한 내면까지 프로그램을 통해 분석함으로써 해당 학생의 숨겨진 학습 욕구나 희망사항을 찾아내고 이를 쉽게 충족할 수 있다. 이를 통해 교사와 교수의 지도에 대한 학생들의 만족도가 향상될 수 있고, 교사와 교수가 보다 참신한 콘텐츠를 개발하는 데 집중할 수 있다. 이러닝이 기계학습으로 발전되면 학생과 교사의 만족도가 모두 향상될 수 있다는 의미다.

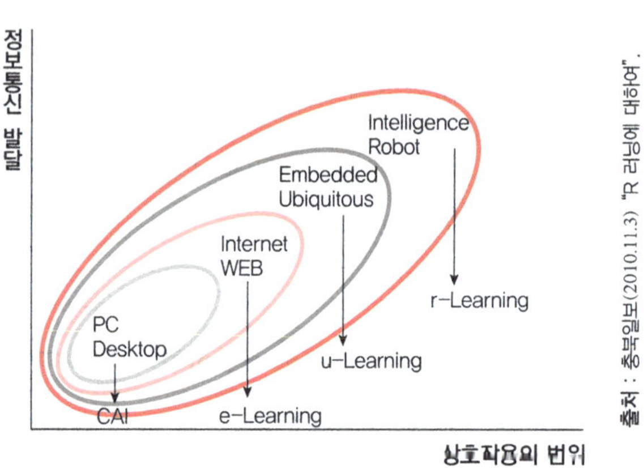

▲ 이러닝의 발전과정

위의 그림은 이종연 충북대 교수가 기고한 내용 중 하나로 학계에서 보편적으로 통용되는 이러닝의 발전과정을 담았다. 이러닝의 궁극적

목표 중 하나가 인공지능을 기반으로 한 맞춤형 콘텐츠 제공이라는 점에서, 이 분야는 각 영역 간의 융복합이 가장 활발하게 일어날 수밖에 없는 신성장 동력으로 꼽힌다.

이미 교육 차원을 넘어 정보기술기업과 빅데이터 기업, 교육 콘텐츠 기업이 상호결합해 차세대 교육 프로젝트를 추진하고 있고, 이에 따라 기존 대학을 뛰어넘는 온라인 교육 강좌는 더욱 보편화될 전망이다. 세계적 명문대학조차도 급변하는 환경에 따라 커리큘럼을 맞춰가기 어렵기 때문에 향후 교육의 중심은 급격히 이러닝 분야로 집중될 전망이다. 이 때문에 그간의 연장선을 뛰어넘는 혁신을 위해 미국과 중국은 이미 인공지능과 차세대 핵심 기술 분야에 뛰어든 상황이다. 국내 정부와 기업이 이 같은 경쟁체제 하에서 어떤 전략으로 대응할지 귀추가 주목된다.

ICT는 어떻게 헬스케어에 들어왔는가

1. 만보계와 헬스케어
2. 혈당, 혈압, 체성분 — 측정을 넘어 관리를 향해
3. 아이디어 상품과 건강관리 사이
4. Dr. Watson
5. 증강현실과 ICT, 그리고 개인정보 보호
6. 챔피언과 도전자
7. 규제와 최종 판단

1. 만보계와 헬스케어

예전에 풍물 시장에 가면 볼 수 있는 물건 중의 하나가 만보계였다. 명함의 절반 크기에 걸을 때마다 숫자가 올라가서 얼마나 자기가 움직였는지 알 수 있게 해주는 단순한 기계이다. 어르신들이 건강에 관심을 가지면서 차고 다니는 경우가 많았고 젊은 사람들은 흥미로 사용하는 경우가 많았던 것 같다.

그러나 지금은 그때와는 비교도 할 수 없을 만큼 많은 사람들이 만보계를 쓰고 있다. 다만 예전의 그런 형태는 아니고 스마트폰이나 손목에 차는 형태이다. 핏빗FitBit, 삼성 기어 핏Gear Fit처럼 밴드 형태가 대표적이지만 스마트폰도 최근에 발매되는 제품에는 기본적으로 활동량을 확인할 수 있는 기능이 들어 있다. 내가 굳이 기능을 켜지 않더라도 하루에 얼마 걷고 이동했는지 알려준다.

다양한 정보통신 기술기반 헬스케어 분야에서 활동량 측정기는 이미 시장에 안정적으로 자리 잡았다. 활동량 측정기 제조업체인 핏빗은 2007년 10월 설립 이후 8년 만인 2015년 6월에 미국 증권 시장에 상장되었고 기업가치는 한화로 4조 원에 이른다. 애플과 삼성은 스마트 워치를 스마트폰과 함께 주요 상품군으로 구성하고 있다. 삼성은 2014년 발매한 갤럭시 S5 이후부터 심박 센서를 자사의 대표 제품에 기본으로 탑재하고 있으며, 애플 또한 아이폰 5S 모델부터 활동량 측정 센서를 장착했다. 또한 애플은 2014년 9월부터 헬스 앱을 통해 여러 iOS 기반 건강 관련 앱들의 데이터를 한꺼번에 확인하고 관리할 수 있는 플랫폼을 제공하고 있다. 이 플랫폼에서는 기기나 앱의 측정 · 분석 데이터를 통해 체지방, 혈압, 수면 패턴, 활동량 등 다양한 건강정보를 기록하고 확인할 수 있다.

만보계 하나가 정보통신 기술 생태계로 들어오면서 생긴 변화가 이 정도이다. 혈압, 혈당 등 실제 질병과 관련이 깊은 지표들도 정보통신 기술과의 결합을 시도하고 있다. 의료기관도 이러한 흐름에 대응하는 노력들이 보이고 있다. 예전처럼 병원에서만 건강을 관리한다는 개념은 아직 뚜렷하지는 않지만 조금씩 그 경계가 약화되고 있다.

2. 혈당, 혈압, 체성분 — 측정을 넘어 관리를 향해

최근에 어르신들이 당뇨나 고혈압 때문에 매일 약을 먹고 혈당과 혈압을 측정하는 모습을 흔히 볼 수 있다. 식생활도 그렇고 삶의 환경 자체가 생활습관병을 포함한 만성 질환이 많아졌다. 그에 따라 병원에서의 치료만큼 일상생활에서의 관리가 중요해졌다.

주요 자가혈당측정기 제조회사 중 하나인 로슈Roche에서는 2015년 5월에 미국에서 아큐첵Accu-check Aviva Connect을 출시했다. 기존 제품이 앱을 중심으로 혈당 측정 데이터를 수집 및 정리하는 데 중점을 뒀다면 해당 제품은 미국 식품의약국

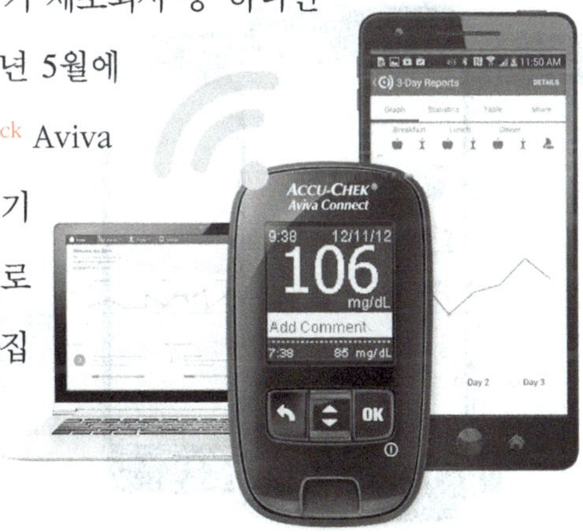

▲ 로슈의 Accu-check Aviva Connect

출처 : 아큐첵

의 승인을 받은 최초의 혈당관리 앱으로, 혈당 측정치를 기반으로 인슐린 투여량을 권장하는 기능을 가지고 있다. 아직 국내에서는 판매하지 않고, 미국에서도 제한적으로 사용되고 있지만 정보통신 기술을 통해 건강상태를 단순하게 모니터링하는 단계를 넘어 의학적으로 의미 있는 정보를 제공한다는 데 주목할 필요가 있다.

옴론Omron사는 무선통신 기능을 장착한 혈압측정기를 시판하고 있으며, 해당 혈압계가 측정한 혈압 정보를 스마트폰으로 관리할 수 있는 옴론 웰니스Omron wellness 앱을 제공하고 있다. 우리나라에서는 관련 규제로 인해 무선통신 기능을 갖춘 혈압계가 드문 편이지만, 옴론 웰니스는 자사 기기와 연동이 되면 측정 정보를 모두 읽어 들이고 관련 정보를 제공해 준다.

2016년 초 세계 최대 가전전시회인 CESConsumer Electronic Show에 옴론은 Project Zero라는 이름으로 혈압계 제품을 선보였다. 기존의 혈압계가 팔을 압박해서 혈압을 측정하는 데 비해 Project Zero는 손목에

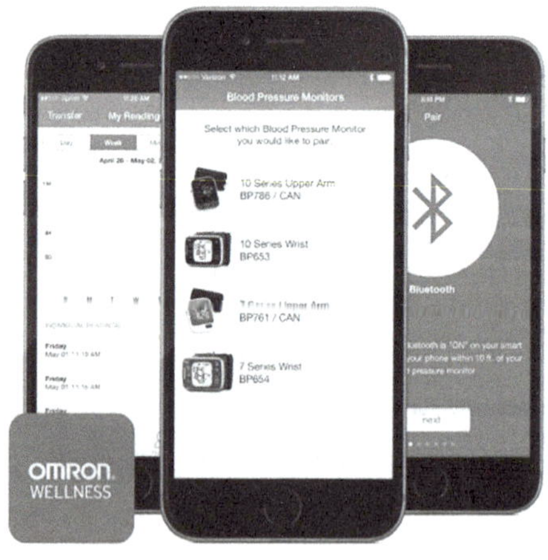

출처 : 옴론사.

▲ Omron Wellness(좌)와 Project Zero(우)

착용해서 실시간으로 혈압을 측정할 수 있는 장비이다. 기존의 압박 혈압계가 정확도와 신뢰도로 인해 널리 쓰이고 있는 반면, 실시간 혈압계는 아직 미국정부의 승인조차 획득하지 못한 상태이지만 실시간으로 측정하는 혈압의 중요성과 측정의 편의성으로 인해 많은 주목을 받았다.

병의원과 체력관리 센터에서 쉽게 볼 수 있는 체성분 측정기로 유명한 인바디에서는 휴대용 체성분 측정기인 인바디 밴드InBody Band를 2015년 4월에 출시했다. 형태는 기존의 활동량 측정기와 유사하지만 두 손가락을 센서에 대서 체지방을 측정한다. 심전도 센서도 있어서 운동 전후로 심박수를 상대적으로 정확하고 빠르게 확인할 수 있는 장점이 있다.

인바디 밴드는 기존의 스마트 밴드나 워치들이 활동량이라는 범주에서 크게 벗어나지 못한 것을 극복한 사례로, 운동 시 주요 관리 대상인 체지방을 빠르고 쉽게 측정할 수 있다는 측면에서 의미가 있다. 기존 인바디의 기능인 적정 체중 및 체지방 기준 제시와 이를 바탕으로 한 운동방법, 식단 제시 등 유관 콘텐츠 제공은 인바디 밴드가 가지는 장점이라고 할 수 있다.

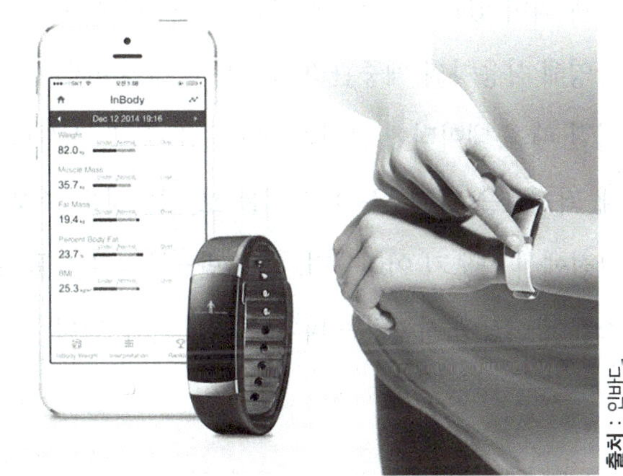

출처 : 인바디

▲ 인바디 밴드

체중관리 솔루션으로 유명한 눔Noom은 웨어러블은 아니지만 데이터 활용이라는 측면에서 독특한 면모를 보인다. 눔은 별도의 센서를 쓰지 않는다. 입력하는 내용은 성별, 나이, 키, 몸무게, 식사량과 스마트폰에서 기록하는 활동량 정도이다. 그럼에도 불구하고 체력관리 분야 유료 앱 1위를 지키고 있으며, 빠른 속도로 성장하고 있다.

눔은 하드웨어를 통한 측정에서 데이터를 활용한 관리도구로 접근했다. 다른 웨어러블이 단순히 자신의 정보를 계량적으로 보여주는 데 그쳤다면 눔은 한정된 데이터로 사용자의 행동을 변화시킬 수 있는 콘텐츠를 개발하는 데 중점을 뒀다. 건강 앱임에도 불구하고 사용하기 용이한 사용자 인터페이스와 시작부터 글로벌 시장을 염두에 둔 전략이 돋보인다. 하지만 가장 주요한 전략은 수집된 데이터를 분석해 사용자에게 의미 있는 정보를 제공해서 행동변화를 유도하고 그 결과를 다시 반영해 사용자의 체중관리 효과를 극대화시키는 데 있다. 활동량이 떨어질 때쯤 데이터에 근거해 경고음을 주고, 식사량이 갑자기 증가했을 때 죄책감을 달래주는 메시지를 보내는 것은 측정된 값만을 바라보는 관점에서 나오기 어려우며, 센서 만능주의로 흐를 수 있는 웨어러블 헬스케어 시장에 시사하는 바가 크다고 할 수 있다.

3. 아이디어 상품과 건강관리 사이

활동량 측정기로 시작한 웨어러블은 새로운 방향으로 진화를 하고 있다.

삼성전자 크리에이티브랩Creative Lab에서 출발한 사내 스타트업인 솔티드벤처에서 아이오핏IOFit이라는 스마트 신발을 2016년도 모바일 기기 전시회에서 공개했다. 운동화 밑창에 부착된 압력 센서가 걸음 수, 발이 땅에 닿을 때의 압력과 지지력, 무게중심 등을 측정하는 신발로 걷기나 달리기뿐만 아니라 골프 · 농구 · 역도 등 균형 감각이 중요한 운동을 할 때 유용한 제품으로 각광을 받았다.

출처 : 솔티드벤처

▲ 솔티드벤처의 아이오핏

활동량 측정기와 유사한 센서를 사용하지만 자세교정이라는 다른 목적으로 만들어진 웨어러블 기기도 있다. 실리콘밸리의 벤처회사인 루모바디텍Lumo BodyTech에서 2014년 1월에 출시한 루모리프트Lumolift라는 제품이 좋은 사례이다.

출처 : 루모바디텍

▲ 루모리프트

입는 옷에 이 제품을 자석클립으로 부착하고 바른 자세를 취하여 초기값을 맞춰놓으면 자세가 한 방향으로 기울어질 때마다 진동으로 사용자에게 경고를 줘서 자세를 바르게 하도록 알려주는 제품이다.

삼성전자 크리에이티브랩이 발표한 또 다른 웨어러블 기기로는 벨트형 측정기기인 웰트WELT가 있다. 가전제품 전시회 CES2016에서 공개된 웰트는 벨트의 클립 부분에 동작감지 센서와 허리둘레측정 센서가 부착되어 있어 활동량과 걸음 수, 허리둘레 변화, 과식 여부, 앉아있는

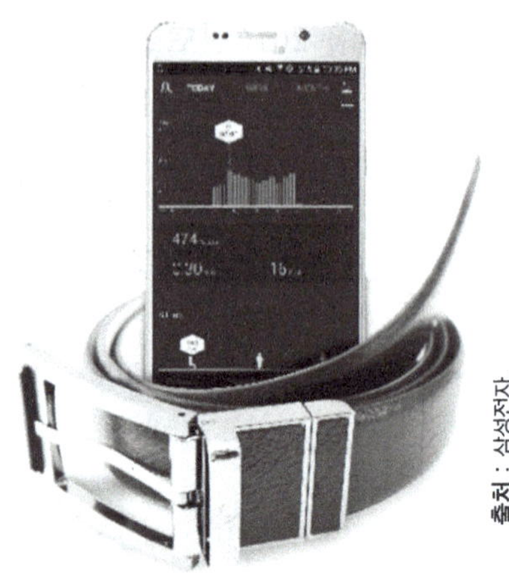
출처 : 삼성전자

▲ 삼성전자 웰트(WELT)

시간 등을 측정할 수 있다.

해당 제품은 제품의 기능과 함께 디자인에도 초점을 맞춰 일상생활에서도 이질감이 없는 착용감을 제공하고 있다. 2016년 말 시판을 목표로 개발 중이다.

차세대 산업의 한 형태 또는 유행으로 한창 주목을 받던 웨어러블 기기가 2016년 모바일 제품 전시회에서는 가상현실과 5G 통신의 기세에 눌려 큰 이슈가 되지 못했다는 기사를 접하면서, 웨어러블 기기가 지니고 있는 한계에 대해 살펴보면 다음과 같다.

웨어러블 기기의 가장 큰 문제는 웨어러블 기기를 반드시 구매해야 할 이유가 없다는 것이다. 사람들이 스마트폰을 들고 다니는 가장 큰 이유는 연결되기 위해서이다. 스마트폰으로 할 수 있는 것은 다양하지만 결국 전화를 하고 카카오톡을 하고 페이스북을 하면서 사람들과 생각을 공유하는 것이 주된 일이다. 스마트폰에서 카메라가 가장 많이 사용되는 것도 자신이 찍은 것을 사람들과 공유하고 연결되기 위해서이다. 사진을 찍고 보관만 하기 위한 것이라면 디지털 카메라로도 충분하다.

하지만 웨어러블 기기는 어떨까? 반드시 사야 하는 이유가 있을까? 그나마 인기가 좋은 활동량 측정기도 스마트폰에 해당 기능이 탑재되면서 해당 산업이 위축되고 있다는 이야기가 들린다. 그 외에 다른 기능들은 제한적으로 활용되거나 잠깐 주목을 받고는 사라지기도 한다. 웨어러블 기기 시장의 선도 주자는 핏빗이나 애플워치를 위시한 손목착용형 제품이다. 핏빗도 단순한 활동량의 측정에서 한계를 느끼고 그동안 축적된 데이터를 바탕으로 체계적인 관리 솔루션을 기획하고 있다. 측정 자체가 차별화를 의미하는 시기가 지나고 측정한 데이터로 사람들의 행동을 어떻게 변화시킬 수 있는지가 중요해지는 시점이 된 것이다.

수많은 웨어러블 제품이 아이디어 상품의 위치에서 시작을 한다. 그리고 그중 몇몇 제품은 살아남아 시장을 이끈다. 이 험난한 계곡을 넘는 방법이 정해진 것은 아니다. 그러나 앞으로는 좀 더 고객층에 밀착된 제품의 구성이 중요해질 것이라는 생각이 든다. 남녀노소 누구나가 다 착용할 수 있는 제품이면 더 좋겠지만, 그 시작은 작지만 집중된 분야에서 나올 것이다.

4. Dr.Watson

닥터 왓슨Dr. Watson은 추리소설을 좋아하는 사람이면 셜록의 조수로서 기억할 것이다. 예전에 윈도우를 쓰면서 프로그램에 문제가 생기면 이를 해결하는 프로그램의 이름도 닥터 왓슨이었다.

지금은 다른 왓슨이 유명해졌다. 만능 재주꾼으로의 왓슨이다. 박학한 퀴즈 도전자 · 요리사 · 음악 DJ까지 다재다능하다. 그중 유명한 것이 의사의 역할을 하는 왓슨일 것이다.

2014년 6월에 IBM이 개발한 컴퓨터 왓슨이 빅데이터를 이용해 백혈병 치료를 시도했다. 200명의 백혈병 환자를 대상으로 진료를 한 결과 왓슨이 내놓은 치료법을 미국 암 전문 병원인 MD 앤더슨 의사들의 판단과 비교했을 때, 전반적인 정확도는 82.6%로 나타났다. 데이터가 많아질수록 결과도출이 정확해지는 왓슨의 특성상 치료법의 정확도는 향상될 것으로 보인다.

그렇다면 왓슨은 의료계에 어떤 영향을 미칠 것인가? 현재는 백혈병 치료에 한정되어 있지만 다양한 질환에 활용될 가능성은 커지고 있다. 왓슨이 받아들일 수 있는 데이터는 인간의 능력을 훨씬 넘어선다. 그렇다면 인간을 대신해 왓슨이 의사가 될 것인가?

이전의 그 어느 기기와 비교해도 높은 정확도를 왓슨이 나타낸 것은 사실이다. 하지만 치료법에 대해 임상 가이드라인이 많이 제정되고 있는 경향을 감안하면 그 의미가 달라질 수 있다. 왓슨의 결과가 의사들의 판단과 일치율이 높다고 나타났는데, 이는 왓슨이 내린 판단의 비교 기준이 되는 의사들의 진단 자체가 일관성을 지니고 있다는 의미로 해석할 수 있다. 최근 정보통신 기술의 발달로 질병에 대한 연구결과가 빠르게 공유되고 임상에 반영되는 특성을 고려하면 이해가 가능하다. 즉, 왓슨이 아니더라도 의사들의 치료 방법이 비슷할 가능성이 높고 왓슨은 여기에 하나의 참고결과를 제시할 수 있는 것이다. 인공지능 바둑으로 유명한

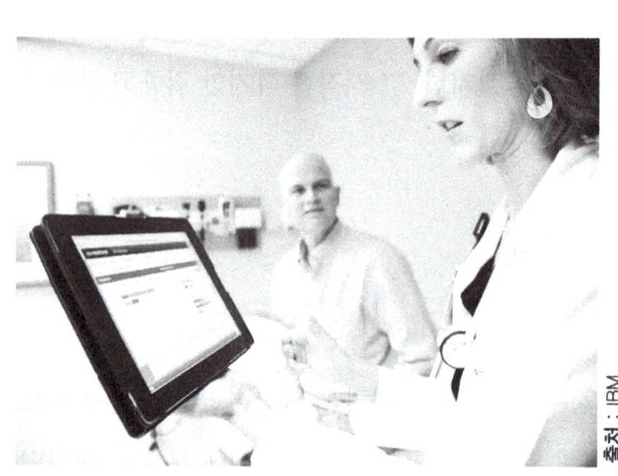

출처 : IBM.

▲ IBM 왓슨의 의료현장 활용

구글 알파고Google AlphaGo가 정석에 충실한 뛰어난 프로 바둑 기사이면서 사람이 생각하지 못했던, 영감을 줄 수 있는 수를 둔 것처럼, 왓슨도 의료에서도 기본적으로 실력이 좋고 인간이 생각하지 못한 점을 짚는 믿음직한 동료로서 의사들을 도와줄 가능성이 크다. 그러나 의료현장에서의 치료에 있어서는 방법뿐만 아니라 실제로 이를 수행할 수 있는 능력도 중요하며, 의료행위를 수행할 수 있는 인공지능 기기의 개발에는 시간이 걸릴 것 같다.

그리고 만약 이러한 기기가 개발되면 의료행위의 책임에 대한 문제가 대두된다. 자율주행차에서도 동일하게 나타나는 문제로, 병원에서 사고가 발생하면 지금은 담당 의사와 의료기관이 책임을 지지만 스스로 판단한 의료기기의 경우는 해당 판매회사에게 책임을 어떻게 물려야 하는지에 대한 문제가 대두될 것이다.

5. 증강현실과 ICT, 그리고 개인정보 보호

2012년에 구글이 구글 글라스의 초기 모델을 공개했을 때 증강현실이 ICT의 혁신을 이어가는 중요한 축이 될 것이라고 예측하는 사람이 많았다. 마이크로소프트도 2015년 1월에 홀로렌즈Hololens라는 머리착용 형태의 증강현실 기기를 공개했다. 페이스북이 2.5조 원에 가상현실 기기 회사인 오큘러스Oculus를 인수한 것도 같은 맥락으로 볼 수 있다.

2016년 모바일 기기 전시회에서는 이전의 스마트폰, 사물인터넷, 웨어러블 기기, 스마트카 등 익숙한 이슈가 아닌 가상현실 기술이 가장 큰 화두였다. 스마트폰이 가상현실 장치를 연동하는 스마트허브로서 주목을 받은 것도 가상현실과 증강현실이 성큼 우리 곁으로 다가왔다는 방증일 것이다.

증강현실이 스마트폰이 우리 생활을 바꾼 것만큼의 많은 변화를 가져오리라고 예측하는 사람들이 많다. 한 예로, 병원에서 수술할 때 인체 내의 복잡한 조직구조를 증강현실을 통해 확인하면 수술의 위험성을 낮추고 의료진 간의 협업을 원활하게 해서 수술성공률을 제고할 수 있을 것이다. 이제까지는 3차원인 인체의 구조를 2차원으로밖에 인식 못했지만 앞으로는 증강현실을 통해 3차원으로 인체구조를 인식해 보다 정확하게 의료행위를 수행할 수 있는 것이다.

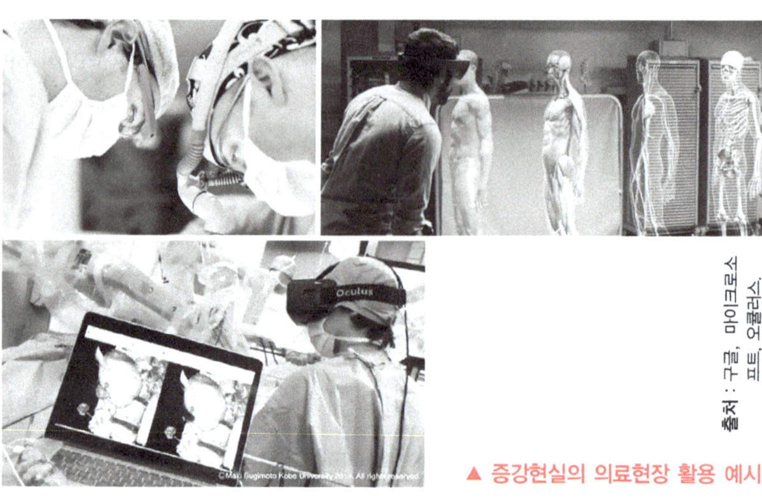

출처 : 구글, 마이크로소프트, 오큘러스

▲ 증강현실의 의료현장 활용 예시

또한 병원에서 각 전공의 간에 협업을 할 때 효율적인 데이터 전송이 어려운 측면이 있는데 증강현실이 도입되면 환자가 식별되는 순간 의료진에게 실시간으로 환자의 진단 · 경과 등의 의료정보가 전달될 수 있다.

다만 아직까지는 증강현실이 지닌 한계도 분명하다. 구글 글라스의 경우 기기 자체의 불안정성과 해킹 위험, 그리고 원근의 변화로 인한 시야의 불분명으로 인해 실제 의료현장에서 바로 사용하기는 어려운 점이 있다. 증강현실을 구성하기 위해 많은 데이터를 수집해야 하는 증강현실의 특성상 환자들의 개인정보가 어디까지 보호될 수 있을지에 대한 우려도 있다.

대부분의 병원에서는 이미 정보통신기기가 도입되어 있다. 병원 내에서는 전자의무기록 시스템을 이용해 환자 정보를 기록하고 처방을 내린다. 컴퓨터에 기록하는 것 때문에 진료실에서 환자와 의사가 서로 눈을 마주치는 시간이 짧아졌다. 의사와 환자가 모니터를 보고 이야기하는 것이다. 환자의 다양한 정보를 내부 전산망을 통해 전송하고 관리하는 시스템은 의료영상저장전송시스템이라는 개념으로 일반화되어 있다. 요즘에 방사선 필름을 들고 병동을 돌아다니는 모습을 보기 힘든 이유이다.

그러나 병원 밖만 벗어나면 필름까지는 아니더라도 비용을 들여 자신의 의료정보를 별도로 가지고 다녀야 한다. 병원을 옮길 때마다 할 일이 늘어나고 중복 진료를 받는 경우도 발생한다. 최근 대형병원과 협력병원을 중심으로 의무기록을 공유하고자 하는 움직임이 보이고 정부에서도 병원 간 전자의무기록을 전송할 수 있도록 입법추진을 하고 있지만 관련 규제와 이해관계자 간의 충돌, 인식부족으로 지지부진한 상태이다. 게다가 2013년에 약학정보원에서 발생한 처방기록 유출, 2014년에는 SK가 약국 처방정보를 임의로 자사 서버에 전송해 저장하는 일이 발생하면서 민감한 개인정보인 의무기록의 보안 확보가 중요한 이슈로 대두되었다. 디지털 헬스케어를 기술적인 문제보다 정책적인 문제로 보는 시각이 많은 것도 이런 이유에서이다.

6. 챔피언과 도전자

정보통신 산업은 역동적이다. 어제의 챔피언이 내일의 패배자가 될 수 있고 이름 없는 도전자가 어느새 산업을 선도하는 위치에 있기도 한다.

의료계는 어떨까? 의료기기 시장에서도 도전과 응전이 끊임없이 일어나고 있을까?

의료기기도 종류가 워낙 많아 모든 의료기기가 다 그렇다고 말하기는 어렵지만 우리가 주로 쓰는 의료기기, 예를 들면 혈당, 혈압, 혈액검사 등의 기기를 보면 도전도 많지만 응전도 만만치 않다는 생각이 든다.

사과 박스 크기의 중소형 혈액분석기는 기계와 시약만 있으면 각종 혈액 검사를 수행한다. 기본적인 혈당, 간기능에서부터 호르몬까지 다양한 검사가 가능하다. 수많은 회사에서 기기를 만들고 판매하며, 기술 자체도 안정되었다고 할 만큼 발전되었다. 그럼에도 불구하고 로슈Roche사의 제품이 병원 내 혈액검사기기 시장 점유율을 굳건하게 지키고 있다. 개인용 혈당 검사기 시장 1위인 아큐첵Accu-chek도 로슈의 제품이다. 영상촬영장치 시장에서도 마찬가지이다. 중국업체들이 저가 시장을 무서운 속도로 잠식하고 있지만 필립스Philips나 지멘스Siemens의 위상은 굳건하다.

의료기기는 저렴하다고 해서 구입하지는 않는다. 정확도가 매우 중요한 제품 중 하나이기 때문이다. 약간의 혈당수치 차이로 인해 당뇨로 판정될 수도, 아닐 수도 있다. 그래서 각 지표별로 골드 스탠다드Gold Standard라고 해서 가장 정확한 표준 측정방법을 제시한다. 기존의 비침습적인 혈압 측정법의 표준은 수은 혈압계였으나 환경오염 문제로 쓰기 힘들어지면서 자동혈압측정기로 대체되고 있다. 이때 자동 혈압측정기기가 수은 혈압측정기만큼 정확하고 지속적인 사용에도 측정치가 일정하도록 만드는 것은 각 제조회사의 기술력이다. 널리 사용되는 기기는 이런 점을 만족시키고 있고 새롭게 기기를 구입할 때도 다수가 사용하는 기기를 도입하게 된다.

인바디InBody의 시장 점유율이 높은 이유는 비만의 중요한 요소인 체지방을 번거로운 과정 없이 측정할 수 있는 점과 체형에 관심이 많아진 유행 때문이라고 보는 사람이 많다. 그러나 일각에서는 의료계에서 인바디의 정확도를 신뢰하고 사용했기 때문에 성공할 수 있었다고 보기도 한다. 체지방을 재는 표준 측정법은 대상자를 물속에 들어가게 해서 받는 부력을 환산하거나 이중 엑스선을 투과하여 측정한다. 체지방 측정을 위해 대상자를 완전히 물에 넣었다 빼는 것은 어렵다. 환자도 힘들고 병원에서도 그만한 크기의 수조를 구비하기가 쉽지 않다. 이중 엑스선 기계는 고가이다 보니 비용이나 편리성에서 떨어진다. 인바디의 경우 측정 방법 자체가 표준 측정법은 아니지만 인바디의 측정치가 부력을 측정하거나 이중 엑스선을 투과하는 방법으로 도출한 결과에 근접해서 연구 분야에서도 인바디의 수치를 신뢰한다. 그 결과 인바디는 또 하나의 골드 스탠다드가 되었고, 새롭게 시장에 진입하는 체지방 측정기들도 인바디와 얼마나 일치하는지를 발표한다. 도전자가 자신의 무기를 응전자가 갖고 있는 무기와 똑같은 수준으로 맞추고 나서야 다른 요소로 차별화할 수 있다는 의미이다.

도전자가 앱으로 연동되거나 쉽게 의료정보를 공유할 수 있는 의료기기 제품들을 시장 선도자들보다 먼저 개발하고 출시한다고 해도 정확도에 대한 문제 또는 기존 브랜드의 공고한 위치로 인해 마케팅이 쉽지 않다. 시장 선도자는 도전자들이 출시한 제품에서 필요한 부분만 흡수하여 이미 확보한 신뢰도를 기반으로 새로운 제품을 안정적으로 출시할 수 있기 때문에 성공적인 도전은 매우 힘들 것이다.

7. 규제와 최종 판단

의료법과 의료정보

의료법 제19조(비밀 누설 금지) 의료인은 이 법이나 다른 법령에 특별히 규정된 경우 외에는 의료·조산 또는 간호를 하면서 알게 된 다른 사람의 비밀을 누설하거나 발표하지 못한다.
의료법 제21조(기록 열람 등) ① 의료인이나 의료기관 종사자는 환자가 아닌 다른 사람에게 환자에 관한 기록을 열람하게 하거나 그 사본을 내주는 등 내용을 확인할 수 있게 하여서는 아니 된다.
형법 제317조(업무상비밀누설) ① 의사, 한의사, 치과의사, 약제사, 약종상, 조산사, 변호사, 변리사, 공인회계사, 공증인, 대서업자나 그 직무상 보조자 또는 차등의 직에 있던 자가 그 직무처리중 지득한 타인의 비밀을 누설한 때에는 3년 이하의 징역이나 금고, 10년 이하의 자격정지 또는 700만 원 이하의 벌금에 처한다.

우리나라의 법은 환자의 정보 누출을 엄격히 금지하고 있다. 환자가 아닌 사람이 환자의 건강상태를 알아 악용할 수 있는 가능성과 환자 자신의 소중한 개인정보 보호라는 측면에서는 이해가 가능하다. 그러나 의료정보의 이용에서도 이 문제는 부각이 된다. 병원에서 환자에게 나가는 정보 자체가 문제가 될 수 있는 것이다. 예를 들면 환자의 정보를 서버를 통해 전달한다면 이는 정보가 환자가 아닌 다른 사람에게 전달된 것이다. 원격진료에 대한 규제와 정책이 합리적으로 만들어지는 과정에서 해결되긴 하겠지만, 꽤 오랫동안 정보통신 기기와 헬스케어의 결합이 어려웠던 원인이기도 했다.

아직은 혈당이나 혈압을 의료기관에 전송하거나 전송한 자료에 대해 그 결과를 받아볼 수 없다. 원격의료가 일부 허용되긴 했지만 도서벽지나 원양어선 등 의료 접근성이 취약한 지역을 중심으로 추진되고 있으며, 아직은 도시에 사는 환자가 24시간 혈당측정치를 전송하고 카카오톡으로 상담을 받거나 밤에 자는 동안 측정한 혈압을 보고 처방한 혈압약을 배달 받는 등의 모습은 불가능하다. 법적 근거가 없다는 것이 가장 큰 이유지만 현행법에서는 환자정보를 전송하는 것 자체가 제약이 있기 때문이다. 2014년에 삼성 갤럭시 S5가 처음으로 심박 센서를 탑재했을 때 심박을 측정하는 것이 의료기기인지 아닌지가 중요했던 것도 이 때문이다. 웰니스Wellness의 개념이 도입되면서 심박이나 체지방 등 몇몇 제품군에 대해서는 의료기기보다 완화된 기준으로 웰니스 기기로 출시하는 것을 허용됐으나 여전히 그 경계는 모호하며, 진단과 관련된 결과를 내는 순간 까다로운 의료기기 인증을 받아야 하는 것이 현실이다.

2016년 보건복지부는 원격진료 추진과 전자정보교류 및 의료법 개정을 정책목표로 제시했다. 일각에서는 기술적인 문제보다도 규제와 정보 보안 문제, 이해관계의 조율 등의 문제가 의료현장에서 정보통신기기 도입에 가장 큰 논쟁이 될 것이라고 이야기한다.

미국의 23andMe는 자신의 침을 뱉어서 봉투에 담아 보내면 99달러에 자신의 유전자로 인해 발생할 수 있는 질병들을 알려주는 서비스를 제공하고 있다. 2007년부터 시작된 이 서비스는 기술적으로 어렵거나 많은 비용이 드는 기술은 아니지만 우리나라에서는 2016년이 되어서야 비의료기관이 직접 유전자검사를 통해 질병예방을 할 수 있도록 허용되면서 동일한 종류의 서비스가 가능해졌다. 기술보다 규제가 더 중요하다는 것을 느끼게 하는 부분이다.

의사의 적인가 친구인가?

공상과학영화를 보면 찾기 힘든 직업 중 하나가 의사이다. 건강상태를 측정하거나 심지어는 수술까지도 모두 기계가 대신하고 있다. 영화 '스타워즈' 에서 아나킨 스카이워커를 수술을 통해 다스베이더로 만든 것도 기계였고, 영화 '스타트렉' 에서 몸에 가까이 대기만 하면 건강상태를 알 수 있는 트라이코더도 기계이다. 진단을 하는 데 어떤 전문가도 보이지 않는다. 영화 '바이센테니얼맨' 에서는 주인공은 집에서 간호사 로봇과 함께 임종을 맞이한다.

당장 의사라는 직업이 사라질 것 같지는 않다. 옥스퍼드 마틴스쿨의 칼 베네딕트 프레이 교수와 마이클 오스본Michael A. Osborne 교수는 2013년에 발표한 '고용의 미래 : 우리의 직업은 컴퓨터화에 얼마나 민감한가' 라는 보고서에서 "자동화와 기술 발전으로 20년 이내 현재 직업의 47%가 사라질 가능성이 크다" 고 언급하면서 가까운 미래에 사라질 직업에 대해 순위를 매긴 적이 있다. 내과 · 외과 의사는 하위 15위를 기록했는데 이는 꽤 시간이 지나도 의사라는 직업이 필요하다는 의미이다.

최근 눈부시게 발전하는 정보통신 기술을 보면 의료현장에서 의료진의 역할이 어떻게 될지 사뭇 궁금해진다. IBM 왓슨은 의사를 대신해 진단을 내리고 수술 로봇도 우리와 꽤 친숙해졌다. 약의 조제는 상당 부분 기계가 대신한 지 오래다. 그럼에도 불구하고 병원에 의사와 간호사가 다 사라지고 기계만 있는 모습을 상상하기는 쉽지 않다.

의료에서 정보통신 기술은 인공지능과 연결된다. 복잡한 인간을 대상으로 의료행위를 하는 것은 지금도 강도 높은 훈련을 받고 다양한 임상경험을 쌓아야 가능하다. 의료가 단순 작업이 아닌 만큼 기계도 인공지능의 관점에서 접근을 하게 될 것이다. 결국 인공지능이 사람보다 더 빨리, 더 정확하게 진단과 치료를 할 수 있는지가 관건이 될 것이다. 이는 비단 의료영역만 아니라 인공지능을 활용하는 대부분의 영역에서 고민하는 부분이다.

하지만 뛰어난 인공지능 의사가 있다면 그는 사람 의사를 대신하는 것이 아니라 하나의 능력 있는 파트너로서 여겨질 가능성이 크다. 인공지능 의사가 모든 것을 다 알기 위해서는 그 이전에 생명의 신비가 다 밝혀져야 할 것이다. 생명에 대해 아직 모르는 것이 많은 상황에서 기계에게 모든 것을 맡길 수 있을까? 그런 불확실성을 줄이는 차원에서 인공지능은 의료진의 의사결정에 도움을 주고 단순 작업을 대신하여 의사가 좀 더 중요한 일에 집중할 수 있도록 해주는 조력자의 역할이 어울릴 것

같다.

다른 측면으로는 누가 최종 책임을 질 것인가 하는 문제이다. 모든 진단과 처방에는 담당의사의 서명이 들어간다. 해당 행위에 대한 책임을 진다는 의미이다. 만약 의료사고가 발생하면 어떻게 될 것인가? 기계를 만든 회사에 책임을 물릴 수 있을 것인가? 그리고 사고 이후의 수습은 어떻게 할 수 있나? 다른 기계를 사용해서 수습을 할 수 있을 것인가?

그리고 2016년 통과된 웰다잉Well-Dying법에서 환자의 연명치료를 중단하는 결정을 기계가 내리면 이를 사람들이 받아들일 수 있는가에 대한 문제도 있다.

이런 의문들이 나타나는 것은 디지털 의료가 기술적으로 아직 불안정하기도 하고 인간의 생사를 기계가 판정을 내린다는 것에 대해 아직 받아들이기 어렵기 때문일 것이다. 아무리 죽음을 판정하는 기준이 명확하다고 한들, 사망진단을 기계로부터 받는 것을 수용할지 고민하게 된다.

의료계가 생명을 다루고 규제 등으로 인해 변화에 상대적으로 보수적인 점을 감안하면 얼마 동안은 의료산업에서 정보통신 기술의 활용은 의료산업에서 파괴적 혁신보다는 점진적 혁신을 야기할 것으로 보인다. 그리고 정보통신 기술은 의료현장에서 의료진의 정확한 판단을 돕고 단순 작업을 대체하여 의사가 좀 더 환자에게 집중할 수 있는 요인으로 적용할 것으로 보인다.

군사작전과 정보통신 기술의 결합 : C4I 체계

1. C4I 체계란?

2. 정보통신 기술이 군사작전에 어떤 방식으로 영향을 미치는가?

3. 방위산업 분야에서 개발 진행 중인 정보통신 기술 관련 프로그램

4. 컴퓨터게임 같은 미래의 군사작전

5. 향후 국방 분야에 유망한 정보통신 기술

1. C4I 체계란?

C4I체계는 지휘Command, 통제Control, 통신Communication, 컴퓨터Computer를 의미하는 4개의 영어단어 머리글자와 정보Intelligence의 머리글자 'I'를 조합하여 만들어진 합성어로서, '지휘통제자동화체계'라고도 불린다. 군사작전체계를 나타내는 용어는 지휘와 통제를 의미하는 용어 C2Command, Control를 기본으로 하여 다양한 C3, C4, C2I, C3I, C4I 등의 용어가 파생되었으며, C3Command, Control, Communication 체계란 통신을 통해 지휘와 통제를 하는 체계, C4Command, Control, Communication, Computer 체계란 통신과 더불어 컴퓨터를 이용한 자동화를 통해 지휘 및 통제를 하는 체계를 말한다. C2I, C3I, C4I 등 I가 붙는 것은 군사정보를 다루

▲ C4I 운용 모습

는 역할도 함께 수행하는 시스템이라는 의미이다. C4I는 네트워크 중심전이라 할 수 있는 현대전에서 빼놓을 수 없는 핵심 지휘체계로, 전후방의 전장에 분산된 아군의 모든 전력을 유기적으로 통합해 주는 역할을 한다. 즉, 전장에서 레이더 등을 통해 수집한 정보를 컴퓨터로 통합하여 한눈에 파악할 수 있도록 만들어주는 네트워크 시스템으로서 육·해·공군의 전력을 상황에 맞게 효율적으로 관리 및 운용하고, 말단 전투병 단계까지 유무선 통신을 통해 각종 정보를 실시간으로 공유할 수 있게 해 통합 전력을 극대화하는 역할을 한다. 이는 적을 먼저 보고, 먼저 판단하여, 먼저 타격하는 복합체계 즉, Sensors정보수집 체계–WarnetC4I 체계–Shooters무기 체계 중 가장 핵심 체계로서 체계 간의 연동Interoperability과 통합이 핵심 능력이다.

이러한 C4I 체계의 전력화 프로그램은 육·해·공 전 군에서 이미 급속도로 진행되고 있다. 2015년 12월, 방위사업청-한화탈레스 간 양산계약을 체결하여 성능개량된 C4I 체계의 한 형태인 전술정보 통신체계Tactical Information Communication Network 사업이 추진 중에 있다. 전술정보통신체계의 구축이 완료되는 2020년대가 되면 휴대용 단말기 모니터에 적군의 모든 전력과 전장 상황이 실시간 공유되며, 군 최고 지휘관부터 말단 병사에 이르기까지 각자의 임무에 적합한 최적의 의사결정을 실시간으로 할 수 있게 된다.

2. 정보통신 기술이 군사작전에 어떤 방식으로 영향을 미치는가?

정보통신 기술이 군사작전 분야에 미치는 범위와 그 영향력은 광범위하지만 그중에서도 특히 군사정보를 수집하고 공유하는 분야에서 탁월한 역량을 발휘하고 있다. 군사정보는 출처 및 수집수단별로 인간정보, 신호정보, 영상정보, 기술정보, 공개출처 정보, 계측 및 기호 정보로 구분할 수 있다. 인간정보에는 해외무관이 현지에서 수집하는 첩보와 특수요원들을 통해 얻어낸 정보가 해당되며, 신호정보는 감청을 통해 획득된 통신정보와 전자정보로 구분된다. 지형정보는 인공위성 및 항공자산으로부터 촬영된 각종 이미지 정보들이 대표적이다. 이외에도 인터넷 등 사이버 공간에서 수집한 정보 등이 있다. 이처럼 각각의 정보 수집 단위에서 수집된 정보들은 개별적으로 분석되기도 하지만 연관된

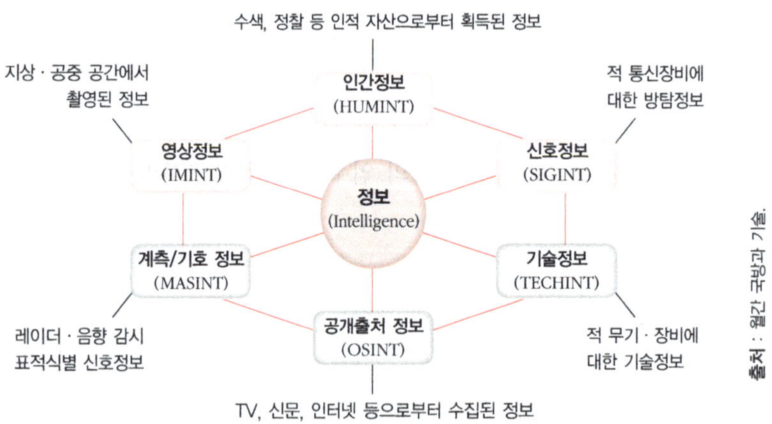

▲ 정보수집의 유형

다양한 첩보들을 동시에 분석한다면 더욱 정확한 정보를 재생산해 낼 수 있다. 이와 같이 C4I 체계는 이들 수집집단으로부터 취합된 정보를 통합 · 분석하고 군사적 가치를 지닌 것을 찾아내 전술지휘관에게 가공하여 전달하는 역할을 수행한다.

정보통신 기술의 발전은 군사작전 분야에 있어서 전장의 제 요소들을 효과적으로 연결하여 분산된 위치에서도 전장상황을 공유하면서 실시간 지휘통제를 가능하게 할 것이며, 군사위성을 활용한 위성항법체계는 다양한 타격수단을 정찰 및 감시기능, 지휘통제 기능과 연계해 타격복합체계로 운용함으로써 군사작전의 효과를 증대시킬 것이다.

3. 방위산업 분야에서 개발 진행 중인 정보통신 기술 관련 프로그램

하나의 무기는 여러 가지 기술이 집약된 종합체계이기 때문에 방위산업에서 정보통신 기술 관련 사업만을 구별해 내는 것은 매우 어려운 일이다. 다만 정보통신 기술이 접목된 무기체계가 주로 감시, 정찰, 통신, 정보수집 등의 목적으로 활용된다는 관점에서 볼 때 2016년에는 약 30여 개의 프로그램이 진행 중에 있다고 할 수 있다. C4I 관련 사업예산은 전술정보통신체계에 5.4조 원, 해군전술 C4I 성능개량사업에 1,500억 원, 지상전술 C4I 확장사업에 2,000억 원 정도가 투입되고 있다. 특히 대북 정보수집을 위한 군사위성과 관련된 예산이 눈에 띄는데 이는 최근 언론에 보도된 남북 간의 긴장 상황이 반영된 결과로 보인다.

우선 전술정보통신체계는 대용량 정보유통이 가능한 디지털 방식의 체계로 기존 아날로그 방식의 체계를 대체하기 위해 2010년 12월부터 2015년 6월까지 국방과학연구소 주관으로 개발을 진행했다. 미래 전투수행 방법으로 주목받고 있는 네트워크 중심전이 가능하려면 지휘부와 각 부대, 정밀유도무기와 감시, 정찰체계를 실시간 네트워크로 연결하는 것이 필수적인데 전술정보통신체계는 이와 같은 네트워크 망의 역할을 하는 기반체계이다. 전술정보통신체계를 구성하는 장비 중에서 망 관리, 교환접속 체계는 일종의 교환기 역할을 하게 된다. 군용 스마트폰으로 비유할 수 있는 전술 이동통신체계와 다목적 만능 디지털 무전기로 비유할 수 있는 전투무선체계가 단말기 역할을 맡는다. 전술정보통신체계는 이 밖에도 광케이블 없이도 근·원거리 무선전송을 가능케 하는 무선전송체계, 보안관제체계 등 6개의 하부체계로 구성되어 있으며 이 중 4개를 한화탈레스에서 담당하고 있다.

전술정보통신체계가 주로 지휘부와 지상전력들 간의 정보통신체계라면, 해군전술 C4I 체계는 해상전력과 지휘부 간의 정보통신체계로 함정, 잠수함, 해상초계기 등 다양한 유닛으로부터 받은 정보를 종합·공유함으로써 단일 함정중심에서 다수 함정 간 협동 교전으로 전술 개념을 바꾸고 있으며, 특히 해상무인기와 같은 원거리 무인체계를 이용한 감시 및 탐지를 통해 정보수집의 경계를 허물고 있다.

4. 컴퓨터게임 같은 미래의 군사작전

미래의 군사작전은 정보통신 기술이 적용된 무기체계의 활용도에 따라 전쟁의 승패가 결정될 것으로 보인다. 정보통신 기술이 주축이 된 네트워크 중심전은 전투 공간에서 파악 가능한 모든 요소를 효과적으로 연계하여 정보의 우월성을 확보하고 이를 전투력으로 전환시키는 것으로, 한마디로 네트워크 정보화를 군사 작전에 적용시킨 것이다. 네트워크 중심전은 정보 우월성에 의한 작전 개념으로써 탐지기, 결정권자, 타격체를 모두 네트워크를 통해 연계하여 전투력을 향상시킴으로써 전장 인식 공유, 지휘속도 향상, 작전속도 증가, 치명성 증대, 생존성 동시 통합 능력 향상을 도모한다.

이러한 측면에서 볼 때, 미래전쟁에서는 다른 무엇보다도 정확한 정보의 획득이 작전수행의 주요 관건이 될 것이다. 공중감시체제가 발달함과 더불어 지상에서도 중요 전략무기나 지점을 은폐 및 엄폐시키려는 시도가 정교화될 것이기 때문이다. 이러한 상황에서 지상에 대한 정확한 정보의 획득은 최소비용을 통한 작전성공의 열쇠라고 할 수 있다. 유도무기가 정밀화됨에 따라 목표물의 특성을 고려, 공격할 폭탄의 종류와 양이 달라지기 때문에 사소하게라도 정확한 정보가 있다면 이것으로 얻을 수 있는 전략 및 전술적 효과는 매우 클 수가 있다.

그렇다면 이러한 정보의 획득과 목표물에 대한 타격은 어떻게 이루어지는가? 물론 과거 재래식 전쟁처럼 인적 루트를 통한 정보 획득과 확인도 중요하지만 미래전쟁에서는 무엇보다도 대부분의 정보가 공중에 떠 있는 공중 조기경보기나 각종 정찰위성을 통해서 획득될 것이다. 다시 말해, 정찰위성이 떠다닐 수 있는 활동 공간인 우주의 중요성과 지상의 정보를 수집하여 이를 작전부대에 전송하는 전자장비의 발전이 전쟁 승패에 매우 중요한 요소가 될 것이라는 의미이다. 이러한 첨단무기와 시스템을 작동시켜 시시각각으로 변화하는 상황을 접수, 분석 및 통합하고 작전명령을 내리는 것은 군의 최상위 지휘부와 군 통수권자인 대통령이지만 이들의 효율적인 의사결정을 지원하기 위한 가장 핵심 체계는 앞에서도 언급했던 C4I 체계라고 할 수 있다.

5. 향후 국방 분야에 유망한 정보통신 기술

향후 국방 분야의 정보통신 기술은 정보, 감시, 정찰을 의미하는 ISR Intelligence, Surveillance and Reconnaissance 기술 위주로 발전될 것으로 전망된다. ISR 분야의 국내 보유기술 수준은 미국, 유럽 등 선진국 대비 전 세계 11위 정도이며, 이는 기동, 함정 등 타 국방과학 기술 분야에 비해 상대적으로 낮은 수준임을 알 수 있다. 다만 향후 민간 분야의 발전된 정보통신 기술을 응용하여 국방과학 기술을 개발할 경우 엄청난 시너지 효과를 기대할 수 있다.

출처 : 월간 국방과 기술.

▲ 분야별 국방과학 기술 수준

무기체계의 ISR 활동에는 무선 센서, 영상장비, 휴대용 무전기 등을 포함한 다양한 정보통신 기술이 이용된다. 이 모든 체계는 데이터 저장 및 빅데이터 분석 플랫폼에 데이터를 공급하고 위치에 관계없이 정보분석가, 지휘관, 전투원 등에게 중요 정보를 제공하기 위해 빠르고 신뢰성 높은 네트워크 지원을 필요로 한다. 기존 네트워크는 군의 이동성, 적응성, 정보 중심성이 계속 커지는 상황에서 보조를 맞추는 데 어려움을 겪고 있다. 현재 군은 방위사업 업체와 긴밀히 협력하여 신뢰성과 유연성을 갖춘 차세대 네트워크 기술을 개발하는 중이다. ISR 통신과 관련해 매우 유망한 개발사항 중 하나는 소프트웨어 정의 네트워크인 SDN software-defined networking이다. SDN 기술을 활용하면 더 역동적으로 변화하는 전투환경에 필요한 네트워크 접속의 민첩성을 확보할 수 있으며, 또한 서비스 속도를 높여 전술 말단 제대에 이르기까지 모든 특수한 환경에 맞춰 네트워크 운영을 쉽게 조정할 수 있다.

날개 단 드론

1. 생활 속으로 들어온 드론
2. 드론이란 무엇인가
3. 드론은 어떻게 움직이나
4. 진화하는 드론
5. 드론의 상용화
6. 드론의 주요 활용 분야
7. 드론이 지배하는 생태계

1. 생활 속으로 들어온 드론

2016년 1월 세계 최대의 가전제품 전시회인 'CES 2016' 에서는 2015년에 이어 드론에 관심이 집중되었다. 그중 가장 눈에 띄는 제품은 인텔이 중국 드론 전문기업 유닉Yuneec과 손잡고 개발한 유닉 타이푼 H였다. 유닉 타이푼 H는 날개를 4개에서 6개까지 장착할 수 있고 인텔 리얼센스 3D 카메라 및 인텔 아톰 프로세서를 탑재했다. 인텔은 드론에 자사의 기술들을 대거 적용해 최대 1.5m 거리의 사물까지 인식할 수 있게 하고, 충돌방지 기술을 강화한 팔로우-미 모드를 적용했다. 이처럼 하늘을 나는 이동체에 불과했던 드론에 주요 IT 업체들이 각종 기술들을 적용하면서 드론은 혁신적인 눈을 갖추고 이동이 자유로운 최첨단 정보기기로 변모하고 있다.

출처 : 인텔.

▲ 유닉 타이푼 H

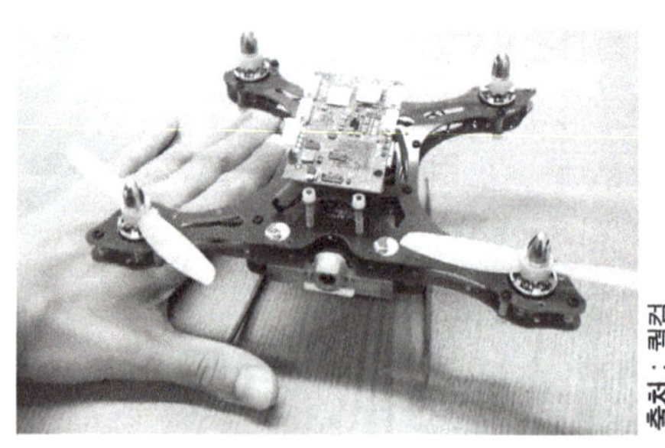
출처 : 퀄컴.

▲ 스냅드래곤 플라이트

글로벌 반도체업체인 퀄컴 또한 드론 시장에 눈독을 들이고 있다. 퀄컴은 스마트폰용 칩이 탑재된 드론인 스냅드래곤 플라이트Snapdragon Flight를 선보였다. IT 기업들이 드론 시장에 눈독을 들이는 이유는 사물인터넷으로 귀결된다. 드론이 실내 · 외에서 일어나는 많은 현상들에 대해 눈과 귀가 되어 줄 것이라고 기대하는 것이다. 더 나아가서는 물품 배송 등도 스스로 하는 물류 혁신도 이루어질 것이라고 전망한다.

군사용으로 개발되어 감시 · 정찰 · 폭격 임무를 수행해왔던 드론은 점차 공공 분야로 활용이 확대되어 자연재해 지역, 화산지역, 원자력발전소 사고지역 등 인간이 접근할 수 없는 장소에 투입되면서 우리 생활 가까이로 다가왔다. 최근에는 상업적으로 발전하면서 인터넷 이용지역 확장, 물품 배송, 촬영 장비 등 우리사회 생활 전반에 아주 빠른 속도로 진입하고 있다. 특히 각종 예능에서 카메라를 장착한 드론인 헬리캠Helicopter Camera을 이용하여 생동감 있는 영상을 선보임에 따라 방송을 통해서 일반 대중도 친숙함을 느끼게 되었고 취미용으로도 널리 사용되게 되었다.

이러한 추세를 반영하듯, 인텔과 퀄컴을 비롯해 글로벌 드론 시장을 이끌고 있는 DJI 등이 드론의 플랫폼 구축에 나섰다. 이들은 통신기술과 칩 세트 등 자사의 장점을 활용해 드론의 활용영역을 넓히면서 자신만의 플랫폼을 표준으로 만들고자 하고 있다.

2. 드론이란 무엇인가

드론이란 무인항공기 또는 무인비행체를 뜻한다. 무인항공기 UAVUnmanned Aerial Vehicle는 항공기에 사람이 탑승하지 않은 채, 원격이나 자동으로 통제되는 항공기를 말한다. 법적으로 무인항공기는 항공기에 조종사가 탑승하지 않고 자동 또는 원격으로 비행이 가능하며, 1

회용 또는 회수할 수 있어야 한다고 정의되어 있다. 최근에는 플랫폼 자체를 의미하는 무인기라는 용어 대신 무인기와 지상에서 무인기를 조종하는 통합된 '체계'임을 강조하기 위해 '무인기 체계Unmanned Aircraft System ; UAS'로도 표현한다. 미 공군이나 국제민간항공기구 등에서는 무인기를 원격조종항공기Remotely Piloted Aircraft ; RPA라고도 지칭하기도 한다.

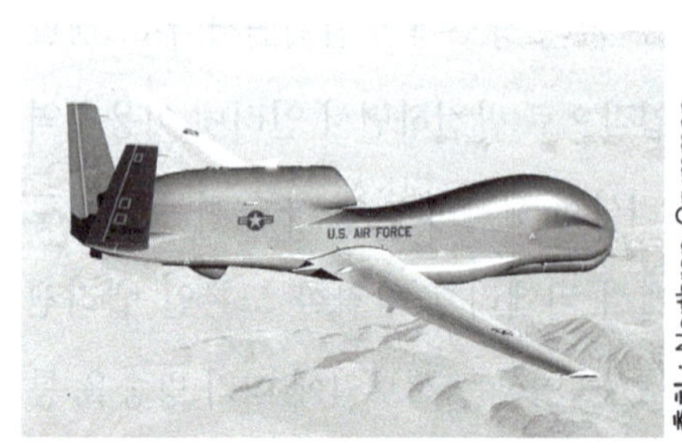

출처 : Northrop Grumman.

▲ 글로벌 호크(고정익형)

출처 : SABB.

▲ V-200 SKELDAR(회전익형)

출처 : 대한항공.

▲ KUS-TR(혼합형)

이러한 무인기의 종류는 구동형태, 임무, 비행, 고도, 사이즈 등 여러 가지 기준에 의해 분류된다.

먼저 구동형태에 따라 날개가 기체에 수평으로 붙어 있는 고정익형, 날개의 회전을 이용하는 회전익형, 고정익형과 회전익형을 결합한 혼합형으로 나뉜다. 그 중 혼합형은 이착륙할 때는 회전익형의 장점을 활용하고 상공에서 비행할 때는 고정익형의 장점을 보이기 때문에 안정성과 기동성을 동시에 확보한 형태로 앞으로의 활용 범위가 넓을 것으로 예상된다.

운용 고도에 따라서는 저고도3km 이하, 중고도3~10km, 고고도10km 이상용으로 분류된다. 특히 군사적인 측면에서 운용 고도는 가장 중요한 분류 기준이 된다. 적으로부터의 탐지 및 공격을 피하려면 보다 높은 고도에서 운용해야 하기 때문에 많은 방산업체들은 고고도 무인기 개발에 힘쓰고 있다.

3. 드론은 어떻게 움직이나

앞에서 살펴본 고정익기와 회전익기의 작동 원리 또한 차이가 있다. 고정익기는 양력을 이용한다. 즉, 고정익기가 엔진의 힘을 이용해 빠르게 활주로를 달리면 반대 방향에서 공기가 빠른 속도로 날개를 향해 다가오게 된다. 다가온 공기는 날개를 중심으로 위아래로 분리되어 오르게 되는데 날개의 특성상 윗면의 공기가 더 빠르게 이동하고 아랫면은 느리게 이동한다. 이러한 공기의 속도 차이는 날개 위 · 아래 간의 압력 차이를 발생시키고, 이 압력 차이가 날개를 위쪽으로 들어올리는 작용을 하여 비행기를 상공에 떠 있도록 만들어 준다. 이륙 후에도 고정익기가 상공에서 계속 비행하기 위해서는 이 양력을 유지해야 하는데, 일정 속도 이상으로 비행해야만 공기의 흐름을 발생시켜 양력을 생성시킬 수 있다. 이러한 특성 때문에 고정익기는 상공에 떠 있는 상태에서의 제자리 비행 및 수직 상승, 하강이 불가능하다. 고정익기는 일단 이륙하고 나서는 안정적으로 비행이 가능하고, 속도 변화나 기체의 움직임에 급격한 반응이 덜해 연료소모가 적으며, 장기체공이 가능하다. 따라서 고정익기 드론은 정찰, 기상관측 등 상공에서 오래 머무르는 임무에 적합하다.

회전익기는 프로펠러 역할을 하는 로터가 회전하면서 양력을 발생시킨다. 제자리에서 상승·하강이 가능하며, 제자리 비행도 가능한 수직 이착륙기다. 회전익기의 로터는 고정익기 날개 여러 개를 모은 것과 같은데, 로터 하나하나를 구성하는 날개를 블레이드라고 한다. 고정익기가 양력을 위해 전진하는 것과 유사하게 회전익기도 블레이드를 움직이며 양력을 얻는데, 각 블레이드는 주 동력장치인 엔진이나 모터 등에서 발생하는 회전력으로 회전하게 된다. 회전익기는 이러한 비행특성 때문에 좁은 공간에서 수직으로 상승·하강하여 이착륙할 수 있고 공중에서 제자리 비행과 저속 비행을 할 수 있다는 장점이 있다.

이러한 용이성 때문에 상업용 드론의 대부분은 회전익기의 형태를 취하고 있다. 주변에서 쉽게 접할 수 있는 상업용 드론은 작은 프로펠러를 여러 개 사용하여 작동하는 특징이 있다. 이러한 드론을 멀티콥터라고 하는데 프로펠러의 수에 따라 명칭이 달라진다. 프로펠러가 3개면 트라이콥터, 4개면 쿼드콥터, 8개이면 옥타콥터라고 한다. 아마존이 공개한 아마존 프라임 에어가 옥타콥터의 대표적인 예라고 할 수 있다. 헬리콥터가 엔진의 회전력을 이용해 긴 로터를 회전시키고 로터의 기울어진 상태를 이용해 위치를 이동시키는 데 반해, 멀티콥터는 각 모터의 회전 수에 따라 전진하거나 회진한다. 모든 모터의 출력을 동일하게 높이면 수직상승하고 앞으로 나아가려면 뒤쪽 모터의 출력을 높이게 된다. 즉, 멀티콥터는 각 로터의 속도제어만으로 충분히 방향 전환이 가능해 단일로터보다 구조적으로 훨씬 단순하다. 따라서 기체 자체를 제어하기가 쉬워 누구나 날리기 편하고 다양한 용도로 사용이 가능하다. 드론

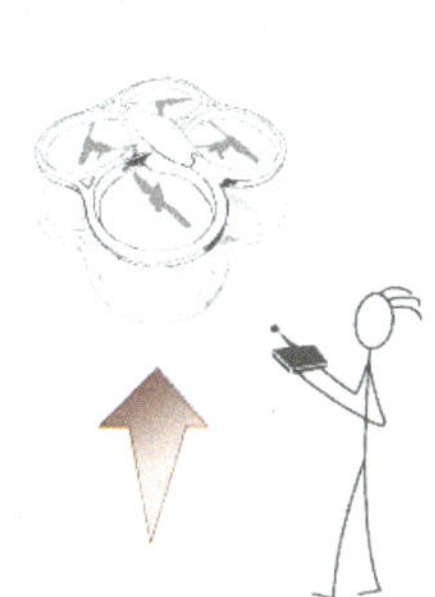

상승 및 하강
①, ②, ③, ④ 프로펠러가 동일한 속도로 빠르게 회전하면 상승하고 느리게 회전하면 하강.

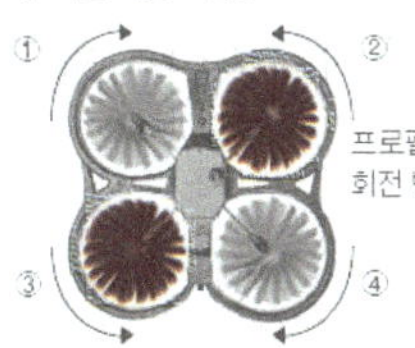

* 같은 색 프로펠러는 회전 방향이 동일

전 · 후진(PITCH 이동)
①, ② 프로펠러가 빠르게 회전하면 전진. ③, ④ 프로펠러가 빠르게 회전하면 후진.

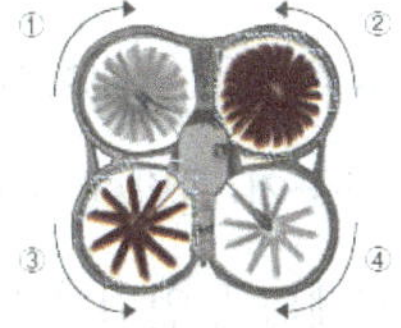

좌우 이동(ROLL 이동)
②, ④ 프로펠러가 빠르게 회전하면 왼쪽으로 이동. ①, ③ 프로펠러가 빠르게 회전하면 오른쪽으로 이동.

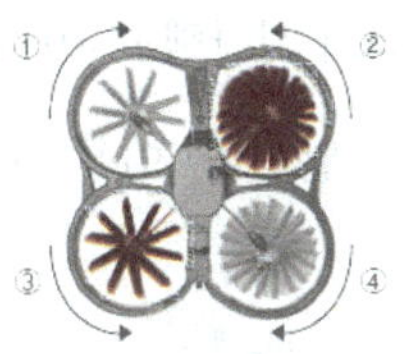

제자리 회전(YAW 이동)
①, ④ 프로펠러가 빠르게 회전하면 반시계방향 회전. ②, ③ 프로펠러가 빠르게 회전하면 시계방향 회전.

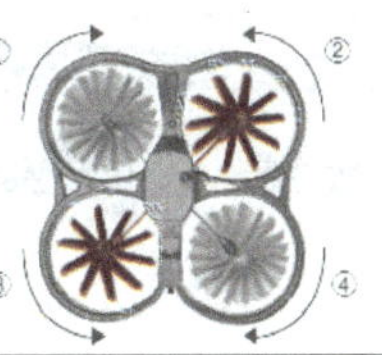

출처 : 중앙일보.

▲ 드론의 작동 원리

의 두뇌 역할을 하는 비행조종 컴퓨터에 자이로 센서, 기압 센서, 위치 센서 등 드론의 현재 상태를 알려주는 여러 센서의 정보를 연동시켜 각 날개의 회전을 제어함으로써 움직이는 방식이다.

4. 진화하는 드론

제1차 세계대전 이후 전투기의 역할은 무척 주요하게 평가되었다. 특히 조종사의 안전문제에서 자유로워질 수 있고 조종석 공간에 연료나 무기를 적재하여 공간의 효율성을 극대화할 수 있는 장점 때문에 각국 공군은 오래 전부터 무인항공기 개발에 노력해왔다. 기존에도 적군의 위치로 이동해 자폭하는 형태의 무인기가 등장하기는 했지만 완벽하게 제어가 가능한 형태는 아니었다. 무인기는 통신 기술이 발달하면서 본격적으로 개발되기 시작한다. 제1차 세계대전이 한창이던 1910년대에 드론이 본격적으로 개발되기 시작했고 1918년경 미국에서 Bug라는 이름의 무인 비행체가 처음 개발된다. 이후 제2차 세계대전부터는 지상에서 직접 제어가 가능하고 이륙지점으로 다시 돌아올 수 있는 형태의 드론이 개발되며 본격적인 드론의 역사가 시작된다. 영국에서 개발된

출처 : Imperial War Museum.

▲ Queen Bee와 윈스턴 처칠

Queen Bee라는 드론으로, 많은 학자들이 이 항공기가 현대적 관점에서 드론의 원조라고 말한다. Queen Bee 이후 미군이 비슷한 형태의 무인표적기를 생산하여 본격적으로 전쟁에 투입하면서 무인항공기가 '드론' 이란 이름으로 불리게 되었다. 여왕벌이라는 뜻의 Queen Bee에서 착안한 수벌이라는 뜻이다.

1950년대 베트남 전쟁을 거치면서 드론은 빠르게 진화하기 시작한다. 숲에서 전쟁이 이루어지는 베트남의 지역적 특성상 더 정교한 조종이 필요했기 때문이다. 나아가 공격 중심에서 '정찰용' 으로 활용 폭이 넓어지며 전쟁에서 없어서는 안 될 무기로 자리매김했다. 첫 모델인 미국의 Fire Bee는 정찰용 드론의 시작이라고 볼 수 있다. 항공우주 기술의 발달과 함께 미국은 1960년에는 레이더 망에 걸리지 않는 기술인 스텔스 기능을 갖춘 드론도 개발했다. 이어 마하 4약 4,900km/h의 속도로 비행하는 드론인 D-21까지 개발하며 드론 분야의 최고 기술을 획득하게 됐다.

출처 : Northrop Grumman.

▲ Fire bee

하지만 레바논, 이집트와의 전쟁을 통해 드론 기술을 축적해온 이스라엘이 1980년대 이후로 드론 기술의 주도권을 미국으로부터 가져왔다. 이스라엘은 1973년 대표적인 기만용 무인기인 Decoy를 개발하고 1982년 크기가 3m에 불과한 초경량 군사용 드론인 Scout 개발을 통해 기술력을 과시했다. 1980년대 이후 드론을 이용해 전투의 파괴력과 효율성을 크게 향상시킬 수 있다는 것을 파악한 각국 군대는 앞다투어 드론을 개발하기 시작했다. 특히 코소보의 독립을 외치며 1998년 발발한 코소보 전쟁에서는 '드론계의 괴물' 로 불리는 프레데터와 글로벌호크가 등장하며 전투력의 중요한 부분을 차지했다.

최근에는 IT 기술의 발전과 함께 드론의 활용도가 높아지면서 기업과 일반인들의 관심이 점점 높아지고 있다. 과거부터 리모컨을 이용해 조종할 수 있는 무선조종 비행기를 많은 사람이 취미로 이용해 왔지만 항공기 크기의 비행체를 원격 조종하는 드론은 엄연히 '군사용' 으로 취급되었다. 하지만 무인항공기가 다양한 형태와 용도로 사용되면서 이러한 구분이 사실상 무의미해졌고 드론이라는 용어 또한 모든 무인항공기를 대변하는 용어가 되었다. 오히려 최근에는 멀티콥터 형태의 취미용 및 상업용 무인항공기를 드론으로 부르는 경우가 빈번해지고 있다. 드론의 상용화 과정에서 가장 중요한 인물은 대표적인 IT 잡지인 『Wired』의 편집장 크리스 앤더슨이다. 그는 무선조종 비행기의 원리에 대해 취재하던 중, 무선조종 비행기를 제어하는 주요 센서인 자이로스코프가 드론에 사용되는 그것과 별로 다를 것이 없다는 것을 확인하게 된다. 크리스 앤더슨은 800달러에서 5천 달러에 이르기까지 다양한 가격대의 소형 드론을 직접 분해해본 후, 이를 값싼 가격에 일반 대중에게 공급하면 여러 용도로 활용할 수 있을 것이라고 생각했다. 이 과정에서 드론에 관련된 특허 등 지적재산권에 대한 장벽이 있었지만 크리스 앤더슨은 DIY 드론스DIY Drones를 설립하여 오픈소스의 힘을 이용, 드론을 개발하기로 결정했다. DIY 드론스를 통해 여러 유저가 직접 드론을 생산하기 위한 아이디어를 공유했고 결과적으로 가격이 저렴한 드론 생산이 가능해졌다. 이후 카메라 및 각종 센서 기술들이 발전하는 과정에서 드론과 정보기술 분야와의 융합을 통해 상용 드론 시장이 급격하게 성장하게 된다.

5. 드론의 상용화

크리스 앤더슨은 2007년 DIY 드론스를 창립하고 첫 해 25만 달러의 매출을 올리며 드론 상용화의 신호탄을 쐈다. 2009년 회사 이름도 3D로보틱스로 바꾸고 최첨단 정보통신 기술을 접목하면서 상용 드론 시장을 새롭게 만들어 가고 있다. 3D로보틱스는 오픈소스를 통해 누구나 쉽게 드론을 개발할 수 있게 했다는 점에서 드론 상용화의 첫 시작을 열었다고 할 수 있다.

▲ SOLO

출처 : 3D로보틱스

3D로보틱스가 드론 상용화를 이룬 이후, 드론을 대중화하는 데 있어서는 중국기업들의 기여가 크다. 중국기업들은 가격경쟁력을 무기로 내중들에게 드론을 보급했다. 특히 상대적으로 느슨한 중국 당국의 규제환경을 바탕으로 여러 유형의 드론들을 개발하고 있다. 특수 카메라를 장착한 드론은 물론, 가전제품 전시회 2016에서는 사람을 태우고 나는 드론을 선보이기도 했다. 중국 드론 산업을 대표하는 회사는 세계 최대 드론 생산업체 DJI다. DJI는 2015년 매출 10억 달러를 돌파하여 전 세계 상업용 드론 시장에서 70%에 가까운 점유율을 차지했다. 2013년

출처 : DJI.

▲ Phantom III

1억 3,000만 달러 매출과 비교하여 거의 8배 가까운 성장을 2년 만에 달성하는 쾌거를 이룬 것이다. DJI는 2006년 창업 당시에는 헬리콥터에 탑재하는 영상장치를 주로 개발해 왔으나, 멀티콥터 드론에 카메라를 연결하는 장치인 짐벌의 수요가 급속도로 많아지자 주 사업 분야를 발빠르게 멀티콥터로 전환한다. 그리고 2013년 짐벌을 탑재한 쿼드콥터인 팬텀을 출시했는데 이 모델이 드론의 대중화를 이끌게 된다. 이후 DJI는 드론의 핵심 기술인 플라잉 컨트롤 등 다수의 특허를 내고 드론 본체, 카메라, 카메라 고정장치 등 주변장치까지 개발해가며 드론 플랫폼을 형성해가고 있다. DJI뿐 아니라 SYMA, MJX 등 드론 제작업체 또한 낮은 가격을 무기로 세계 드론 시장에서 점유율을 높여가는 중이다. 사람이 탈 수 있는 드론을 공개한 기업은 EHANG이다. 가전제품 전시회 2016에서 공개한 EHANG 184는 세계 최초의 유인자율비행체로, 최대 100KG을 실을 수 있어 사람 한 명을 태운 채 최장 23분간 운항이 가능하다고 한다. 더욱이 이 업체는 자동운항 시스템 등 대부분의 부품을 독자적으로 개발했다. 드론 시장에서는 중국기업들의 혁신성이 빛을 발한다. 휴대폰 · 가전 · 자동차 산업 등에서는 자국의 시장규모를 무기로 하여 기존 선두업체의 기술들을 빠르게 추격하는 패스트팔로워 전략을 취했으나, 드론 시장만큼은 기술 및 비즈니스모델에 있어서 새로운 시장을 개척하며 이끌어 가는 것이다.

유럽을 대표하는 민간 드론 기업은 프랑스의 패럿Parrot이다. 패럿이

민간용 드론 기업에서 두각을 보일 수 있었던 것은 블루투스나 와이파이로 스마트폰 등 모바일 기기에 연결하여 쉽게 조종이 가능하면서 동시에 가격도 저렴한 미니드론을 개발하는 데 집중했기 때문이다. 첫 모델인 AR DRONE의 성공적인 출시 이후 다양한 라인업을 갖추어 가고 있다. 롤링 스파이더, AR DRONE 2.0, 풀 HD급 촬영이 가능한 비밥BeBop 등 미니 드론이 주력 제품이다.

출처 : Parrot.

▲ AR DRON2

위의 세 업체를 포함한 많은 글로벌 드론 업체들이 개인이 쉽게 조작할 수 있는 소형 드론을 출시했고 이들은 중국 및 미국 전자상거래 사이트에서 불티나게 팔렸다. 이때까지만 해도 드론은 레저용으로 관심을 받았다. 그러다 방송사 등에서 TV 프로그램 촬영, 스포츠 중계, 영화 촬영 등에 활용하기 시작했다. 드론에 고프로GoPro 등 고성능 카메라를 달면 여러 각도에서 생동감 넘치는 장면을 찍을 수 있기 때문에 '영상 혁명' 으로 불릴 정도로 촬영 장비로서의 자리를 굳히게 됐다.

요즘에는 자동차업체들도 드론을 활용한 장비들을 개발하기 위해 노력하고 있다. 프랑스 자동차업체인 르노는 2014 뉴델리 모터쇼에서 차량 지붕에 교통상황 관측용 드론을 탑재한 차량을 선보이기도 했다.

제조업체와 함께 드론 기술을 핵심 역량으로 내재화해서 서비스의 고도화를 추진하는 업체도 주목할 필요가 있다. 구글과 페이스북은 드론에 무선인터넷 중계기를 탑재하여 전 세계 인터넷 시장을 장악하는 데 활용하고 있다. 인터넷 쇼핑몰 업체인 아마존은 드론을 이용해 빠르고 값싼 배송을 하는 방법을 연구 중이다.

6. 드론의 주요 활용 분야

하늘을 나는 드론은 앞으로 더욱 다양한 분야와 융합해 복합적인 기능들을 구현할 것이다. 소비자들이 드론의 안정성 및 유용성을 알게 되고 실제 생활에서 접하는 기회가 늘어나면서 시장이 자연스럽게 커지고 있다. 일례로 조만간 드론에서 카메라는 시각적인 정보를 파악하는 '센서'의 하나로 활용될 것이다. 항공 촬영 기술이 스포츠·방송 분야를 넘어서 현장조사, 탐사, 농업, 구조 등 다양한 범위로 활용되는 것이다.

상업용 드론 시장의 규모는 향후 규제 동향에 따라 변화할 수 있으나, 관련 기관들은 2023년 100억 달러 이상의 규모로 빠르게 성장할 것으로 전망하고 있다. 농업, 물류운송, 영상촬영 등 다양한 분야에서 상업용 드론의 활용 가능성을 기대하며, 전자상거래업체, 택배회사, 배달음식 프랜차이즈 등 다양한 분야의 기업들이 드론 기술 활용에 참여하고 있다. 아마존, 구글과 같은 대형 인터넷 기업, BBC 등 방송기업, DHL 등 물류회사, AirDroids와 같은 벤처 기업 등 초기 창업회사에서 대형 글로벌 기업, 제조업에서 서비스업까지 다양한 기업이 융합사업을 발굴 중이다.

물류 분야

우리 일상과 가장 밀접한 분야 중 하나인 물류 서비스 영역에서는 드론을 이용한 항공 물품배송이 적극 모색되고 있다. 2013년 가을, 아마존닷컴의 CEO 제프 베조스는 고객이 주문을 하면 드론을 이용하여 30분 이내로 상품을 배송한다는 흥미로운 구상을 발표했다. 이를 시작으로 드론을 이용한 다양한 배송 서비스 운영이 세계 각국에서 시도되고 있어 향후 드론은 물류업계에서 중요한 역할을 할 것으로 기대된다.

재난 구호나 도로망이 구축되지 않은 도서산간에 물품 및 각종 서비스를 제공하는 것뿐만 아니라 도심지에서도 신속하고 정확한 화물 운송을 하는 데 활용될 것으로 기대되고 있다. 교통체증을 피해 목적지까지 최단 시간 내 항공배달이 가능하다는 게 드론을 이용한 화물 운송의 최대 장점이다. 문 앞에서 배달원을 맞이하는 대신 마당과 베란다, 창문을 통해 드론이 건네주는 피자와 치킨, 햄버거를 배송받을 시대가 다가오고 있다.

독일 DHL은 드론을 이용하여 의약품을 배달하는 데 성공했다. 유럽에서 물품배송을 허가받고 배송 서비스를 시작한 DHL은 2014년 9월 27일 DHL이 자체 개발한 파슬콥터를 이용해 독일 북부 노르덴 시의 노르트나이흐 항구에서 12km 떨어진 북해의 위스트 섬으로 의약품을 배송해냈다. 이 화물배송용 드론은 자동비행 기능이 있어 사람이 무선조종을 하지 않고 내장 컴퓨터에 입력된 비행경로를 따라 비행했으며, 섬에 착륙한 다음에는 현지 DHL 직원이 약품을 수령해 고객에게 전달하는 방식을 취했다.

정보통신 분야

구글과 페이스북은 드론을 띄워 전 세계를 인터넷으로 연결한다는 원대한 목표를 세웠다. 2014년 4월 구글은 직원 20명의 신생 벤처 기업인 '타이탄 에어로스페이스'를 인수했다. 이 회사에서 개발 중인 드론은 날개 길이가 50m에 이르는데 그 위에는 태양광 패널이 빼곡히 붙어 있어 5년 동안 태양 에너지만으로 비행할 수 있다. 구글과 치열한 인수전을 벌여온 페이스북은 6,000만 달러를 제시하며 선수를 쳤지만 한 달 뒤 인수 조건은 알려지지 않은 채 타이탄은 구글로 넘어갔다. 구글은 대기권 위성으로 불리는 이 회사의 드론 '솔라라'로 차세대 5G 통신망을 구축하는 '스카이벤더 프로젝트'에 착수했다. 초고주파인 밀리미터파를 사용하는 스카이벤더는 현재의 4G LTE보다 40배나 빠른 인터넷 환경을 제공할 계획이다. 인수전에서 쓴잔을 마신 페이스북은 타이탄의 경쟁사인 영국의 '어센타'를 인수하고 미항공우주국 출신 인력들을 모아 커넥티비티 연구소를 설립했다. 어센타는 태양광만으로 최장 드론 운행을 기록한 벤처 기업이다. 이곳에서 개발하던 태양광 드론 '아퀼라'는 보잉 737보다 긴 날개를 가졌지만 소형 자동차보다 가볍다. 2015년 3월 27일, 페이스북의 CEO 마크 저커버그는 자신의 블로그를 통해 "아퀼라가 첫 비행에 성공했습니다"라

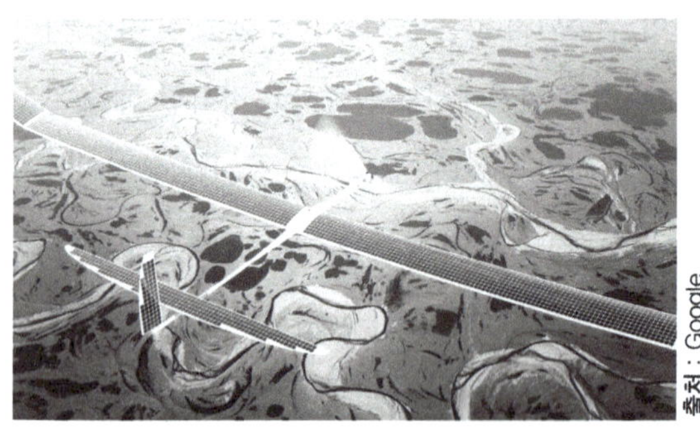
출처 : Google.

▲ Google Titan

는 소식을 전했다. 아퀼라는 1만 8,000미터 상공에서 수개월 동안 비행하며 레이저 통신 기술로 하늘의 기지국 임무를 수행하게 된다. 구글과 페이스북의 이 같은 프로젝트 목적은 아직 인터넷을 사용할 수 없는 저개발국가를 위한 인프라 구축이라고 한다. 그들의 계획이 실현된다면 인터넷 오지뿐만 아니라 전 세계 어디서나 무료로 인터넷을 제공하는 것도 가능해진다. 통신사의 역할을 대신하는 공중 기지국 드론에는 미래 통신산업을 뒤흔들만한 잠재력이 숨겨져 있다.

출처 : Facebook.

▲ Facebook Drone

드론은 최근 정보통신업계에서 화두가 되고 있는 사물인터넷에서도 중요한 역할을 하게 될 것이다. 비행 센서를 통해 야외에서 사물인터넷 서비스를 제공하는 데 있어서 빼놓을 수 없는 존재이기 때문이다. 드론을 통해 야외에서 일어나는 각종 현상들을 실시간으로 감지할 수 있게 되고 이를 사물인터넷으로 연결하면 활용도가 무궁무진할 것이다.

농업 분야

미국의 베리존Verizon은 얼마 전 PrecisionHawk라는 농업용 드론 회사와 협력하여 농업용 드론을 4G망에 연결하는 시도를 했다. 농업용 드론은 농작물의 정밀 사진 데이터를 모으고 병충해를 예방하고 생산성을 예측 · 향상시키는 데 이용될 수 있다.

중국의 세계 최대 드론 제조사 DJI는 드론을 '스마트 팜Smart Farm' 프로젝트와 연계해서 농약 살포에 최적화된 드론을 개발하기도 했다. 이제 농업도 정보통신 기술을 이용해서 효율성을 현격히 상승시킬 수 있고 고부가가치 산업으로 재탄생할 수 있게 됐다.

지역의 일조량, 토양 상태 등을 항공사진으로 정밀하게 관찰해야 하는 정밀농업 분야에서도 드론의 효과가 발휘되고 있는 것이다. 카메라와 센서를 지닌 정찰용 드론이 농장을 관리함으로서 관리 가능한 농장 규모를 확대하고 농업 산출량을 증대시킬 수 있다.

기타 산업 분야

드론은 연구조사 목적으로 쓰이기도 한다. 사람 손이 닿기 힘든 지역에서 사람 대신 정보를 수집하는 것이다. 글로벌 보험사 AIG 등 주요 보험사들은 드론으로 재난지역에 대한 조사를 실시해 보험금 지불이나 손해 사정 등에 반영한다.

국가 재난사태에도 드론이 활용되고 있다. 2015년 네팔 지진이 일어났을 때 생존자 수색에 드론이 큰 활약을 했다. 산불이 많은 계절에는 드론을 통해 화재 진원지를 일찍 파악하고 방화작업의 효율을 높일 수 있도록 실시간 데이터를 교류하여 산불을 사전에 방지하기도 한다. 공공 분야에 드론을 광범위하게 활용하기로 결정한 싱가포르 정부는 모기 퇴치에도 드론을 활용하고 있다. 투입된 드론의 주요 임무는 건물 지붕과 처마 등에 있는 배수로나 홈통에서 모기가 알을 낳을 만한 곳을 찾아내는 것이다. 모기개체 수를 줄이려면 웅덩이나 하수도 등 모기가 알을 낳을 만한 곳을 찾아내 소독해야 하는데 건물 지붕과 처마에 있는 배수로나 홈통은 사람의 손이 잘 닿지 않고 육안으로 확인하기도 어렵다. 하지만 드론을 활용하면 모기 산란처 확인에 드는 비용도 줄이고 방역 요원의 안전도 담보할 수 있게 된다.

7. 드론이 지배하는 생태계

드론 시장이 군수 시장뿐만 아니라 소비자 시장과 서비스 시장에서도 활용되면서 다양한 연관 산업이 등장하고 있다. 가장 먼저 눈에 띄는 것은 드론용 소프트웨어를 만드는 기업들이다. 샌프란시스코에 기반을 둔 에어웨어Airware는 세계적인 벤처캐피탈인 KPCB의 주도하에 2,500만 달러 규모의 투자유치에 성공했고, 후속으로 GE 등의 투자도 유치하면서 드론 소프트웨어 생태계를 이끄는 선두주자로 급부상하고 있다.

드론에 장착하는 카메라가 필수 요소가 되면서 카메라의 고성능화를 이끄는 기업들도 주목 대상이다. 세계적인 액션 카메라 브랜드 고프로를 필두로 한 액션 카메라 기업들이 주가를 올리고 있다. 최근에는 농업용 드론에 대한 관심이 상승하면서 병충해나 가뭄 등을 쉽고 빠르게 파악해 대응할 수 있도록 하는 고성능의 멀티스펙트럼 카메라를 개발하는 기업늘도 같이 주목받고 있다. 환경 등을 모니터링하는 수요가 늘면서 다양한 센서들에 대한 관심도 커지고 있는데, 방사선을 측정할 수 있는 센서나 초음파 센서, 심지어는 무인자동차에 이용되던 레이저 레이더와 유사한 기능을 하는 소형 레이더를 소비자 드론에 장착시키는 에코다인Echodyne 등의 스타트업에 대한 관심도 덩달아 높아졌다. 또한 비행시간에 가장 큰 영향을 미치는 고성능 배터리에 대한 수요도 크게 증가할 것으로 보여, 드론에 사용하기 적합하도록 가벼우면서도 용량이 큰 배터리를 생산하는 기업들에게도 많은 기회가 있을 것이다.

드론에 의한 부정적인 여론이나 문제점에 대응하는 기술을 가진 기업들도 눈여겨봐야 한다. 소비자 드론 시장의 폭발적인 성장에 대해 위험하다고 이야기하는 것들이 모두 사업기회가 될 수 있다. 예를 들어 프라이버시 침해에 대응해 비행금지 구역을 쉽게 설정한다거나 얼굴을 알아볼 수 없도록 처리해주는 소프트웨어 기능, 추락에 의한 사고의 피해를 최소화하기 위한 드론용 에어백이나 낙하산 등의 안전장치에 대한 수요도 증가할 것이다.

이들이 수집하는 데이터를 쉽게 저장하고 처리할 수 있도록 하는 데이터 플랫폼의 중요성도 높아진다. 특히 기업용 드론의 경우 데이터 분석과 관련하여 산업별로 전문지식과 서비스를 결합한 다양한 기업들이 등장할 것이다. 이미 영화산업의 경우 드론 없이는 블록버스터 영상 구현이 불가능할 정도로 드론 사용이 일반화되면서 여러 기업이 영화촬영용 전문 드론을 상업화하거나 기존 드론에 최고의 카메라 장비를 장착해서 서비스하고 있다. 농업 분야에서는 미국 콜로라도 주에 기반을 둔 로보플라이트RoboFlight가 현재 3가지 유형의 드론을 판매하고 있는데, 농업에 대한 데이터 시각화에 대한 수요가 증가하면서 최근 데이터를 해석하고 시각화하는 소프트웨어 회사인 애그픽셀AgPixel을 인수했다. 오리건 주에 기반을 둔 허니컴Honeycomb은 드론 및 전용 카메라, 센서뿐만 아니라 데이터 매핑과 처리 서비스를 같이 제공한다. 하드웨어에 연관 소프트웨어를 통합한 업체들도 전문화된 기업으로서 성장할 가능성이 높다.

그 밖에도 드론의 비행성능을 개선할 수 있게끔 맞춤제작된 칩을 생산하는 부품기업들이나 파생된 관련 업체들까지 감안하면 드론 시장에 의한 전반적인 생태계의 크기는 단순히 드론을 판매하는 시장의 크기 이상이라고 볼 수 있다. 자동차와 마찬가지로 연관 기술 및 부품, 소프트웨어, 서비스 등 파생되는 산업의 크기가 크고 앞으로 활용되는 영역이 넓어지면서 드론의 생태계 크기는 더욱 더 커질 전망이다.

이렇게 다양한 드론 생태계가 등장하면 표준화된 플랫폼을 제공하는 기업에 대한 수요도 자연스럽게 커질 것이다. 이미 소프트웨어 부분에서는 에어웨어와 같은 드론 운영체제를 비롯하여 다양한 연관 플랫폼 시장을 노리는 스타트업이나 오픈소스로 이미 많은 것들을 공개하고 있는 3D로보틱스 등과 같은 기존 기업들이 시장을 선점하기 위해 자웅을 겨루고 있는 중이다.

자동차도 친환경이 먼저

1. 전기자동차는 무엇이 다른가?
2. 전기자동차는 21세기 전유물인가?
3. 전기자동차를 타면 뭐가 좋을까?
4. 전기자동차 시장
5. 국가별 전기 자동차 지원 현황

1. 전기자동차는 무엇이 다른가?

전기자동차는 말 그대로 전기로 작동되는 자동차다. 영어로 얘기하면 'Electric Vehicle' 이다.

현재 우리가 흔히 알고 있는 자동차는 디젤, 가솔린 아니면 액화가스로 엔진을 가동하고 있다. 전기자동차는 이 같은 화석연료가 아닌 배터리와 모터를 사용하여 구동하는 자동차를 말한다.

장난감 자동차에 건전지를 넣고 리모컨으로 움직이는 자동차도 전기차라 할 수 있고 놀이공원에 있는 범퍼카도 천장에 달린 전선과 범퍼카 안테나 간 전기를 주고받으며 움직이니 전기차라고 볼 수 있다.

그러나 지금부터 이야기하는 전기자동차는 사람이 타고 다니면서 도로 위를 다닐 수 있는 자동차를 말한다. 기존에 기름을 사용하던 자동차가 이제는 전기를 사용하여 도로 위를 달리는 것이다. 기름을 사용하여 달리는 자동차를 내연기관 자동차라고 한다. 가솔린 · 디젤 · 액화가스 등의 연료를 사용하는 기관들을 차에 장착해 동력을 만들어 움직이는 자동차라는 뜻이다. 내연기관 자동차는 엔진에서 힘을 만들어 내고, 그 힘으로 바퀴를 움직이는 자동차이다. 불이 잘 붙는 기름을 싣고 다니니 불이 붙지 않게 하는 장치도 필요하고 뒤편에 주유구가 있는 것에서 알 수 있듯이 자동차의 뒤에서 앞으로 연료를 이동하는 연료 이동관도 필요하다.

자동차의 엔진은 사람의 심장 역할을 하는 기계 장치이다. 승용차에 주로 사용되는 가솔린 엔진 내부에는 여러 개의 원통형 실린더가 있다. 이 원통형 실린더가 4개면 4기통, 6개면 6기통 등으로 분류한다.

실린더 안에는 피스톤이 있다. 이 피스톤이 위 아래로 움직이면서 발생되는 힘으로 자동차 바퀴가 움직인다. 연료는 엔진 내부에 있는실린더로 들어가서 폭발함으로써 피스톤을 움직이게 하고, 피스톤이 움직이면서 발생된 힘으로 자동차 바퀴가 움직인다.

엔진으로 연료가 들어간다는 것은 다시 말하면 이 실린더 안으로 연료가 들어간다는 말이다. 연료와 공기는 압축이 된다. 피스톤 운동을 통한 압축, 불꽃을 점화하는 폭발, 연기를 배출하는 배기의 단계를 연속적으로 반복해서 자동차를 이동시키는 바퀴의 회전력을 얻게 된다.

이 때 가속페달을 깊이 밟을수록 엔진의 회전수는 빨라지게 되며, 연료의 소모도 많아지게 된다. 페달을 조금만 밟아서 피스톤의 회전수가 낮으면 엔진에서 발생하는 힘이 작으니 작은 힘을 낼 것이고 많이 밟아서 회전수가 높아지면 큰 힘을 낸다. 서 있던 차가 움직이기 위해서는

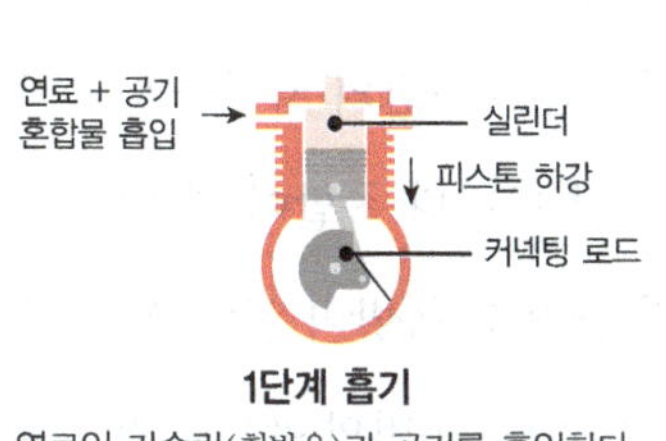

1단계 흡기
연료인 가솔린(휘발유)과 공기를 흡입한다.
1 : 14.7(이론공연비)

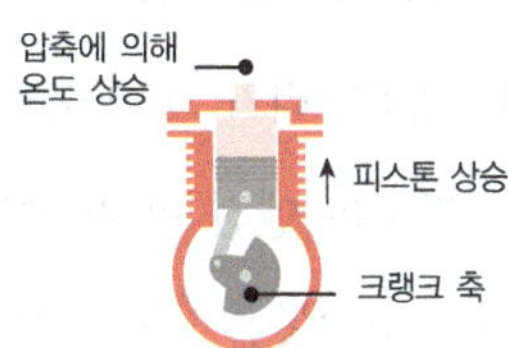

2단계 압축
흡입했던 가솔린과 공기를 10분의 1로 압축한다.

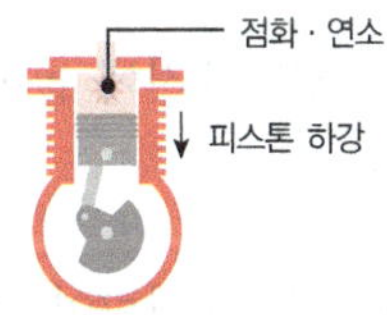

3단계 팽창
압축한 가솔린과 공기를 전기 불꽃으로 점화한 후 폭발시켜 구동 에너지를 얻는다.

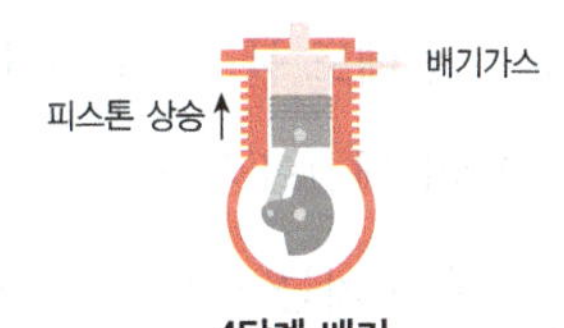

4단계 배기
연소 가스를 배출한다.

출처 : 현대자동차.

▲ 가솔린 엔진의 구동 원리

큰 힘이 필요하다. 언덕을 오르거나 고속도로에서 가속을 할 때에도 큰 힘이 필요하다.

배기량은 자동차의 추진력을 의미한다. 배기량이 크면 힘이 세지고 배기량이 작으면 힘이 약해진다. 단순한 예로 800cc 경차가 올라가기 버거워하는 언덕을 2,000cc 중형차는 손쉽게 올라갈 수 있다. 한편 배기량이 크다는 것은 엔진 크기가 그만큼 크다는 것을 의미하기도 한다. 엔진이 큰 만큼 엔진 자체의 무게가 무거워 자동차를 움직이기 위해서 더 많은 에너지가 소비되고 그 에너지를 만들기 위해서 더 많은 연료가 소비되니 결과적으로 차의 연비가 나빠진다.

같은 배기량이라고 할 때 실린더의 개수도 차이가 있다. 같은 2,000cc라고 할 때 4기통과 6기통은 출력 면에서는 거의 차이가 없다고 보는 것이 맞다. 4기통은 500cc 실린더가 4개 있는 것이고, 6기통은 333cc 실린더가 6개 있는 것이다. 썰매를 끌 때 큰 개 4마리가 끄는 것과 작은 개 6마리가 끄는 것의 차이다. 하지만 승차감의 차이는 있을 수 있다. 4기통은 엔진 회전축이 180도 회전할 때마다 폭발이 한 번 일어나는 반면, 6기통은 120도 회전할 때마다 한 번의 폭발이 일어난다. 즉, 엔진 회전축이 2회전할 때 4기통은 4번, 6기통은 6번의 폭발이 발생한다. 엔진 회전의 부드러움과 정숙 면에서는 4기통이 6기통을 따라가지 못한다. 그럼에도 불구하고 6기통은 4기통보다 엔진에 들어가는 부품의 수가 많아 엔진의 무게가 자연히 더 무겁다.

힘이 좋은 차는 소모하는 기름이 많아진다. 배기량이 크고 실린더가 많을수록 많은 기름을 사용하게 되는 것이다. 앞서 설명했듯이 6기통이나 8기통 엔진이 4기통 엔진과 비교했을 때 피스톤의 숫자가 많기 때문에 같은 시간에 1.5~2배 정도 기름을 더 소모한다고 보기는 어렵지만, 늘어난 엔진 무게와 차체 무게로 인하여 더 많은 에너지를 사용해야 하므로 결과적으로 더 많은 연료를 사용한다고 볼 수는 있다. 단, 연비라는 것은 동일한 차량을 운행하더라도 운전자의 운전습관과 주행하는 도로의 노면상태, 직선도로와 커브길의 여부, 경사가 얼마나 되는지 등에 따라서 사용하는 기름의 양이 달라질 수 있다.

연비는 리터당 몇 킬로미터를 갈 수 있는지로 계산하는데, 크고 무거운 차일수록 차를 움직이는 데 더 큰 힘이 필요하기 때문에 기름 소모가 많아지고 연비가 낮아진다.

반면 전기자동차의 구조는 내연기관과 전혀 다르다고 볼 수 있다.

전기자동차(EV)와 내연기관 자동차(ICEV)의 구조적인 차이점

	전기자동차	내연기관 자동차
동력발생장치	전기 모터	내연기관*
동력전달장치	감속기	클러치, 변속기
연료계통	배터리, 인버터	연료 탱크, 연료 펌프

* 내연기관 주요 구성부품 : 실린더 헤드, 실린더 블록, 피스톤, 커넥팅로드, 크랭크 축, 엔진베어링, 밸브, 밸브 기구, 윤활장치, 냉각장치 등.

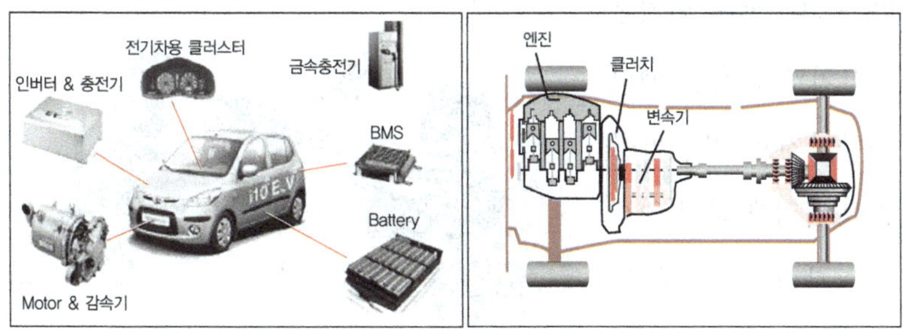

▲ 전기자동차(좌)와 내연기관 자동차(우)의 구조

간단하게 말하면 건전지를 동력으로 움직이고 원격조정장치로 방향이나 속도를 조절하는 장난감 자동차를 사람이 탈 수 있도록 크기를 키운 것이라 할 수 있다. 장난감 자동차의 내부를 보면 건전지와 바퀴를 움직이는 모터가 전부라고 할 수 있다. 사람이 탈 수 있는 크기까지 키우려면 건전지로는 에너지가 부족하니 더 큰 배터리가 필요하고, 커다란 바퀴를 돌리기 위해서 힘이 좋은 모터를 사용하게 된다.

장난감 자동차는 무선조종기로 자동차의 방향과 속도를 조정하지만, 전기자동차의 경우 사람이 자동차 내부에서 운전을 하기 때문에 운전대는 기존의 자동차와 똑같이 자동차 내부에 위치시킨다. 계기판은 우리가 기존에 소지하고 있는 스마트폰이나 태블릿을 활용할 수 있고 내연기관 자동차에서 사용하는 기어는 필요가 없게 된다. 장난감 자동차를 원격조정장치로 움직일 때와 마찬가지로 자동차를 빨리 달리게 하기 위해서는 레버를 앞으로 돌리면 되고 달리고 있는

▲ 장난감 자동차

자동차의 속도를 줄이거나 멈추게 하기 위해서는 레버를 반대로 돌리면 되기 때문이다. 자동차를 후진시키는 것도 기어 변속을 할 필요 없이 레버를 뒤로 돌리면 된다. 동일한 방식으로 레버를 끝까지 돌리면 후진을 빨리 하고 살짝만 돌리면 후진을 천천히 한다.

2. 전기자동차는 21세기 전유물인가?

화석연료가 점점 고갈되는 '탈 화석연료 시대'에 돌입하면서 화석연료를 대체할 수 있는 연료를 사용하는 자동차가 차세대 성장 엔진으로 주목받고 있다. 화석연료란 석유나 석탄 등을 뜻하며, 기존의 자동차는 가솔린이나 디젤 등의 화석연료를 사용한다. 물론 전기자동차에 사용되는 전기를 만들어내는 발전소에서도 기본적으로 화석연료를 사용한다. 하지만 현재 화석연료를 사용하여 움직이는 자동차의 수를 전 세계적으로 계산한다면, 에너지 소비가 많은 일반 자동차에 비해 효율이 우수하고 저공해 기준을 충족하는 전기자동차는 충분한 장점이 있다고 볼 수 있다.

전기차라는 단어가 우리에게 익숙해지기 시작한 것은 10년이 채 되지 않지만 사실 전기차의 역사는 생각보다 훨씬 오래 전에 시작되었다. 말을 동력으로 사용하는 마차 시대가 막을 내리면서 자체 동력으로 움직이는 '자동차'가 처음 나오던 1800년대 초반, 말을 대체할 동력으로 몇 가지 대안이 거론되고 있었다. 가솔린을 사용하는 내연기관이 하나의 대안이었고 전기자동차도 대안 중에 하나였다. 1828년에 헝가리 출신 Stephen Anyos Jedlik이 최초의 전기자동차 모형인 전동기 험용장

최초 모형(Stephen Anyos Jedlik, 1828)

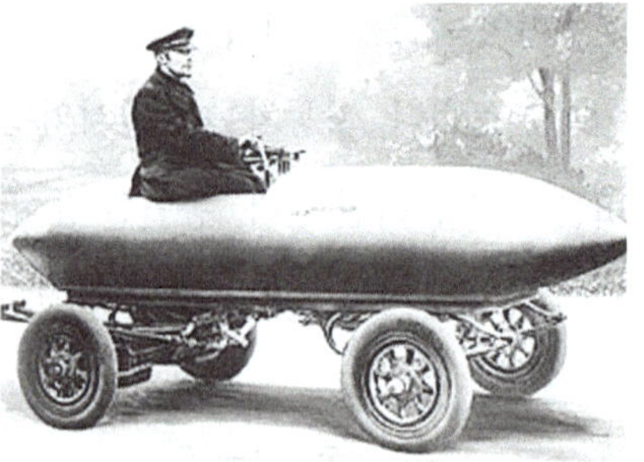
'La Jamais Contente', 최초 100km/h(1899)

Thomas Edison(1913)

▲ 1단계 시기 전기자동차

치를 고안 · 제작했고, 1833년경 스코틀랜드인 Robert Anderson이 '원유전기마차' 를 발명하는 등 다양한 종류의 전기자동차가 생산 · 판매되었다. 당시에도 전기자동차는 정숙한 주행성과 매연 발생이 전혀 없는 깨끗한 운송기관으로 각광받았다. 하지만 주요 동력원인 배터리 용량의 한계가 있었다. 짧은 주행거리로는 말이 끄는 마차와 비교해 장점을 가질 수 없었다.

물론 그렇다고 해서 전기자동차의 발전이 정체된 건 아니다. 1865년 프랑스의 Gaston Plante가 축전지를 발명했고 Camille Faure는 더 많은 전기를 저장할 수 있는 축전지를 개발함으로서 전기저장장치의 발전을 촉진시켰다. 그리고 1881년 프랑스의 Gustave Trouve가 파리 국제 전기박람회에서 삼륜 전기자동차의 작동 가능성을 입증함으로써 미국에서 전기자동차에 대한 관심이 높아졌다. 그 후 1886년 영국에서는 전기 택시 탭이 출시되었고, 1890년대 Morrison Electric Vehicle을 비롯해 Baker, Columbia, Detroit Electir 등 다양한 전기자동차기업들이 미국에 설립되어 전기자동차의 급속한 보급이 시작되었다.

그러나 1904년 헨리 포드가 속도 · 주행거리 · 편의성을 갖춘 저가의 가솔린 자동차 생산을 시작함에 따라 전기자동차에 대한 인기가 급격히 감소했다. 1913년에 미국 내 전기자동차의 판매량은 6천 대 수준인 반면, 포드의 Model T자동차는 18만 대 수준이었다. 대량생산체제와 함께 1920년대 텍사스 원유 발견으로 가솔린자동차의 대당 가격이 약 500～1,000달러로 낮아진 데 반해, 전기자동차는 평균 3,000달러 이상으로 형성되어 주로 상류층들이 이용하는 차로 입지가 좁아졌다. 실제로 1800년대 후반부터는 오토만 제국의 황제용으로 1마력 전기모터와 24셀 배터리로 구동되는 4인승 전기자동차가 제작되기도 했으니, 본의

출처 : GM.

▲ GM EV1(위)과 EV1 차 내부(아래)

아니게 상류층의 전유물로서 자리매김하게 되었던 것이다.

1980년대에 환경오염이 이슈로 떠오르면서 미국 캘리포니아 주가 '배기가스제로법' 을 제정했고 이를 계기로 GM사는 전기 자동차인 EV1을 생산했다. EV1은 1회 충전4시간 소요에 160km의 거리를 달렸으며, 배기가스와 소음 등이 없이 시속 130km로 운행이 가능한 성능을 보여주었다. 그러나 정유업계를 비롯한 자동차부품업계의 반발로 2003년 배기가스제로법이 철폐되었고, GM은 2004년 8월까지 운영중인 'EV1' 을 모두 회수하여 폐기하기에 이르렀다.

하지만 환경오염에 대한 세계적인 규제와 관심이 지속해서 높아지고 화석연료를 대체할 새로운 연료의 필요성이 점점 올라가면서 전기 자동차에 대한 관심이 다시금 높아지기 시작했다. 단, 이번에는 100% 전기로 움직이는 전기차로서의 관심이 아니라 도요타 프리우스를 선두로 내세운 하이브리드 자동차의 형태로 전기를 사용하는 자동차의 모습이 전세계에 다시 소개되었다.

▲ 벤츠사의 SLS AMG E-CELL(위)과 볼보사의 C30(아래)

이후 전기자동차의 장점이 급속도로 재조

명되기 시작했다. 2010년 말에는 GM이 하이브리드 자동차인 쉐보레 볼트를 출시하고 세계 주요 모터쇼에서 전기자동차 신규 모델 혹은 콘셉트카의 전시가 크게 확대되었다. 이런 상황에서 미국회사인 테슬라는 100% 배터리로 움직이는 전기차를 선보였다. 도요타, 닛산, GM 등의 하이브리드 자동차의 성공과 테슬라 전기자동차의 선전은 세계 자동차 업체에게 다시 한 번 전기자동차의 시장성을 일깨우는 계기가 되었다.

3. 전기자동차를 타면 뭐가 좋을까?

전기자동차[EV]의 가장 큰 장점은 단연코 친환경 특성이다. 먹는 것부터 입는 것까지 친환경을 선호하는 요즘 시대에는 자동차도 예외가 될 수 없다. 전기자동차는 화석연료를 사용하지 않기 때문에 환경오염의 주범인 이산화탄소 및 공해물질을 배출하지 않아 친환경적이다.

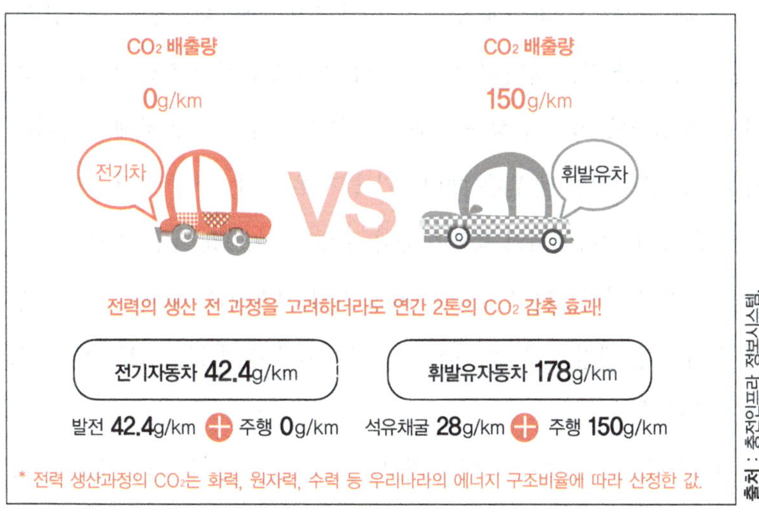

▲ 휘발유차와 전기자동차 비교

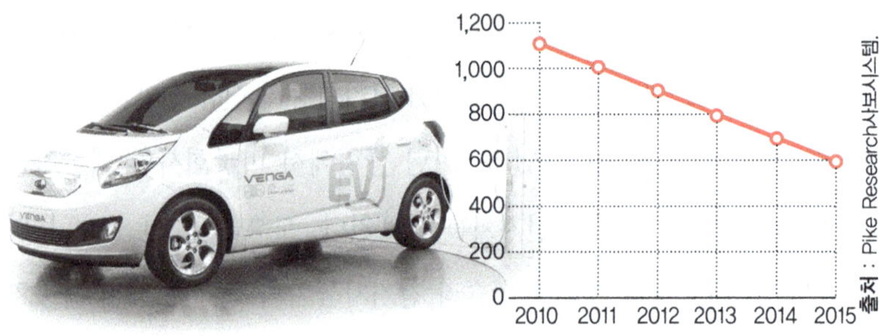

▲ 배터리 KW당 가격 추이

그 다음은 비용이다. 전기자동차는 값싼 전기를 이용하기 때문에 내연기관 자동차에 비해 운행비용과 유지비가 적게 든다. 또한 내연기관 자동차의 핵심 부품인 엔진, 변속기, 연료 공급장치, 배기장치 등이 탑재되지 않아 엔진 및 변속기에 들어가는 필터 등 소모품의 주기적인 교환이 필요 없게 되어 자동차 유지비가 현저히 절감된다.

세 번째로 비용 대비 성능이다. 전기자동차는 엔진을 사용하지 않는다. 대신 각각의 바퀴에 연결된 모터가 바퀴를 자유롭게 구동한다. 운행에 필요한 것은 배터리에서 각각의 모터로 전기를 전달해주는 것뿐이다. 또한 자동차를 구성하는 부품의 수가 적기 때문에 차체가 가벼워 자동차를 움직이는 데 많은 에너지가 들지 않는다. 전기 모터는 가솔린 엔진에 비해 저속에서의 출력성능이 우수하고 30% 수준인 내연기관 효율에 비해 전기모터의 효율은 90% 가량 되기 때문에 에너지 효율성이 뛰어나며, 엔진 소음 및 진동이 적어 차량수명에 있어서도 상대적으로 우수하다.

네 번째로 연료주유를 위해 따로 시간을 쓸 필요가 없다. 오전 중에 운행을 하고 주차장에 주차를 해놓으면 점심 때 이용하기까지 100% 충전이 가능하다. 또한 귀가 후 주차장에 주차해 놓으면 밤새 충전이 되어 있다. 스마트폰을 충전하는 것보다도 손쉽게 충전이 된다. 자동차를 충전하는 전기조차 태양열로 전기를 공급할 수 있기 때문에 추가적인 전기생성을 위해 발전소를 추가 가동시키거나 새로운 발전소를 지을 필요도 없다.

4. 전기자동차 시장

2015년 세계 시장에서 판매된 자동차는 8,700만 대로 2014년 대비 3.8% 성장한 것으로 예측된다. 2008년 발생한 세계 금융위기의 여파가 진정된 이후 2011년부터 2015년까지 연평균 4.3%의 성장세를 유지하고 있다.

전체 시장의 규모가 성장하고 있지만 나라별로 살펴보면 중국, 인도, 브라질 등 신흥 시장의 성장이 두드러진다. 2009년 2,718만 대이던

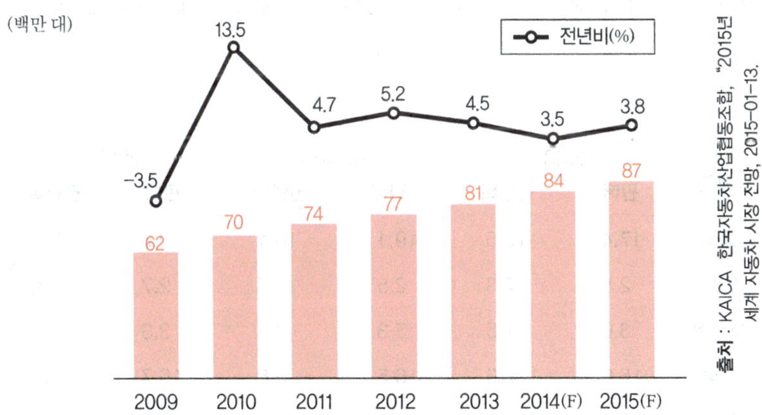

▲ 2015년 세계 자동차 시장 전망

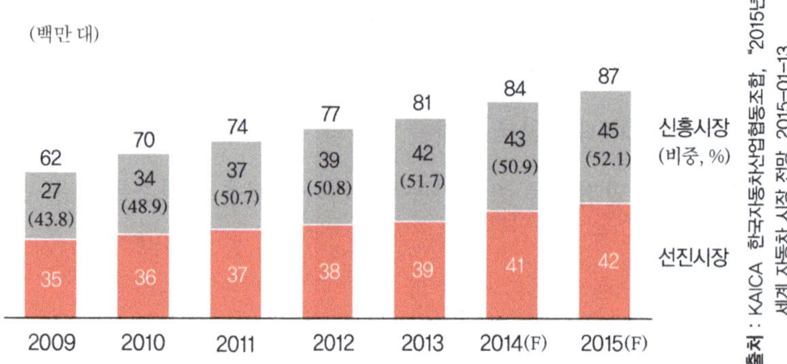

▲ 2015년 세계 자동차 시장 전망

자동차 시장규모가 2015년 4,535만 대로 최근 6년 동안 무려 67%의 성장을 했다. 그 결과 2009년 43.8%였던 신흥 시장의 비중은 2011년 50%를 넘었고 2015년 52.1%에 상회할 것으로 추정된다.

이제 전기차 시장규모를 살펴보면, 하이브리드 전기차를 포함한 전기차 시장은 2015년에 260만 대 정도로 3%에 불과하지만 2020년까지는 770만 대 규모가 될 것으로 예측한다. 만약 2020년까지 전체 자동차 시장이 연평균 4.3%로 성장한다고 가정했을 때 2020년 자동차

2015년 세계 자동차 시장 전망

(백만 대, %)

지역	2013		2014(F)		2015(F)	
	판매	전년비	판매	전년비	판매	전년비
중국	17.4	16.5	19.1	10.1	20.8	8.6
인도	2.5	-7.3	2.5	2.7	2.7	7.8
브라질	3.6	-1.5	3.3	-7.8	3.3	1.2
미국	15.6	7.6	16.5	5.6	16.7	1.3
유럽	13.8	-1.5	14.6	6.0	15.1	3.5

출처 : KAICA 한국자동차산업협동조합(2015.01.13).

전기동력차 종류 및 특징

구분	HEV	PHEV	EV
동력발생장치	엔진, 모터(보조동력)	모터, 엔진(방전 시)	모터
구동형태	모터발전기 배터리 연료탱크	모터발전기 엔진 plug 배터리 연료탱크	(엔진 미장착) 모터 발전기 plug 배터리
배터리용량	0.98~1.8kWh	4~16kWh	10~30kWh (테슬라는 60 이상)
특징	■ 주행조건별 엔진과 모터를 조합한 최적 운행으로 연비 향상	■ 단거리는 전기로 주행. 장거리 주행 시 엔진 사용	■ 충전된 전기 에너지만으로 주행
주요차량 (제조회사)	프리우스(도요타) 시빅(혼다) 쏘나타(현대) K5(기아)	Volt(GM) 프리우스(도요타) F3DM(BYD) i8(BMW)	Leaf(닛산) 모델S(테슬라) ZOE(르노) 쏘울EV(기아)

출처 : 현대자동차, 언론자료 종합.

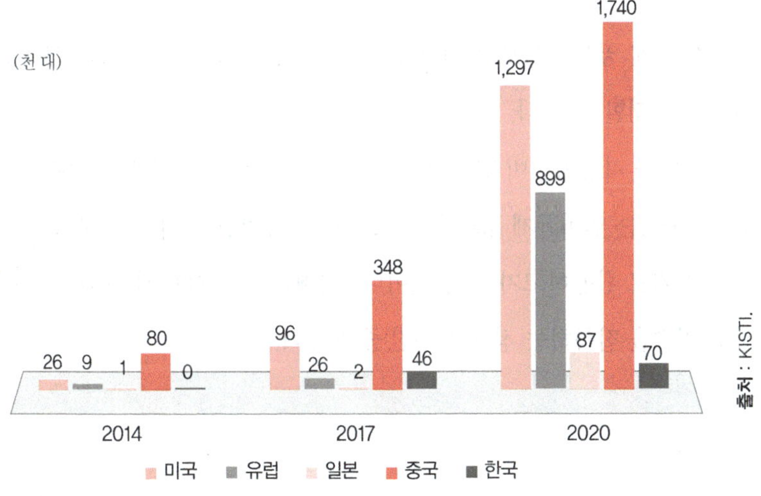

▲ 나라별 자동차 시장 전망

시장의 자동차 판매량은 1억 7백만 대가 되며, 전기자동차의 비중은 약 7.2%를 차지할 것으로 예상된다.

전기차는 궁극적으로 순수전기차로 발전되어 갈 것으로 전망되고 현재의 내연기관 자동차가 순수전기차로 대체되는 그 중간 가교 역할을 하이브리드와 플러그인하이브리드 차가 맡는다고 했을 때, 순수전기차를 주도하는 나라에 관심을 가질 필요가 있다.

전기차 중에서도 순수전기차의 발전을 주도하는 시장은 중국이다. 위 그래프에서도 알 수 있듯이 2014년 8만 대에서 2017년 34만 8천 대로 3년 동안 3.4배로 증가하며 무서운 속도로 전기차 보급에 박차를 가하고 있다. 2014년 대비 6년 후인 2020년에 중국의 순수전기차 시장은 21배 증가할 전망이다.

5. 국가별 전기자동차 지원 현황

전 세계 공통적으로 전기자동차 정책추진 배경을 살펴보면 크게 3가지로 정리할 수 있다.

첫째는 자동차연비 향상 및 온실가스 감축을 위한 규제가 강화되고 있다. 둘째는 연비규제 강화 등으로 인한 자동차산업 위기를 새로운 성장의 계기로 활용하고자 하는 것이다. 셋째는 기존 에너지 산업에 정보통신 기술을 접목하는 정책을 추진 중에 있다.

미국

2011년 오바마 대통령이 전기차 지원정책을 발표하면서 전기차 관

각국 추진 정책명

Countries	Targets	Deadline	Plan or Legislation
United States (U.S.)	1 million EVs	2015	EV Everywhere Grand Challenge Blueprint, 2012[11]
United Kingdom (U.K.)	1.7 million EVs	2020	Committee on Climate change, 2010[12]
Germany	1 million EVs	2020	National Development Plan for Electric Mobility, 2009[13]
France	2 million EVs	2020	French government (LA-HEV, 2014)[14]
Japan	EV market share reaches 50% in total vehicle sales	2020	Next-Generation Vehicle Strategy 2010[15]
China	0.5 million EVs 5 million EVs	2015 2020	Energy saving and energy automobile industry plannng(2012~2020)[16]
Norway	0.05 million EVs	2018	The Norwegian government[17]

출처 : Policy Incentives for the Adoption of Electric Vehicles across Counties 2014.

련 정책이 강화되었다. 테네시 · 델라웨어 · 캘리포니아 지역에서 전기차 공장을 설립할 경우 24억 달러를 지원한다. 배터리, 모터 등 30개 전기차 핵심 부품에 대해서도 자금을 지원한다. 이는 2018년 4.5%이지만 2020년 9.5%, 2025년 22%로 의무 판매량을 순차적으로 늘리기로 했다. 전기차를 구매하는 구매자에게 세금을 감면시켜 주는데 상황에 따라서 항목과 금액에 차이가 있으나 보통 2,500달러에서 7,500달러 정도의 세금 혜택을 기대할 수 있다. 40여 개 주에서 인세티브 제도를 운영하며, 오바마 대통령은 2014년 3월 공공기관에서 전기차를 의무구매하도록 하는 행정 명령에 서명했다. 또한 충전 인프라 지원도 아끼지 않는데 정부가 4억 달러를 지원하고 기업이 매칭펀드의 형태로 4억 달

미국 내 전기차 구매 시 세금 감면

State	Amount of Incentive	High-Occupancy Vehicle Lane	Type of Incentive
California	$1500 for PHEVs and $2500 for BEVs	No	Income tax credit
Washington	No	Yes	Sales tax exemption
Massachusetts	$2500 for PHEVs and BEVs	No	Purchase rebate
New Jersey	$4000 for BEVs	Yes	Sales tax exemption
Oregon	$5000 for PHEVs and $1500 for BEVs	No	Income tax credit
Colorado	$6000 for PHEVs and BEVs	Yes	Income tax credit
Montana	$500 for PHEVs and BEVs	n.a(not available)	Conversion cost credits
South Carolina	$1500 for PHEVs and BEVs	No	Income tax credit

출처 : Policy Incentives for the Adoption of Electric Vehicles across Counties 2014.

러를 부담한다. 신차에 대한 연비규제를 강화하고 있다. 2015년 기준 현재 15.1km/L로 규제를 하고 있고 2020년까지 23.2Km/L로 강화될 전망이고, 위반 시 벌금을 부과하고 있다.

유럽

유럽은 기존 자동차산업에서 선두를 달리고 있는 독일과 전기차의 천국이라는 네덜란드가 포함되어 있는 지역이다. 다양한 나라와 정책이 공존하는 지역이지만 공통적인 움직임도 활발히 일어나고 있다.

가장 먼저 충전기의 규격을 통일하는 움직임을 보이고 있다. 이를 위해서 네덜란드 · 덴마크 · 스웨덴 · 독일을 잇는 주요 고속도로에 통일규격의 충전기 155기를 설치하기로 합의했다. 독일은 세금감면 및 충전 인프라 확대 등의 전기차 관련 정책을 내놓고 있다. 2011년 5월 18일부터 2015년 12월 31일까지 구매한 순수전기차에 대해 일부 세금을 감면해주며, 2015년 기준 100여 기 정도인 급속충전기를 2020년 7,000기로 확대 · 설치하는 정책을 추진 중이다.

네덜란드는 전기차 천국이라고 불리우며, 2011년 1,579대였던 전기차가 그 후 3년 동안 28배가 증가하여 2014년 4만 3,762대로 늘어났다. 전기자동차 보급에 정책을 집중하여 2015년 2월까지 5만여 대 보급했고, 동년 3월까지 충전소 4만 2천 개소의 구축을 완료했다. 현재 전기차와 스마트 그리드 연계 프로젝트가 진행 중이고 2035년까지 무공해한 자동차 생산을 진행 중이다. 또한 전기차 렌터카 '카투고Car2Go' 정책을 실시해 전기차에 대한 국민적 관심을 높이고자 노력했다.

프랑스는 공공기관이 신차를 구매할 때 50%를 전기차로 구매하도록 권장하고 있다.

유럽 전기차 세금 감면 혜택

Countries	Credits Based on the CO_2 Emissions	Tax Credits
Belgium	Yes	Registration tax exemption
Germany	No	Annual circulation tax exemption
Denmark	No	Registration tax exemption
Finland	Yes	Pay the minimum rate(5%) of the CO_2-based registration tax
France	Yes	Company car tax exemption
Ireland	n.a.	Registration tax credits
Norway	No	Purchases tax exemption

출처 : Policy Incentives for the Adoption of Electric Vehicles across Counties 2014.

유럽의 연비규제는 2015년 현재 미국보다 높은 17.9Km/L이고 2020년까지 24.4Km/L로 강화될 전망이다.

일본

가깝고도 먼 나라 일본은 전기자동차의 역사를 선도하는 나라 중 하나로 볼 수 있다. 일본 사례의 한 특징은 선두 내연기관 완성차업체가 전기차 인프라 구축에 앞장서고 있다는 것이다. 2014년 도요타 · 혼다 · 미쓰비시 · 닛산의 4개 사는 전국 전기충전 인프라 구축을 위해 일본충전서비스라는 회사를 공동출자해 설립했다.

정책적으로는 전기자동차 구입 시 자동차세 50% 감면과 함께 최대 139만 엔, 한화로 약 1,890만 원의 보조금을 지원해 주고 있다. 또한 2015년 한 해 동안 플러그인하이브리드와 순수전기차를 대상으로 고속도로 통행료 지원 정책을 진행했다. 2015년 5월에서 8월까지 4개월간 1,000엔 이상 통행료 전액을 지원했고, 9월부터 12월까지 4개월 동안은 2,000엔 이상 통행료 절반을 지원했다.

연비도 2015년 현재 16.3Km/L로 규제하고 있으며, 위반 시 차량을 공개하고 벌금을 부과하는 다소 강력한 처벌제도를 시행하고 있다. 이 연비규제는 2020년까지 20.3Km/L로 강화될 전망이다.

중국

중국은 전기차의 새로운 천국이다. 신에너지차 정책을 환경개선이라는 측면을 내세우며 순수전기차, 플러그인하이브리드, 수소연료전기차 등을 대상으로 정책지원을 펼치고 있다. 지원대상에 하이브리드 자

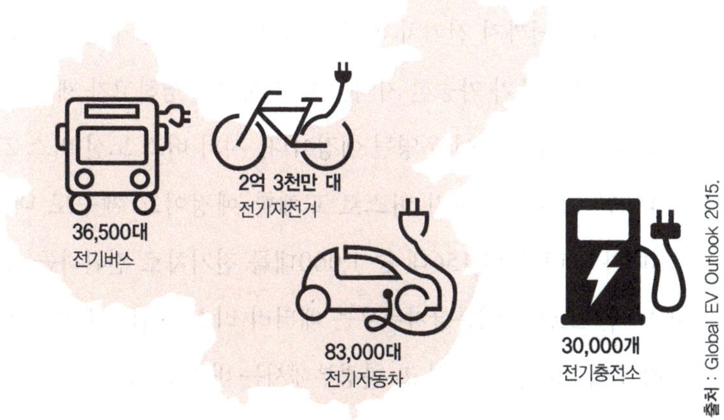

▲ 2015년 현재 중국의 전기 이동수단 수량

동차는 포함되지 않는다. 취득세의 50%를 감면해주고 최대 약 6만 위안, 한화 1,030만 원의 보조금을 지원한다.

중국은 2015년 현재 14.8Km/L로 연비규제를 하고 있으며, 위반 시 생산금지라는 강력한 제제를 가하고 있다. 2020년에는 20.0Km/L로 연비규제를 강화할 예정이다.

한국

한국은 공공기관 관용차 30%를 전기차, 하이브리드차, 수소연료전지차 등으로 의무 구입하도록 하고 있다. 또한, 전기차산업의 활성화를 위해 2014년 9월 4일 박근혜 대통령 주재 '에너지 신산업 대토론회' 를 개최했다. 에너지 관련 신산업 활성화에 성공한 해외 사례를 분석하고 한국에 맞는 방안을 마련하기 위한 회의였으며, 그 결과 산업통상자원부 내에 '에너지신산업과' 를 신설해 전기차, 정보통신 기술 융합 등 에너지 관련 신산업 육성을 전담하도록 했다.

또한 2017년까지 전기차 배터리 리스 사업 등을 구상하고 있는데 1회 충전으로 일주가 가능한 지역을 찾아 시범 운영하고자 제주도 대중교통 대상으로 한정하여 운영될 예정이다. 시외 버스 노선 버스 274대 중 44%인 119대를 전기 버스로 교체할 예정이고 제주도 내 택시 2,418대와 렌터카 14,156대 중 1,000대를 전기차로 전환하는 계획을 갖고 있다. 또한 산업통상자원부는 배터리 리스 사업자에게 전기버스 배터리 구입 비용을 지원하고, 환경부에서는 버스 운영사에게 전기버스 구매 보조금을 지원한다는 계획을 갖고 있다.

2015년 연비규제는 17.0km/L이고 2020년까지 24.2Km/L로 강화될 전망이며, 위반 시 벌금을 부과하고 있다.

자동차 시장의 경계가 무너지다

1. 자동차산업 구도의 새로운 개편

2. 자동차의 전자화 — 전자 · 통신 업체의 자동차산업 진출

3. 자동차와 소프트웨어 — IT 기업의 자동차산업 진출

4. 전기자동차의 탄생 — 배터리 · 모터 제품군의 자동차산업 진출

5. 미래의 자동차산업 경쟁구도

1. 자동차산업 구도의 새로운 개편

애플은 2007년 아이폰을 출시하면서 휴대폰 시장을 뒤흔들었다. 아이폰은 인터넷과 각종 애플리케이션을 앞세워 전화와 문자 메시지가 전부였던 피처폰을 무릎꿇렸고 이후 무서운 속도로 시장을 점령했다. 난공불락으로 여겨지던 세계 1위 노키아는 시장변화에 대처하지 못하고 결국 부도위기에 몰렸고, 결국 2013년 휴대폰 사업을 마이크로소프트에 매각했다.

이 때는 전기통신산업의 강자인 삼성에게도 아찔했던 시기였다. 삼성은 당시 전략을 바꿔 옴니아라는 스마트폰을 출시했지만 대패했다. 다행히 구글 안드로이드 운영체제와 결합한 갤럭시S 시리즈로 구겨진 자존심을 회복하고 있지만 아이폰을 따라잡기는 여전히 쉽지 않아 보인다. 휴대폰 시장의 급변은 시작에 불과했다. 이미 애플, 구글과 같은 회사는 미래형 자동차 개발에 나섰고 각각 '카플레이car play'와 '안드로이드 오토Android Auto'를 통해 차량용 인포테인먼트information + entertainment 시장에 진출한 상황이다. 무인자동차와 같은 스마트 자동차 시장을 선점하기 위한 정보기술업체와 기존 자동차제조사들의 주도권 싸움은 이미 시작됐다.

정보기기 기업의 자동차산업 진출은 이제 옛말이 아니다. 국내 대기업은 물론, 글로벌 기업들도 앞다퉈 자동차 시장 진입에 나서고 있다. 자동차와 정보통신산업 사이의 벽이 허물어지고 있다는 얘기다. 단적인 예로, 2016년 1월 미국 라스베이거스에서는 세계 최대 규모 가전제품 전시회CES가 열렸다. 이 행사에는 자동차업계의 트렌드인 친환경 ·

스마트 자동차로 무장한 기아자동차, 포드, 토요타, 아우디 등 완성차업체 9곳을 비롯해 현대모비스, 콘티넨탈, 델파이 등 자동차 부품 · 전장 관련 업체 115곳이 참석해 모터쇼를 방불케 했으며, 행사의 가장 큰 화두는 자율주행 자동차였다.

이 자리에서 국내의 기아자동차는 쏘울 전기 자율주행차, 자율주행 가상현실, 미래형 자율주행연계 운전석 등 자율주행 관련 기술을 선보였다. 국내 부품업체 최초로 전시회에 참가했던 현대모비스는 차세대 자율주행기술, 지능형 운전석, 미래 자동차 통신기술 등을 전시했다. 특히 과거 전자회사들이 터줏대감처럼 차지했던 전시회의 기조연설에 GM · 폭스바겐의 CEO가 직접 나서면서 달라진 자동차회사의 위상을 엿볼 수 있게 했다.

출처 : 아주뉴스

▲ CES 2016에 참가 중인 현대모비스

자동차산업의 경계가 무너지는 현상은 크게 3가지로 나누어 볼 수 있다. 첫 번째는 전자부품의 이용확대이다. 소비자가 좀 더 편리하고 안전한 자동차를 원하기 시작하면서 기존에 비해 많은 전자부품을 쓰게 됐다.

두 번째는 무인자동차 · 스마트 자동차가 개발되면서 스마트폰과 같이 자동차에도 운영체제 설치가 필요하게 됐고 이로 인해 구글이나 애플이 공식적으로 무인자동차 개발까지 나서게 됐다.

마지막으로는 전기자동차와 같은 친환경 자동차에 대한 사회적 수요증가다. 기존에는 오직 한 가지 내연기관을 갖춘 자동차만 존재했다면 지금은 하이브리드 · 전기 자동차처럼 친환경 자동차가 출시되면서 배터리와 같은 신규 부품이 필요하게 됐고 이를 생산하는 회사들이 자동차산업에 진출하게 되었다.

2. 자동차의 전자화 — 전자 · 통신 업체의 자동차산업 진출

최근 자동차 관련 회사 신입사원들의 출신학과를 살펴보면 전기 · 전자 전공자들이 부쩍 늘어난 것을 알 수 있다. 과거 기계공학의 전유물로만 여겨졌던 자동차회사에 그만큼 전자장치 관련 기술 수요가 늘었다는 것을 알 수 있는 단적인 예다. 향후 자동차의 전자부품은 2010년 30%에서 2030년 50%까지 늘어날 것으로 예상되고 있다. 이에 따라 삼성, LG, SK와 같은 굴지의 대기업들까지 일제히 자동차산업으로 눈을 돌리고 있다.

이 같은 기업들에게 스마트폰, 태블릿 컴퓨터 등은 이미 성숙기에 접어든 시장이라고 봐도 과언이 아니다. 스마트폰의 경우 샤오미, 화웨이와 같은 중국회사들이 시장을 잠식하고 있어 이제는 새로운 먹거리를 찾아야 하는 형편이다. 이에 대한 대안으로 기업들은 폭발적인 증가추세에 있는 스마트 자동차의 전자부품에 눈독을 들이고 있다. 전자·통신을 주 업종으로 하는 기업들에게 자동차 시장은 추가적 영역으로 새 성장동력을 얻을 수 있는 신 시장이다. 가전, 통신, 휴대폰 등을 통해 쌓아온 경험을 자동차에 활용할 수 있기 때문이다.

그 예로 카메라, 센서, 고화질 디스플레이, 오디오 등의 기술은 자동차 관련 미래형 안전 기술인 선진 운전자 지원 시스템 구축에 기여할 것이다. 차선유지 지원 시스템, 스마트 후측방 경고 시스템, 주차 조향 보조 시스템 등과 같은 자동차 신기술들은 전자업계의 기술을 접목할 수 있는 분야여서 주목받고 있다.

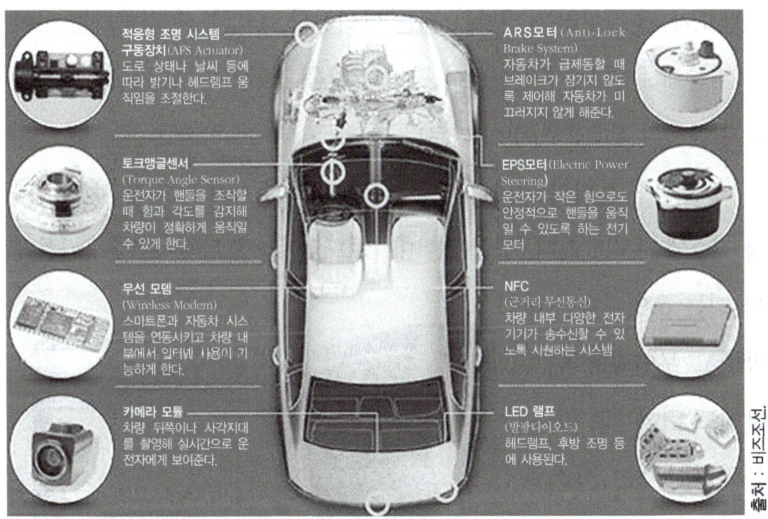

출처 : 비즈조선

▲ 자동차 주요 전자부품

특히 5세대 무선통신 기반으로 제공될 차량 무선 인터넷 기술인 텔레매틱스의 경우는 전자 · 통신 업체들이 반드시 참여해야만 실현가능한 분야다. 인텔은 스페인 바르셀로나에서 열린 '모바일 제품 전시회 2016' 에서 LG전자를 포함한 6개 업체와 5세대 무선통신 관련 기술을 개발하는 데 협력하겠다고 밝혔다. LG전자는 업체들 중 유일한 자동차 부품업체였으며, 이를 계기로 미래 자동차 통신기술인 5세대 무선통신 텔레매틱스 분야에서 LG가 시장을 선도할 수도 있을 것으로 보인다.

3. 자동차와 소프트웨어 — IT 기업의 자동차산업 진출

언론에서는 향후 세계 자동차업계의 가장 큰 경쟁 상대가 구글과 애플이 될 것이라고 전망하고 있다. 이는 몇 해 전 나이키의 경쟁 상대가 닌텐도가 될 것이라는 전망과 궤를 달리한다. 닌텐도에 집중하는 아이들 때문에 유명 메이커 신발이 팔리지 않을 것이라는 내용이었지만 구글과 애플의 경우는 사정이 다르다.

정보통신 분야의 거대한 공룡기업인 구글과 애플은 직접 자동차 시장 진출에 나서고 있다. 구글은 이미 '안드로이드 오토' , 애플은 '카플레이' 라는 운영체제를 개발했고 무인자동차 개발에도 뛰어들고 있다. 무인자동차는 시스템 간의 통신과 인포테인먼트 기술이 운영체제를 통해 상호작용하며

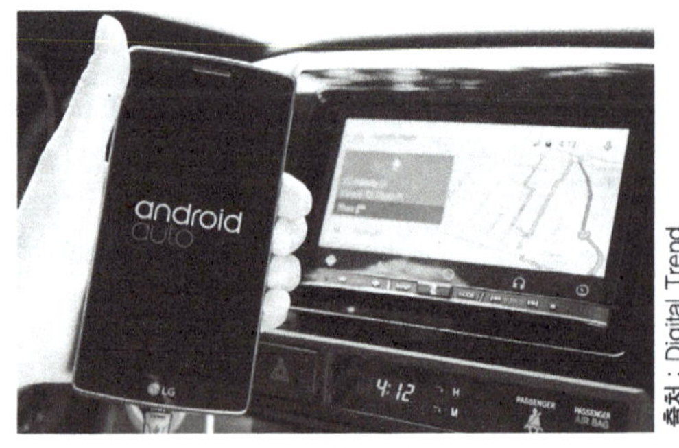

출처 : Digital Trend.

▲ Google : Android Auto

작동한다. 또한 스마트 자동차의 핵심이 되는 대부분의 기능이 두 기업이 개발한 운영체제를 통해 구현되기 때문에 구글과 애플이 자동차 시장까지 넘볼 수 있는 기반이 마련된 셈이다.

▲ Apple : CarPlay

출처 : AP통신.

그간 스마트 자동차 시장에서 국내 대기업들의 최대 취약점으로 꼽혔던 분야가 바로 소프트웨어다. 하지만 삼성전자는 모바일 제품 전시회 2016에서 자체개발한 타이젠을 기반으로 한 삼성 커넥트 오토를 선보였다. 이는 구글의 '안드로이드 오토', 애플의 '카플레이'와는 달리 스마트폰을 이용해 자동차를 조작하고 운전자의 안전과 편의를 돕는 소프트웨어라는 점에서 의미를 더한다.

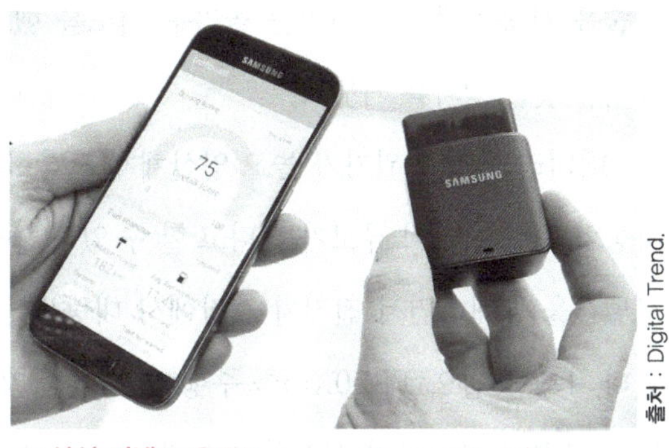

▲ 삼성 커넥트 오토(Samsung Connect Auto)

출처 : Digital Trend.

3G나 LTE 망을 이용해 자동차와 운전자의 스마트폰을 연결해 음악·동영상 재생은 물론이고 스마트폰의 주요 앱도 쉽게 사용할 수 있다. 내차 찾기 앱을 이용하면 자동차의 위치도 쉽게 찾을 수 있다. 뿐만 아니라 주행거리, 연비관리를 비롯해 사고 및 응급상황 시에는 미리 설정해 놓은 연락처로 메시지까지 전송할 수 있다. 우리나라를 포함한 세

계 여러 나라에서 '삼성 커넥트 오토'가 출시될 수 있음을 기대하게 하는 대목이다.

4. 전기자동차의 탄생 — 배터리 · 모터 제품군의 자동차 산업 진출

전기자동차 시장에서도 경계가 허물어지고 있다. 배기가스 없는 자동차에 대한 관심이 높아지면서 친환경 자동차에 대한 인식이 높아지고 있는 가운데 모터와 배터리 같은 신규 부품군이 자동차 시장에 진출을 하고 있다. 모터는 그간 세탁기, 냉장고와 같은 가전 기기에 사용되었던 기술이었다. 하지만 LG전자는 그간 가전제품에 사용했던 'DD모터' 기술을 자동차에 접목시키는 놀라운 시도를 했고 GM 전기차와 공급계약을 맺는 성과를 거뒀다.

배터리는 아직 원가가 높고 양산체제도 잡히지 않았기 때문에 전기자동차 시장은 아직 규모가 작다고 할 수 있다. 하지만 최근에 테슬라가 모델 3을 공개하면서 전기차 시장에서 대량생산의 가능성을 타진하고 있다. 1회 충전으로 320Km를 주행할 수 있는 자동차를 상대적으로 저렴한 가격에 판매하기 시작한 것이다. 이는 파나소닉과 합작해 리튬이온배터리를 연간 50만 개 생산할 수 있는 배터리 공장을 미국 네바다 주에 건설하면서 가능하게 되었다.

배터리 사업 분야에서 우리나라 기업의 기술발전 속도 또한 이에 못지않다. LG의 그룹사인 LG화학은 세계 시장에서 배터리 산업을 선도하고 있으며 GM · 아우디 · 볼보 등 20여 곳의 글로벌 자동차회사에 배터리를 공급하고 있다. 삼성SDI가 배터리 제조를 맡고 있는 삼성의 경우 2015년 캐나다 자동차부품 업체인 마그나의 전기차 배터리 사업을 인수하면서 전기자동차 시장에 한 걸음 더 나아갈 수 있는 발판을 마련했다. 또한 삼성SDI는 배터리 사업에 앞으로 5년간 총 2조 원 이상을 투자해 2020년까지 글로벌 경쟁력을 갖춘다는 계획을 가지고 있다.

배터리 기술의 발전도 필요하지만 현 시점에서는 정부의 도움이 절실하다. 전기차 시장의 규모가 커지는 것이 최우선인데 그러기 위해서는 정부의 정책이 절대적이다. 노르웨이에서 전기자동차가 전체 자동차 수에서 차지하는 비중은 20%나 된다. 전기차에 있어서는 선진국인 셈이다. 완성차업체나 충전시설업체가 작은 시장규모에서는 흑자를 내기가 힘들다. 보급확대를 위한 정부의 대책이 중요한 것이다.

미래형 자동차에서 전기자동차를 배제하기는 힘들다는 것이 전문가들의 중론이다. 따라서 완성차업체, 모터 · 배터리 업체, 충전 인프라 업체의 기술발전과 정부의 노력이 절실하다.

5. 미래의 자동차산업 경쟁구도

미래 자동차는 효율이 높고 안전하면서 친환경적이고 자율주행이 가능해야 한다. 적정한 가격이 뒷받침되면서도 품질과 연비가 뛰어난 스마트 자동차가 나와야만 소비자들이 구매한다. 이를 모두 만족시키는 스마트 자동차의 탄생은 기존 자동차회사들의 힘만으로는 어려울 전망이다. 그간 자동차산업의 구조가 수직적이었다면 미래에는 구글 · 애플 · 삼성 · LG와 같은 이종 기업의 참여로 수평구조로 변화할 것이다.

자동차 회사로서는 달갑지 않은 상황이지만 전통적인 자동차기업 혼자만으로는 미래의 자동차 시장을 선도할 수 없다. 각 영역마다 역할 분담이 이뤄지고 이를 통해 완성차와 전자산업의 협업, 제휴 및 공동개발 또한 활발해질 전망이다. 오늘의 적이 내일의 협력자가 되는 적과의 동침뿐만 아니라 관련 업계의 인수합병이 빈번하게 일어나는 등 새로운 생태계로 개편될 것이다.

정보통신 기술과 자동차의 융합을 위한 핵심 기술 8가지

1. 센서 — 천리안을 넘어서
2. 무선통신 — 빠르고 정확하게
3. 영상처리 — 3차원을 넘어 4차원까지
4. 디스플레이 — 모든 공간이 디스플레이다
5. 음성 인식 — 마음까지 이해하는
6. 인포테인먼트 — 자동차에서 놀자
7. 보안 — 뚫리면 끝이다
8. 인공지능 — 나보다 더 똑똑한 자동차

1. 센서 — 천리안을 넘어서

최근 주로 사용되는 자동차 센서에는 주차 보조장치에 사용되는 초음파 센서를 비롯해 에어백의 충격감지 센서, 차체 제어장치의 가속도 센서와 속도 센서, 타이어 공기압 경보장치의 압력 센서 등이 있다. 아직까지는 보조 역할에 그치는 경우가 대부분이지만 향후 센서 기술은 자동차의 핵심이 될 전망이다.

센서의 역할은 운전자의 안전과 편리함을 위해 확장되는 추세다. 운전자의 안전과 관련해 지금까지 나온 자동차장치는 브레이크 잠김 방지장치, 차체 제어장치, 구동 제어장치, 제동력 분배 시스템 등 사고 발생을 최소화하거나, 발생 시 자동차의 움직임을 최대한 잡아주는 능동안전장치, 에어백, 액티브 안전벨트, 액티브 머리받침 등 운전자의 직접적인 충돌을 방지하는 수동안전장치가 있다.

이제는 단순한 안전장치를 넘어 사고위험이 발생하기 전에 운전자에게 경고를 해주는 기술을 넘어 운전자를 대신해 자동차를 안전하게 제어해주는 기술까지 개발되고 있다. 이는 센서의 속도와 정밀도가 향상되고 다양한 센서 기술이 발전하면서 가능하게 됐다. 특히 카메라 센서와 이미지 처리 기술이 발전하면서 차선이탈 방지, 안전거리 유지 시스템, 사각지대 경보 시스템 등이 개발됐다. 이 같은 경보 시스템은 단순히 운전자에게 영상 혹은 음성으로 경고 메시지를 전달하는 것을 넘어 다양한 상황에서 자동차의 움직임을 자동으로 제어함으로써 위험상황을 벗어날 수 있도록 돕는다. 운전 중의 위험요소는 비단 외부환경뿐만 아니라 운전자에게도 있다. 이 때문에 운전자의 움직임이나 상태,

건강까지 체크하고 행동을 예측해 안전운전을 할 수 있도록 유도하는 기술이 개발되고 있다.

자율주행 자동차, 스마트 자동차와 같은 미래의 자동차를 현실화하기 위한 전제조건의 하나는 센서 기술의 발전이다. 스마트 자동차의 핵심이 되는 센서는 레이더 센서, 라이더 센서Light Detection And Ranging ; LIDAR 그리고 카메라 센서다. 레이더 센서는 자동차 주변의 사람과 물체들을 감지하기 위해 사용되는데, 근거리뿐만 아니라 수십 미터 이상의 중·장거리 감지도 가능하다. 라이더 센서는 자동차를 중심으로 360도 방향의 이미지 정보를 정확하게 얻는 데 도움을 주며, 카메라 센서는 신호등, 표지판, 차선, 보행자 등 운전자에게 필요한 모든 정보를 인식한다.

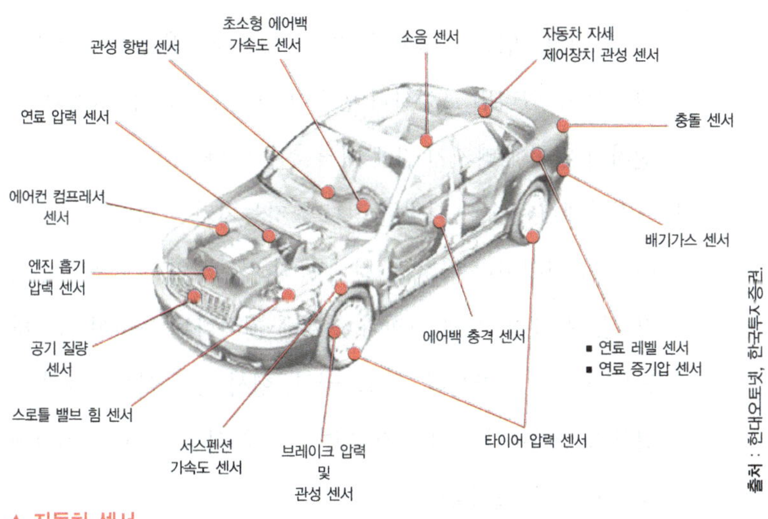

▲ 자동차 센서

2. 무선통신 — 빠르고 정확하게

자동차가 귀갓길에 집 안의 온도를 몇 도로 설정할지 물어본다면 얼마나 편할까? 장을 볼 때 냉장고에 어떤 음식이 있는지 자동차에서 볼 수 있다면 수고를 덜 수 있지 않을까? 무선통신 기술은 정보통신 기술과 자동차의 융합에서 가장 먼저 생각할 수 있는 기술이다. 자동차의 통신 기술은 다음 3가지로 나누어 볼 수 있다.

첫째, 운전자에게 자동차의 상태와 대처방안을 알려주는 기술이다. 자동차에 달린 다양한 센서의 정보와 운행정보를 분석해 차량의 상태 또는 위험상황을 영상이나 음성으로 알려주고, 주유소나 정비소 혹은 보험사 등과 실시간으로 통신해 대처방안 및 해결방법을 알려줄 수 있다. 자동차가 운전자의 상태를 파악할 수 있다면 보험사나 병원이 이 같은 정보를 공유해 운전자가 위험에 빠지기 전에 대처할 수 있다.

둘째, 운전자에게 필요한 다양한 정보를 자동차가 알려주는 기술이다. 교통상황이나 길찾기, 날씨 등의 기본적인 정보뿐만 아니라 신호등체계, 도로 상황과 연계해 최적화된 운전이 가능하도록 정보를 제공한다. 사고, 공사, 행사 등 특이요소까지 고려한 도로정보와 기타 운전 관련 정보를 실시간으로 운전자에게 알려줄 수 있게 된다.

셋째, 자동차와 자동차 사이의 통신이다. 자동차 사이의 통신은 교통상황 공유, 사고방지 그리고 교통 흐름 최적화를 위해 필요한 기술이다. 자동차와 도로 시스템이 통신하고 각 자동차 간의 통신이 가능해진다면 완벽한 통신 네트워크가 구성돼 종합적인 교통 시스템 운영이 가능하게 된다. 이렇게 지능형 교통 시스템이 갖춰지게 되면 모든 신호등이 통행량에 따라 유기적으로 바뀌고 차량들 역시 각자 최적화된 길을 따라 목적지에 도착함으로써 교통체증을 원천적으로 차단할 수 있게 된다.

그렇다면 자동차와 사람, 자동차와 자동차, 자동차와 외부 시스템과의 통신을 위해서는 어떤 통신 방식을 사용해야 할까? 먼저 자동차 내부의 정보를 유선통신을 통해 한곳에 모은다. 그 정보가 무선통신을 통해 운전자나 자동차 외부로 전달된다. 자동차 내부 시스템들 간의 통신은 신뢰성과 속도, 안전성 등의 문제로 아직까지는 유선통신을 이용하고 있지만 결국에는 근거리 무선통신으로 발전할 전망이다. 자동차와 자동차 또는 외부 시스템과의 통신은 당연히 무선을 통해서만 가능하며, 이는 근거리 무선통신과 원거리 무선통신 방식으로 나눌 수 있다.

근거리 무선통신 기술에는 블루투스Bluetooth, 와이기그WiGig, 직비ZigBee를 비롯한 자동차 전용 통신 기술이 있으며, 각각의 용도에 따라 통신규격 표준화가 필요한 단계다.

원거리 무선통신 기술에는 스마트폰을 통해 폭넓게 활용되고 있는 와이파이와 4G LTE가 있다. 자동차도 사물인터넷의 일종이기 때문에 다른 기기들과 함께 사용할 수 있는 통신 방식이 필요하다. 기존 이동통신의 경우 각각의 기기에 맞춰 기술을 적용하기에는 가격 측면에서 부담이 크다. 이 때문에 속도는 조금 느리지만 꼭 필요한 정보들만 보낼 수 있는 협대역 이동통신 서비스가 사용될 가능성이 높다. 사물인터넷의 발전과 함께 정보통신 기술과 자동차의 융합 기술도 비약적으로 발전할 전망이다.

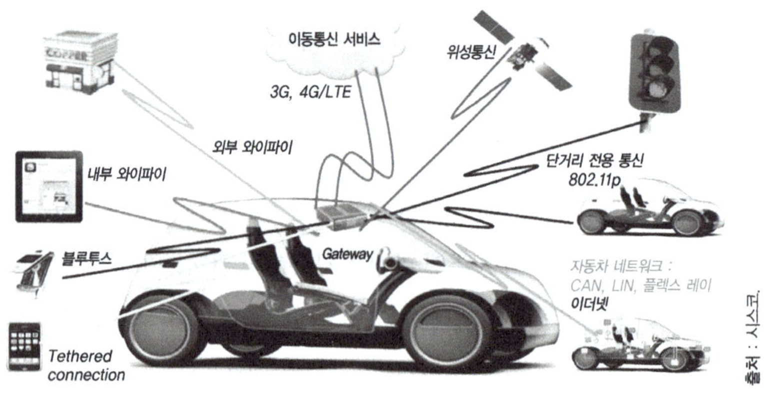

▲ 자동차 무선통신

3. 영상처리—3차원을 넘어 4차원까지

다양한 센서 기술의 발전으로 처리해야 할 정보와 신호들의 양이 기하급수적으로 늘어났다. 많은 양의 신호를 정확하게 분석하는 것도 중요하지만, 실시간으로 처리하지 못한다면 수집한 정보들은 의미가 없어진다. 많은 정보와 다양한 형태의 신호들을 정확하고 빠르게 처리하기 위해서는 하드웨어와 소프트웨어 기술이 핵심이 될 것이다.

운전자의 원활한 운전과 운전자의 안전을 위해 차량 곳곳에 카메라 센서, 초음파 센서, 레이더 센서 등 다양한 센서들이 설치됐다. 각각의 센서들은 차선, 표지판을 비롯해 다른 차량과 보행자 등을 인식하는 역할을 하고 있다. 지금은 센서들로부터 신호를 받고 처리하는 장치가 따로 존재하며, 각각의 장치는 자신의 역할에 맞는 정보만을 운전자에게 전달한다. 게다가 단순한 경고 메시지 전달이나 일방적인 정보전달에 그치는 경우가 대부분이다. 앞으로는 모든 신호와 정보를 하나의 통합 조정장치에서 종합적으로 처리해 3차원 입체영상으로 운전자에게 전달할 수 있다. 이 영상은 사람의 눈으로 볼 수 있는 영역의 정보뿐만 아니라 자동차를 중심으로 한 360도 모든 방향의 이미지와 수십 미터 거리 이상의 이미지와 움직임 정보까지 담을 수 있다. 이를 바탕으로 운전자의 지각능력을 능가하는 상황판단을 할 수 있게 되어 보다 안전하고 효율적인 운전을 할 수 있는 환경을 만든다. 이는 바로 자율주행 자동차의 기초가 된다.

자동차 주변 수십 미터 내의 3차원 입체영상은 데이터의 양이 지금보다 수백 배, 수천 배 많다. 이처럼 많은 데이터를 하나의 장치가 실시간으로 분석해 상황에 맞게 처리하기에는 부담이 너무 크다. 이를 해결

출처 : 엔비디아.

▲ 자동차 영상처리

하기 위한 방안은 수집한 영상 데이터를 무선 네트워크를 통해 실시간으로 서버로 전송해 여러 시스템이 함께 분석하고 처리하는 구조를 갖추는 것이다. 이를 위해서는 자동차의 위치정보와 도로 및 교통 시스템, 자동차의 주변 영상 데이터, 각 자동차 간 통신 등의 기술이 표준화돼야 하며, 궁극적으로 하나의 시스템으로 통합돼야 한다.

4. 디스플레이 – 모든 공간이 디스플레이다

자동차와 운전자 간의 정보전달은 영상이나 음성을 통해 가능하다. 영상으로 운전자에게 정보를 전달하는 핵심은 디스플레이 기술에 있다. 예전에는 자동차 계기판을 통해 자동차 속도 및 엔진 회전 수 등의 정보를 전달하고 경고 등을 표시해주는 것이 전부였지만, 이제는 다양한 화면을 통해 운전자가 원하는 대부분의 정보를 얻을 수 있게 됐다. 또한

출처 : 도요타.

▲ 자동차 디스플레이

운전자가 운전을 좀 더 안전하게 할 수 있도록 앞유리에 주요 정보를 표시해주는 헤드업 디스플레이까지 개발됐다. 과거에는 디스플레이를 조작하기 위해 스위치나 조이스틱을 이용하는 경우가 많았지만 이제는 터치스크린이 대세가 됐으며, 운전 중 정확한 터치가 어려웠던 애로점을 개선한 에어터치 기술도 개발돼 손동작으로 디스플레이를 조작할 수 있게 됐다.

자동차용 디스플레이의 발전속도는 텔레비전이나 핸드폰보다 느린 편이다. 자동차는 기본적으로 온·습도, 진동 등의 환경적인 측면이나 전압·전류 등의 전기적인 측면에서 일반 가정에 비해 열악하기 때문에 최신 기술을 빠르게 적용하기 쉽지 않은 분야다. 최근까지도 자동차 디스플레이는 구형이 주류를 이뤘지만 이제는 액정화면이 대세로 자리 잡고 있다. 텔레비전과 휴대폰처럼 최신 디스플레이나 3D 디스플레이가 적용될 날도 멀지 않을 전망이다.

자동차 분야에서 특이하게 적용되는 디스플레이 기술은 헤드업 디스플레이HUD이다. HUD는 렌즈를 통해 나오는 영상을 거울Mirror을 이용해 반사시키고 이 반사된 영상을 자동차 앞유리에 투영해 운전자가 이미지를 쉽게 볼 수 있도록 돕는다. HUD는 초기 단계에서 전투기에 적용돼 긴박한 상황에서 비행사의 조종을 도왔다. 하지만 자동차 HUD의 목적은 운전의 안전성을 높이는 것으로 운전자가 정보를 확인하기 위해 고개를 숙이거나 돌리지 않아도 되도록 도와주기 때문에 운전자의 전방 주시성이 향상된다. 최초로 개발된 HUD에는 브라운관 화면이 주로 사용됐지만 액정화면 기술이 발전하면서 고해상도의 영상을 투영할 수 있게 됐고 다양한 정보를 폭넓게 표시하는 등 활용도가 높아지고 있다.

특히 최근에는 홀로그램 기술을 활용해 기존 HUD의 단점을 보완했다. 적외선 센서를 부착해 야간 운행 시 전방에 있는 보행자나 물체들을 HUD를 통해 보여줌으로써 교통사고 예방에 큰 역할을 할 수 있게 됐다. 홀로그램 기술에서 좀 더 나아가면 증강현실로 진화할 수 있기 때문에 자동차 디스플레이 기술은 계속 발전할 것이다.

5. 음성 인식 – 마음까지 이해하는

음성 인식은 아직까지 기술적인 발전이 더 많이 필요한 분야다. 음성 인식은 대부분의 산업영역에서 소비자의 불만이 많은 영역이다. 하지만 운전 중 눈을 다른 곳으로 돌리지 않고 가장 안전하게 인포테인먼트 혹은 차량의 여러 기능들을 컨트롤하는 방법이 음성이라는 의견에는 이견이 없다. 이 때문에 음성 인식의 필요성이 증가하고 있으며, 기술

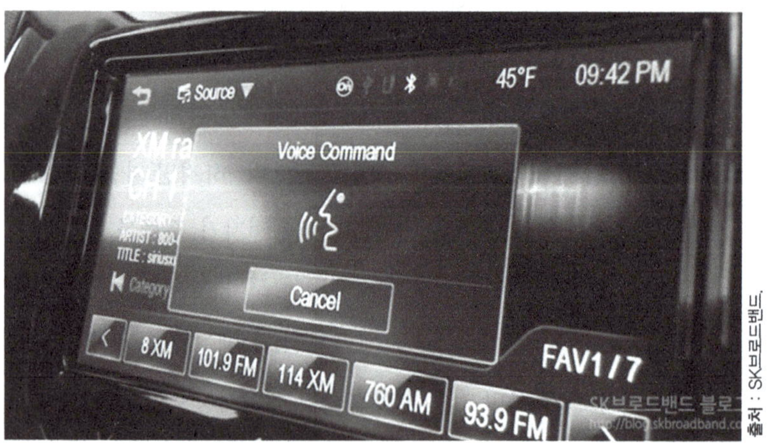

출처 : SK브로드밴드

▲ 자동차 음성 인식

또한 꾸준히 발전되고 있다. 다양한 음성을 인식하고 빠른 시간 내에 처리하기 위해서는 고성능의 시스템이 필요할 뿐 아니라 네트워크 등의 기술이 함께 접목되어야 한다. 애플이 음성 명령 프로그램인 시리의 성능을 많이 향상시켰다는 평가를 받지만 자유롭게 대화할 수 있는 수준까지 이르려면 시간이 더 필요한 상황이다.

음성 인식은 기본적으로 굉장히 많은 데이터를 필요로 한다. 사용되는 언어의 종류도 다양할 뿐 아니라 사람들의 목소리 주파수, 억양, 속도 등 음성과 관련된 모든 정보들을 분석해야 하기 때문이다. 또한 자동차는 조용한 장소가 아닌 매우 시끄러운 도로 한복판에 있기 때문에 크고 다양한 소음에 둘러싸여 있다. 이런 악조건 속에서 명령받은 목소리 신호만을 걸러내기란 쉬운 일이 아니다. 이 같은 문제들을 해결하기 위해 음성분석 빅데이터를 활용할 필요가 있다. 빅데이터는 각각의 자동차 시스템 안에 따로 존재하기 어렵기 때문에 클라우드에 저장해 놓고 초고속 네트워크를 이용해 실시간으로 활용할 수 있어야 한다. 음성을 주고받는 데 1초 이상의 시간이 걸리면 운전자는 불편을 느낄 수 있다. 또한 소음문제를 해결하기 위해 다양한 소음저감장치들이 개발되고 있으며, 음파커튼을 이용해 운전자의 음성만을 인식하는 기술 또한 개발되고 있다.

음성인식 기술이 발전한다면 필요한 정보를 음성만으로 주고받을 수 있게 된다. 이를 통해 자동차와 운전자가 대화하는 시대가 열릴 수 있다. 명령어에 맞는 동작을 하거나 정보를 전달하는 것에 그치지 않고 어떤 의미로 이야기했는지, 혹은 어떤 대답을 원하는지 등 운전자의 의도까지 파악해 자연스러운 답을 내놓거나 추가정보를 위한 되묻기까지

가능해질 것이다. 여기에 감정이나 자동차 주행과 전혀 상관없는 일상적인 대화까지 가능해진다면, 자동차는 만화나 영화에서만 볼 수 있던 하나의 인공지능 로봇이 될 수 있을 것이다.

6. 인포테인먼트 — 자동차에서 놀자

최근 자동차산업의 핵심 화두로 떠오르는 분야가 바로 인포테인먼트Infotainment다. 정보Information와 오락Entertainment의 합성어로, 말 그대로 정보전달과 함께 음악·게임 등의 오락성까지 포함돼 있는 시스템을 말한다. 이는 자동차가 과거와 같이 단순한 운송수단에 머물지 않고 다양한 역할을 수행할 수 있다는 것을 의미한다. 다양한 음향 장비들이 장착되고, 내비게이션 역할에 머물던 액정 화면이 점점 커지면서 영화 감상과 게임이 가능해졌다. 또한 자동차 자체 시스템과 스마트폰 등의 다른 장비 간 연결이 가능해지면서 자동차의 역할이 무한 확장되고 있다.

이 분야에서는 애플의 카플레이Car Play와 구글의 안드로이드오토Android Auto 등이 개발돼 있다. 애플과 구글은 자신들의 강점인 운영체제를 무기로 자동차 인포테인먼트 시장을 선점하려 하고 있다. 하지만 자동차 환경은 스마트폰과 매우 다르기 때문에 자동차 인포테인먼트를 위한 새로운 표준 플랫폼이 필요하다. 많은 정보통신 및 자동차 업체들이 이를 위해 소프트웨어 역량을 집중시키고 있으며, 업체 간 전략적 제휴나 연합을 결성해 공동으로 오픈 플랫폼 개발에 나서고 있다.

자동차에서 무엇이든지 할 수 있는 시스템은 이미 준비돼 있다. 이제는 무엇을 할 것인가에 대해 고민이 필요한 시점이다. 스마트폰이 있

출처 : 현대기아차.

▲ 자동차 인포테인먼트

더라도 활용가능한 애플리케이션이 없다면 단순한 전화기에 불과하다. 이와 같이 자동차가 다양한 역할을 하기 위해서는 사람들이 즐길 수 있는 소프트웨어와 콘텐츠가 뒷받침돼야 한다. 애플리케이션 시장이 발전하면서 스마트폰이 대중화됐듯이, 자동차용 애플리케이션이 발전하면 스마트 자동차도 좀 더 빨리 대중화될 수 있다. 대부분의 사람들이 스마트폰에 익숙해져 있기 때문에 자동차용 애플리케이션 또한 스마트폰 애플리케이션과 비슷한 환경을 제공하고 기능 역시 스마트폰 애플리케이션과 연동돼야 유리할 것이다.

자율주행 자동차는 자동차 인포테인먼트를 더욱 가속화시킬 전망이다. 운전자가 필요 없으면, 운전자뿐만 아니라 다른 탑승자들도 같이 자유로워지면서 자동차 안에서 다양한 활동이 가능해지기 때문이다.

7. 보안—뚫리면 끝이다

자동차는 산업분류에서 기계산업에 포함돼 있다. 그만큼 대부분의 기능을 제외하고는 기계장치들의 조합을 통해 자동차가 만들어진다. 하지만 자동차는 이제 누가 뭐라 해도 전자제품으로 꼽힌다. 미국 라스베이거스에서 열리는 가전제품 전시회에 참석하는 자동차회사는 매년 늘어나는 추세일 뿐만 아니라 전시되는 자동차의 비중 또한 높아지고 있다. 전자 분야의 비중이 커질수록 소프트웨어와 네트워크의 역할이 커질 수밖에 없기 때문에 이로 인한 보안문제 역시 자연스럽게 대두되고 있다.

스마트 자동차나 자율주행 자동차가 도로를 지배하게 되는 시대에는 통합교통 시스템과 각 자동차의 조정장치들이 네트워크로 연결되고

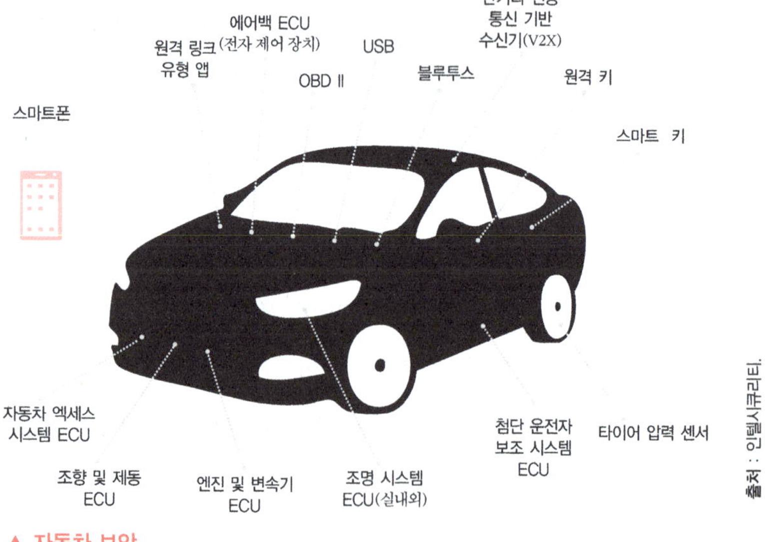

▲ 자동차 보안

각 자동차들도 서로 통신을 하게 된다. 누군가 이 시스템을 악의적으로 해킹한다면 엄청난 혼란과 피해가 일어날 수밖에 없다. 모든 네트워크는 보안문제를 해결한 후 대중화되는 것이 일반적이다. 자동차는 일반 전자제품과 달리 사고가 생명과 직결되기 때문에 보안 기술이 더욱 중요하다. 또한 자동차는 사람들의 위치나 동선을 파악하기 위한 수단이 될 수 있기 때문에 사생활 보호와도 밀접한 관련이 있다.

자동차업계는 이미 보안문제로 골머리를 앓고 있다. 차량도난방지 시스템, 스마트 열쇠, 블루투스 통신 등을 이용한 공격부터 전자엔진통제 시스템 정보 해킹까지 그간 발생한 사례가 이를 증명한다. 아직 대부분의 차량들이 보안을 크게 고려하지 않고 자동차회사의 시스템이나 교통 시스템 등과 통신을 하고 있다. 지금까지는 대부분의 정보가 안전과 관련 없는 운전자 편의와 관련된 내용들이었기 때문에 큰 문제가 되지 않았다.

앞으로는 상황이 많이 달라질 전망이다. 스마트 자동차 시대가 본격적으로 열리면 운전과 직접 관련이 있는 수많은 정보들이 네트워크상에서 공유될 수 있기 때문에 이에 대한 보안 레벨은 최고 수준이 되어야 한다. 각 자동차의 통제장치와 도로 상에 있는 기지국, 중앙 시스템 서버, 자동차와 통신하는 각 시스템들은 상호인증 시스템을 통해 보안을 강화하고 통신내용에 대한 2중・3중의 검증 프로토콜을 통해 신뢰성을 높여야 한다. 보안강화를 위해 다양한 검증 단계를 만드는 것도 중요하지만 실시간 반응이 중요한 자동차의 특성상 복잡한 암호화 등의 해결책보다는 속도가 빠르면서도 단순하고 강력한 보안 시스템이 필요하다.

자동차는 국내에 한정된 산업이 아니기 때문에 국제규격을 따라야 하며, 스마트 자동차와 자율주행 자동차의 통신을 위해서는 새로운 국제 표준이 필요하다. 이미 자동차업계에서는 국제 표준화 기구를 장악하고 있는 독일을 중심으로 스마트 자동차 관련 다양한 표준화작업이 진행 중이다. 최근 가장 빠르게 진행되고 있는 분야에는 스마트 자동차 관련 표준화와 지능형 교통 시스템 관련 표준화가 있다. 자율주행에 관해서는 추가적인 표준 및 법규, 제도 등의 보완이 더욱 필요한 상황이다.

8. 인공지능 – 나보다 더 똑똑한 자동차

최근 로봇 기술과 인공지능 기술이 급속하게 발전하고 있다. 이 두 가지 기술을 융합한 것을 지능형 로봇이라고 한다. 지능형 로봇은 영상이나 음성 등의 다양한 외부환경을 인식하고 분석해 스스로 판단하고 동작하는 로봇을 말한다. 우리는 자동차가 인공지능을 가진 지능형 로봇 역할을 할 수 있다는 상상을 수십 년 전부터 해왔다. 미국 드라마 중 '전격 제트작전' 에 나오는 인공지능 자동차 '키트' 가 대표적인 예다. 지능형 로봇 기술이 자동차와 융합할 수 있다면 1980년대 상상 속에서만 존재했던 인공지능형 자동차를 실제로 만날 날도 그리 머지않을 전망이다.

자동차가 인공지능을 통해 할 수 있는 일은 무궁무진하다. 앞유리에 서리가 끼지 않도록 돕는 일을 비롯해 가속 카메라가 있으면 속도를 서서히 줄이고 도로 상황이나 운전습관 등을 종합적으로 판단해 도착시간을 정확하게 계산할 수 있다. 또한 엔진오일 등의 소모품 상태가 나빠지면 미리 알려주는 등 운전자가 판단하거나 움직이지 않아도 해결할 수 있는 일들이 많아진다. 더 나아가 모든 운전과 관련된 조작을 스스로 하고 주차까지 알아서 한다면 운전면허증과 운전자라는 단어는 과거 속으로 사라질 것이다.

인공지능 기술은 빠른 계산을 위해 시작됐다. 최대한 많은 상황과 반응에 대한 데이터를 저장해 놓고 최대한 빨리 그 상황에 맞는 반응을 찾아서 행동하게 만들었다. 하지만 이는 인공지능이라기보다 단순히 빠르게 감지하여 반응하는 것에 불과했다. 지금의 인공지능 기술은 자체적으로 데이터를 모아서 학습하는 능력까지 갖추고 있다. 기본적으로 미리 저장돼 있는 정보에 새롭게 추가되는 정보들을 융합해 새로운 반응을 할 수도 있다는 의미다. 인간의 감정을 읽어내고, 인간과의 체스 대결에서 이기고, 무인자동차가 사막을 횡단해 목표지점까지 왔다는 소식은 더 이상 새로운 뉴스가 아니다.

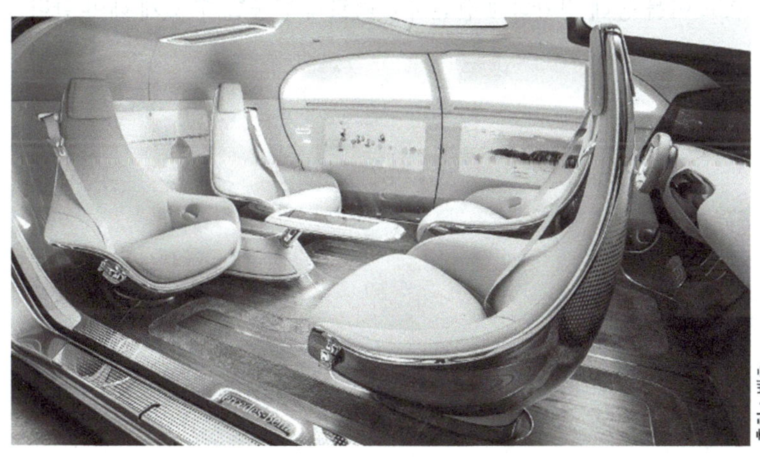

출처 : 벤츠

▲ 인공지능 자동차

인공지능 관련 기술은 너무나도 다양해 나열하기 쉽지 않지만 자율주행 자동차를 위해 다음과 같은 기술들이 쓰일 수 있다. 첫째로 감지기술이다. 기본적으로 차선과 신호등을 인식하고 보행자와 주변 자동차들의 움직임을 예측해야 한다. 그리고 탑승자의 의도를 정확히 인지할 수 있어야 한다. 둘째로 자동제어 기술이다. 자동차의 주행을 위해서는 매우 미세하고 정확한 조작이 필요하다. 방향과 속도, 위치에 대해 정확히 판단하고 제어해야 한다. 또한 주차 등을 위한 다양한 운전기술도 필요하다. 셋째는 반응기술이다. 외부환경은 운전 중 수시로 바뀌기 때문에 예측하지 못한 일들이 발생할 수밖에 없다. 이런 외부환경의 변화에 빠르고 정확하게 반응하는 기술이 필요하다. 넷째는 학습기술이다. 학습은 인공지능을 완성하기 위한 마지막 기술이다. 표준화된 운전 방식은 없다. 국가와 지역, 시간에 따라 운전 방식이 달라지기 때문에 주변 교통상황에 맞게 운전할 수 있게 해야 한다. 또한 모든 돌발상황을 100% 저장해두는 것은 불가능하다. 스스로 운전을 하면서 데이터를 모으고 이를 통해 정확하게 판단하고 빠르게 반응할 수 있게 해야 한다.

자동차도 스마트하다

1. 자율주행 자동차란 무엇인가?
2. 자율주행 자동차로 인한 관련 산업의 변화는 무엇인가?
3. 자동차 인포테인먼트 어디까지 진화하고 있나?
4. 차세대 기술로 차내 공간에 혁명을 일으킨다
5. 자율주행 자동차의 남은 과제는?

1. 자율주행 자동차란 무엇인가?

최근 자동차 관련 주제가 화두에 오를 때 단골 메뉴로 등장하는 단어가 바로 자율주행 자동차다. 전 세계적으로 자율주행 자동차 개발경쟁이 치열하게 벌어지고 있다. 지금까지의 자동차 기술은 제조업계가 주도했지만, 자율주행 자동차는 정보통신업계에서 더욱 활발히 연구가 진행되고 있다. 검색 엔진으로 유명한 구글과 그래픽 기술 전문업체 앤비디아가 대표적인 예다. 앤비디아는 첨단 센서를 이용해 높은 사양의 그래픽 처리 장치로 주변 사물을 인식하는 자율주행 자동차 개발에 나서고 있다. 이에 기존 자동차 제조업체에서도 발 빠른 대응에 나서고 있다. 각 기술업체가 개발한 스마트 기능을 자동차에 적용하는 노력이 그 진행 중이고 최근 시중에 나와 있는 스마트폰이나 시계를 스마트 자동차에 접목하려는 시도도 이뤄지고 있다.

그렇다면 대중들은 '자율주행 자동차' 라는 개념을 어떻게 받아들이고 있을까? 먼저 사전적 의미로는 운전자가 브레이크, 핸들, 가속 페달 등을 제어하지 않아도 도로의 상황을 파악해 자동으로 주행하는 자동차다. 운전자 없는 무인자동차와 다른 개념이지만 혼용해서 사용하고 있다. 자율주행차 실현을 위해서는 여러 가지 핵심 기술이 수반돼야 한다. 고속도로 주행지원 시스템을 비롯해 후측방 경보 시스템, 자동긴급제동 시스템, 차선 이탈 경보 시스템, 차선유지 지원 시스템, 스마트 정속주행 시스템, 혼잡 구간주행지원 시스템 등이 그 핵심 기술로 꼽힌다.

그렇다면 자율주행 자동차와 관련한 우리나라의 시장 상황은 어떠한가?

현대자동차는 2016년 2월 12일, 국토교통부가 주관한 자율주행 자동차 도로시험 운행 접수 첫 날, 제네시스 승용차로 접수장을 냈다. 우리나라 정부도 2020년 자율주행차 상용화를 목표로 관련 법과 제도를 정비하고 시험운행 구간을 지정하는 등 사업추진에 적극적으로 나서고 있다. 이 기술이 도입되면 스마트폰 혁명에 버금가는 발전이 이뤄질 수 있다. 다양한 분야에서 편리하게 쓰일 수 있기 때문에 여러 기술의 동반 발전을 일으키는 기술혁신의 원동력이 될 전망이다. 이에 자율주행 자동차가 세상을 변화시키는 계기가 될 수도 있다는 의견이 나오고 있다.

▲ 구글 자율주행 차량 주요 기능

2. 자율주행 자동차로 인한 관련 산업의 변화는 무엇인가?

자율주행 자동차의 상용화 시기에 대해서는 회사마다 의견이 조금씩 엇갈리고 있다. 닛산은 2020년으로 보고 있고, 독일의 콘티넨탈은 '2016년까지 간이적으로, 2020년까지는 정밀도가 높은 상태로, 2025년에는 완전한 상용화' 단계로 이뤄질 것이라 전망하고 있다. 하지만 자율주행의 시대가 머지 않았다는 점에 대해서는 이견이 없는 상황이다. 그렇다면 다가올 자율주행 자동차의 발전으로 인해 우리의 삶은 어떻게 변화할까?

자율주행 자동차 발전으로 인해 원격조종이 가능한 무인자동차 기술까지 더불어 발전한다면 운전 기사라는 직업이 사라지면서 운수업계에 일대 변화가 일어날 전망이다. 또한 자동차 딜러, 주차장, 정비사 등 자동차와 연관된 직업군 자체에도 많은 변화가 일어날 것이라 예측된다. 교통사고 처리 분야에서도 마찬가지다. 사고 발생률은 기존보다 현저히 줄 전망이지만 또 다른 문제를 야기할 수 있다. 자율주행 자동차 간의 충돌 시 사람의 운전을 전제로 의무규정을 두고 있는 지금의 도로교통법상 가해자는 없어지게 된다. 이에 따라 정부는 자동차 제조사에 그 책임을 물으려고 할 것이고, 각 제조사들은 상대방 차량의 소프트웨어의 문제점을 지적하며 책임을 기피할 수 있다. 이에 따른 법정 공방을 피하긴 어려울 것으로 보인다.

또한 보험산업에서도 많은 변화가 예상되는데, 인간의 실수에 인한 교통사고는 현저히 줄 전망이지만 운전주체가 사람에서 기계로 바뀌면서 책임소지가 지금의 운전자 중심에서 제조사에 묻게 되는 형태로 변화가 이뤄질 것으로 보인다. 이 때문에 자동차 제조사가 보험 가입의 주체로 떠오를 전망이다. 기술발전으로 인해 교통사고율이 현저히 줄면서 자동차보험 시장이 축소될 것이란 예상도 나온다. 하지만 새로운 리스크에 대한 신종 보험상품이 늘 것이라는 전문가의 예측도 나오고 있다. 운전자의 판단 실수로 인한 자동차사고는 애당초 일어나지 않을 것이기 때문에 경찰의 교통사고 관련 업무도 기존과 대비해 현저히 줄어들 전망이다. 교통사고는 소프트웨어나 시스템 문제로 발생할 것이기 때문에 책임추궁은 사고발생 지점이 아닌 운영자의 본사가 있는 지역 내 경찰 관할지에서 이뤄질 수 있다.

자율주행 자동차가 미칠 영향력 중 가장 가까운 시일 내 실현될 수 있는 전망은 바로 변화에 뒤쳐진 기존 자동차 제조사들의 위축과 시장 이탈이다. 완성차업계에서 사활을 걸고 2020년까지 자율주행 자동차를 상용화하겠다고 발표한 것도 이 같은 변화에서 살아남기 위한 몸부림으로 볼 수 있다.

출처 : 드라이브

▲ 자율주행 자동차

3. 자동차 인포테인먼트 어디까지 진화하고 있나?

인포테인먼트 시스템은 운전자가 필요로 하는 여러 가지 정보를 뜻하는 인포메이션과 운전자의 편리성과 인간 친화적인 기능이 집적된 엔터테인먼트의 통합 시스템이라 정의할 수 있다. 단순히 차량 내 멀티미디어 시스템과 인터넷의 결합을 넘어 대중화돼 있는 스마트폰과 스마트워치를 결합하려는 시도도 진행되고 있다. 각 영역 간의 정보기술 발달로 인해 인포테인먼트의 시장은 급격한 성장세를 보이고 있다. 하지만 개발자가 충분히 공급되는 스마트폰은 애플리케이션 시장이 형성되며 생태계가 가동되고 있는 반면, 차량용 인포테인먼트 플랫폼은 표준화가 미비한 상황이다. 스마트폰 환경과 같은 플랫폼이 되기까지는 여전히 시간이 필요할 것으로 보인다.

최근 스마트폰의 확산으로 자동차 인포테인먼트에 대한 관심이 높아지고 있다. 하지만 자체 플랫폼에 의존하고 있는 차량용 인포테인먼트는 엔지니어 확보나 애플리케이션의 개발 등에 어려움을 겪고 있다. 이에 개발사들은 스마트폰 및 정보통신 기술을 차량용 인포테인먼트 기술에 접목하려는 움직임을 보이고 있으며, 실제로 완성차업체와 정보통신업체의 협력이 이뤄지고 있다. 한 예로 일본 자동차 대표 회사인 도요타는 미국 마이크로소프트와 제휴를 맺고 다음 세대의 차량정보 시스템 개발에 착수한 상태다. 차량정보 시스템은 이동통신을 사용해 차량 탑재 단말기 등에 정보나 서비스를 제공하는 기술을 가리킨다. GPS위치 측정 기술, GIS첨단 지리 정보 시스템, LBS위치 기반 서비스, ITS지능형 교통체계 등의 기술을 자동차에 적용해 운전자에게 필요한 다양한 정보를 제공한다. 운전 경로 등의 간단한 정보를 비롯해 차량사고나 도난감지, 원격 차량진단 및 긴급구조 등의 기능을 통합적으로 활용할 수 있다. 또한 운전자의 음성을 이용해 영화표 예매, 음악감상, 식당예약까지 할 수 있다. 이는 도요타가 기술개발에 주력하고 있는 차량정보 엔튠 시스템의 대표적인 기능이기도 하다.

출처 : 도요타.

▲ 도요타 엔튠시스템

4. 차세대 기술로 차내 공간에 혁명을 일으킨다

차량용 정보 시스템이 보급되기 위한 필수 환경은 운전자 인터페이스 기술 발전이다.

운전자 인터페이스는 운전자가 차 안에서 조작하는 스위치 종류를 가리킨다. 2000년대 후반, 애플의 아이폰과 아이패드 등의 확산으로 운전자가 터치화면에 익숙해지면서 차량탑재 화면에도 역시 터치 방식이 도입되고 있으며, 2010년 이후에는 운전자 인터페이스가 액정화면으로 전환되고 있다.

헤드업 디스플레이는 차량의 속도, 연료잔량, 길 안내 등의 정보를 운전자의 앞유리창에 투영하는 기술이다. 주로 전투기나 항공기에 쓰이던 디스플레이 방식으로 앞유리에 이미지화된 정보가 반사돼 운전자가 시선을 돌리지 않고도 계기를 읽을 수 있기 때문에 빠른 반응을 할 수 있는 것이 특징이다. 2000년대 초반에는 필요성이 낮은 편이었지만 2010년 이후 음성인식 기술이 발달하면서 헤드업 디스플레이에 대한 관심이 높아졌고 시장 역시 확대되고 있다. 음성인식 기술의 발달로 인해 운전자가 직접 화면이나 스위치를 조작하는 빈도 수가 줄면서 전방에 집중할 수 있게 됐다. 이 덕분에 헤드업 디스플레이를 통한 정보가 운전자에게 보다 많은 도움을 줄 수 있는 여지가 생겼다. 증강현실을 접목한 운전자 인터페이스 개발은 차세대 기술로 꼽히고 있다. 증강현실

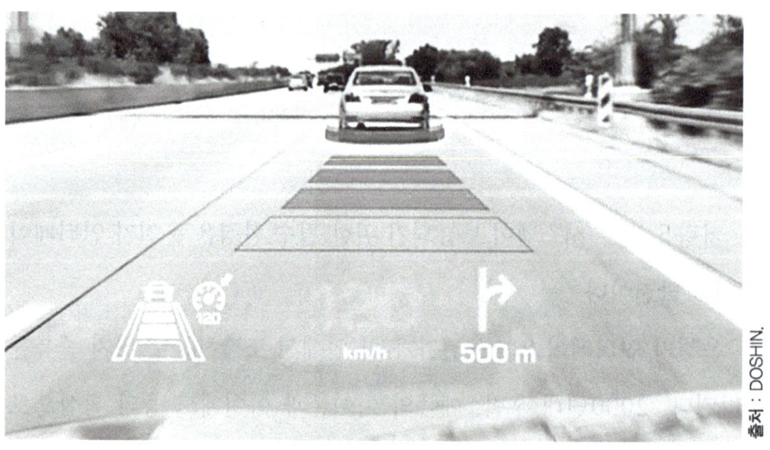

출처 : DOSHIN.

▲ DOI SHIN

기반 시스템은 전방 도로상황을 영상으로 표시하고 전방에서 갑자기 끼어드는 차량에 대한 경보까지 제공한다. 이와 같은 운전자 인터페이스의 발전은 자동차의 실내 공간을 기존과는 현저히 다르게 변화시킬 것으로 예상된다.

5. 자율주행 자동차의 남은 과제는?

자율주행 자동차가 보편화되기 위해서는 규제와 당면과제 등에 대해서도 생각해 봐야 한다. 2015년 말, 미국의 캘리포니아 주 교통당국은 자율주행 자동차의 규제초안을 만들었다. 이 규제에는 반드시 운전자가 차 안에 동승해야 하며, 개별 소비자의 직접적인 판매가 불가하다는 내용이 담겼다. 또한 소비자에 대한 책임전가를 피하기 위해 임대 서비스 형태로 차를 빌려주고 이에 대한 과금을 청구토록 했다. 국내에서도 최근 자율주행과 관련한 정책연구가 이루어지기 시작했으며, 그 일환으로 정부가 산업통상자원부에 관련 정책분과의 설립을 추진한다는 계획을 세우기도 했다.

자율주행 자동차의 보편화를 위해서는 완벽한 기술구현 못지 않게, 사회학적 연구도 필요하다. 그 가운데 '윤리' 와 '책임소재' 등이 가장 시급하게 해결해야 할 사안으로 꼽힌다. 자율주행 자동차 주행 시 사고를 피할 수 없는 상황이라면 탑승 운전자가 차 밖에 있는 사람보다 우선돼야 하는지 혹은 피해를 입을 수 있는 사람이 더 많을 경우 차 밖에 있는 사람이 우선돼야 하는지 등의 문제를 해결해야 한다. 무수한 경우의 수를 프로그래밍하는 것도 어렵지만, 도덕적 가치가 결부된 문제라 판단이 쉽지 않다. 또한 사고발생 시 책임소재가 자동차 소유자에게 있는지, 아니면 자동차 제조사에게 있는지 등을 판단해야 한다. 특히 탑승자에게 직접적인 책임이 없다 하더라도 과실비율 등에 대한 문제가 제기될 수 있다. 이 같은 문제는 보험업계와 여러 사회 분야에 걸쳐 엄청난 혼란을 야기할 전망이다. 이 때문에 업계에서는 이 같은 문제들이 해결되지 않은 상태로는 완전한 자율주행의 시대가 가까운 시일 내에 오지 않을 것이라는 비관적인 전망까지 나오고 있다. 과도한 우려 제기가 기술발전의 발목을 잡아서는 안되지만, 중요한 가치판단의 문제인 만큼 사회 각층에서 충분히 논의돼야 한다.

나가는 글

일 년의 집필기간 동안 저자별로 한 챕터를 집필하고 연구회를 열어 피드백을 주고받았다. 내가 일하고 있는 산업을 거시적 안목에서 바라보고 산업생태계 참여자들의 비즈니스모델과 경쟁우위 전략 등에 대해서도 정리할 수 있는 좋은 시간이었다. 또한 최근 기술 분야, 특히 정보통신 기술 분야의 트렌드를 일목요연하게 보여준다면 큰 가치가 있다고 판단했다.

이 책은 카이스트 기술경영전문대학원 재학생과 졸업생이 집필진으로 참여해 저술되었다. 저자들은 각각의 산업 분야에서 직접 뛰고 있는 산업종사자들로서 이 책은 세 가지 큰 장점을 갖고 있다.

첫째, 수많은 Technology Trend 속에서 해당 기술의 현장에서 근무하는 전문가들이 썼다는 것이다. 따라서 현장에서 해당 기술이 어떤 영향을 미치고 있는지를 보다 정확한 관점에서 전달하며, 현장의 실무자들이 보고 느낀 바를 그대로 전달하고자 충실히 노력했다. 모든 경제인구들은 매일매일 모바일과 인터넷 속에서 아침부터 저녁까지 수많은 정보통신 분야의 신규 유행어들과 함께 살아간다. 클라우드, 빅데이터, 사물인터넷, 그리고 최근 알파고 현상이 초래한 인공지능산업까지, 가까운 미래에 우리 삶이 달라질 것이라고 끊임없이 보고되고 있다.

최근에는 알파고로 인해 몇몇 일자리가 위태로울 수 있다는 보고서가 나오고 있으며, 곧 우리의 삶은 엄청나게 달라지고 변화할 것이라고도 한다. 하지만 실상은 그렇지 않음을 잘 알 것이다. 수많은 기술들이 우리 앞을 지나가고 그 속에서 소비자의 가치와 직접적으로 연결된 몇 안 되는 기술이 상용화되어 새로운 패러다임을 형성해간다.

둘째, 통섭과 융합이다. 카이스트 기술경영대학원의 큰 모토는 이노베이션이고 그 이노베이션은 산업 간의 융합과 복합에서 창출되는 과정을 학습하는 것이다.

이 책의 집필진들은 회사에서 자신만의 전문 분야 업무를 하는 한편, 대학원에서 다양한 산업에 대해 공부하고 토론하여 역량을 키우면서 융합과 복합의 가치를 공부했다.

본 책은 특정 분야에 대해 깊이 있는 정보를 전달하기보다는 현재 인류의 삶을 바꾸고 혁신을 주도하는 다양한 기술을 소개하기에는 충분하다. 이 책은 산업계에 종사하시는 분들, 정보통신 기술 산업을 이해하고자 하는 경제인, 이공계 학생들, 기술에 대해서 알고 싶은 인문계 학생들까지 모든 이에게 도움이 될 것이라고 생각한다.

마지막으로 이 책은 향후 미래산업을 예측하는 단초가 될 수 있을 것이다. 이 책을 시작으로 다양한 집필진카이스트 기술경영대학원 중심이 매년 새롭게 구성되어 기술적인 트렌드를 분석하고 현장의 감각을 꾸준히 반영할 것이다. 따라서 이 책을 읽음으로써 현재 주목받는 기술과 서비스가 시장에서 어떤 평가를 받았는지, 왜 진보 또는 퇴색되었는지 그 추이를 볼 수 있고 조만간 펼쳐질 미래산업도 예측하여 실무에 반영할 수 있을 것이다. 또한 현재 각광받는 기술 용어가 단지 일회성 유행어인지 산업을 바꿀 수 있는 근본적 변화를 가져올지 판단할 수 있는 기초가 될 수 있기를 기대한다.

정성진

찾아보기

자

차

카

타

권영선

KAIST 경영대학 기술경영학부 학부장이고 기술경영전문대학원 원장이며 주파수와 미래 연구센터 소장의 직무를 수행하고 있다. 또한, 국가정보화전략위원회 IT서비스 분과위원장직과 정보통신정책학회 학회지 편집위원 및 한국정보사회 학회지 편집위원장으로 활동했다. 정보통신정책학회, 한국정보사회학회, 한국미디어경영학회 이사로 활동했고 연구 분야는 주파수 정책, 통신요금과 규제정책, 인터넷 포털시장의 시장획정 등 유무선 통신 및 인터넷 산업의 수직적 가치사슬 전체를 아우르고 있다.

김경수

미국 펜실베니아 대학교에서 에너지자원공학 박사를 취득했다. 현재 LG화학 기술연구원에 재직 중이며, 동시에 카이스트 기술경영전문대학원에 재학 중이다.

김원철

카이스트 기술경영전문대학원을 석사 졸업했다. 현재 글로벌 대기업에서 IT 상품 전략 및 신상품 기획 업무를 담당하고 있다.

박병규

경북대학교 전자전기공학부를 졸업하고 지멘스 및 콘티넨탈에서 클러스터 개발 업무를 맡았다. 현재 SK이노베이션에서 전기자동차 배터리 관리 시스템을 개발하고 있으며, 동시에 카이스트 기술경영전문대학원 석사과정에 있다.

성시호

카이스트 기술경영전문대학원 석사이며, 미국 MIT에서 Advanced Study Program 과정을 수료했다. 삼성코닝정밀소재에서 선행기술개발 엔지니어로 근무했다. 현재는 한국신용정보원에서 기술금융산업 빅데이터 분석업무를 담당하고 있다.

송성희

제주대학교 물리학과와 카이스트 기술경영전문대학원에서 수학했고, SK컴즈에서 10여 년간 재직하면서 모바일 콘텐츠 사업 팀장을 담당했으며, 현재 한국고용정보원에 재직 중이다.

오동헌

성균관대학교 경영학과를 졸업하고 현재 삼성전기 전략마케팅팀에 재직 중이다. 동시에 카이스트 기술경영전문대학원에서 석사과정에 있다.

이기형

카이스트 기술경영전문대학원을 졸업했다. 지멘스에서 첫 직장 생활을 시작했으며 콘티넨탈에서 자동차에 들어가는 클러스터와 헤드업 디스플레이 신제품 개발 프로젝트 매니저 업무를 하였으며, 현재 LG 전자 VC 본부에서 전기차 부품 관련 프로젝트 매니저를 하고 있다.

이원섭

미국 인디아나 대학교에서 경제학을 전공했다. 현재 삼성전자 메모리 사업부에서 소프트웨어 프로세스 업무를 맡고 있으며 동시에 카이스트 기술경영전문대학원 석사과정에 있다. 버티컬 플랫폼에서 소프트웨어 플랫폼과 스타트업 전문 컬럼니스트로도 활발히 활동 중이다.

이재철

한의사로 동신대학교에서 한의학을 전공하고 카이스트 기술경영전문대학원을 석사 졸업했다. 한국한의학연구원 미병연구단, 대전대학교 둔산한방병원 임상의학연구소 연구원을 거쳐 이재철연구소 소장을 맡고 있다.

이정열

인하대학교 기계공학과를 졸업했으며 르노삼성 중앙연구소에서 설계업무를 맡았다. 현재 현대모비스 구매팀에서 재직하면서 카이스트 기술경영전문대학원 석사과정에 있다.

이정효

카이스트 기술경영대학원을 석사 졸업했다. 현재 KT 융합기술원에서 미래 네트워크 기술과 구조를 연구하고 있다. 동시에 카이스트 기술경영대학원 박사과정에 있다.

정동재

고려대학교에서 산업공학과를 졸업하고 현대자동차 연구소에서 프로젝트 관리업무를 담당했다. 현재 대한항공 항공기술연구원에서 개발품질 업무를 담당하고 있으며, 동시에 카이스트 기술경영전문대학원 석사과정에 있다.

정성진

카이스트 기술경영전문대학원을 석사 졸업했고 SK컴즈를 거쳐 포스코 그룹에서 ICT 분야 신규사업기획 및 M&A 업무를 담당했다. 현재는 LG유플러스에서 신규사업기획 및 투자검토 업무를 담당하고 있다.

정용기

해군사관학교와 고려대학교 대학원 경영학과를 졸업했다. 현재 방위사업청에 근무하면서 이지스 구축함, 차세대 전투기사업 등 각종 무기체계 획득 프로그램에 참여하고 있다. 카이스트 기술경영전문대학원 박사과정에 있다.

조일연

컴퓨터공학 박사이며 카이스트 기술경영전문대학원에서 박사 수료했다. 현재 한국전자통신연구원(ETRI) 책임연구원으로 웨어러블을 연구 중이다.

차길영

연세대학교 교육행정대학원을 졸업하고 현재 세븐에듀 대표이사로 재직 중이다. 카이스트 기술경영전문대학원 박사과정에 있다.

최진석

아주대학교 전자공학부를 졸업하고 팬택에서 직장 생활을 시작했다. 현재 한국수자원공사에서 수자원시설 재난안전 업무를 담당하고 있고 동시에 카이스트 기술경영전문대학원 석사과정에 있다.

최용환

카이스트 기술경영전문대학원을 석사 졸업했다. 현재 IT 분야 대기업 중앙연구소에서 HRD 업무를 담당하고 있으며, 기술혁신을 위한 R&D 조직 관리, 리더 양성에 관심이 많다.

스마트 테크놀로지의 미래

초판 1쇄 발행 2016년 10월 10일
초판 3쇄 발행 2017년 9월 20일

지은이 카이스트 기술경영전문대학원

펴낸이 박기남
펴낸곳 **율곡출판사**
08590 서울시 금천구 가산디지털1로 84(에이스하이엔드 8차), 803호
전화 (代) 02) 718-9872/3
팩스 02) 718-9874
home-page www.yulgokbooks.co.kr
e-mail yulgokbook@naver.com
등록 1989.11.10. 제2014-000031호
ISBN 978-89-97428-98-4 93500

정가 20,000원